数据科学与大数据技术丛书

U0150826

Distributed Data Services

Transaction Models, Processing Language,
Consistency and Architecture

分布式数据服务

事务模型、处理语言、
一致性与体系结构

徐子晨　柳 杰　娄俊升●著

机械工业出版社
CHINA MACHINE PRESS

图书在版编目（CIP）数据

分布式数据服务：事务模型、处理语言、一致性与体系结构 /
徐子晨，柳杰，娄俊升著 . —北京：机械工业出版社，2023.10
（数据科学与大数据技术丛书）
ISBN 978-7-111-73737-7

Ⅰ．①分…　Ⅱ．①徐…②柳…③娄…　Ⅲ．①分布式
数据处理　Ⅳ．① TP274

中国国家版本馆 CIP 数据核字（2023）第 160425 号

机械工业出版社（北京市百万庄大街 22 号　邮政编码 100037）
策划编辑：李永泉　　　　　　　　　责任编辑：李永泉　郎亚妹
责任校对：贾海霞　薄萌钰　韩雪清　责任印制：常天培
北京铭成印刷有限公司印刷
2024 年 1 月第 1 版第 1 次印刷
186mm×240mm・16.75 印张・363 千字
标准书号：ISBN 978-7-111-73737-7
定价：79.00 元

电话服务　　　　　　　　网络服务
客服电话：010-88361066　机　工　官　网：www.cmpbook.com
　　　　　010-88379833　机　工　官　博：weibo.com/cmp1952
　　　　　010-68326294　金　书　网：www.golden-book.com
封底无防伪标均为盗版　机工教育服务网：www.cmpedu.com

序

　　徐教授长期专注于研究数据库系统软件性能优化、分布式一致性算法理论等问题，取得了一系列优秀成果。本书是徐教授对其前期研究成果的总结、提炼与升华，书中详细介绍了分布式数据服务的各种事务模型、处理语言、一致性算法等内容，力求为读者呈现一个全面的分布式数据服务的图景，覆盖分布式系统的基础理论、技术、实践和应用。

　　分布式系统是计算机科学的核心研究领域，是信息产业的基础性关键技术，也是数字社会的基础设施。简单地说，分布式系统是由多台计算机组成、通过通信网络连接、通过相互协作完成复杂计算任务的计算机系统。无论是数据密集型计算任务（如大数据分析处理）还是计算密集型计算任务（如深度学习建模或者高性能计算），都可以由分布式系统来支撑。与集中式系统相比，分布式系统有诸多优点，也带来很多挑战。分布式系统最大的特点就是可扩展性和可用性。由于分布式系统需要节点之间复杂的协作，因此保持系统的高可扩展性和高可用性对设计人员来说是相当大的挑战。就这两个特点，我谈点个人的理解。

　　关于"可扩展性"。可扩展性有时也被称为可伸缩性、弹性等，是指在不影响性能的情况下，系统规模可以随着负载的增加（减少）而扩大（缩减）。在现代互联网中，大量的数据和信息需要被处理和存储，而且负载可能会随着业务的增长而增加。如果分布式系统没有良好的可扩展性，系统可能会崩溃或运行缓慢，导致业务中断和客户流失。因此，一个好的分布式系统应该具有良好的可扩展性。如何实现分布式系统的可扩展性呢？首先，需要合适的架构设计，常用的分布式系统架构包括 C/S（客户端 / 服务器）架构、P2P（点对点）架构和 SOA（面向服务的架构）等，这需要开发人员了解分布式系统的业务类型。其次，需要选择合适的数据存储和处理方案，例如 NoSQL 数据库和分布式数据缓存等。最后，还需要考虑系统的负载均衡性，即将负载分配到不同的计算节点上，以确保每个节点都能够处理其负载。这些机制都能够增强分布式系统的可扩展性。在我看来，分布式的可扩展性不适合作为系统的目标，而应该被视为一种态度，一种全面的、长期的、渐进的过程。这需要设计人员从长远角度出发，始终保持开放和灵活的态度，以适应不断变化的需求和技术。在这种态度下，可扩展性不仅是一个技术问题，也是一种思维方式和方法论，它需要设计人员和企业持续关注和积极推动。

关于"可用性"。可用性是指系统能够在规定时间内正常运行的概率，或者系统处于可工作状态的时间占总时间的比例。在分布式系统中，可用性往往与冗余性和容错性密切相关。系统的冗余性和容错性越高，系统的可用性就越高。例如，在一个由多个节点组成的分布式系统中，如果其中某个节点出现了故障，其他节点可以接管它的工作，从而确保整个系统的正常运行。分布式系统的可用性可能会受到多种因素的影响，例如网络延迟、服务器故障等。如果想要在分布式系统中实现高可用性，需要在分布式系统的底层架构中进行细致的设计和规划，其中涉及底层数据库的稳定性、对事务 ACID 属性的保障以及分布式多副本一致性算法的实现，这并非易事。

本书结合分布式数据服务系统设计，深入浅出地介绍了分布式系统的上述两个特性。从数据服务系统的底层存储架构到上层一致性同步协议，都进行了完整的讲解，既包括分布式系统的基本概念、数据处理语言、查询过程和事务处理等基础内容，又结合分布式系统经典案例介绍 Google 文件系统（GFS）、面向分布式系统设计的 Go 语言、分布式键值存储系统、强一致性算法 Raft 的优化设计与实现等高阶内容。本书既适合作为分布式系统开发和架构设计等领域技术人员的参考书，又适合作为相关专业高校学生的辅助教材。

癸卯年闰二月

前　言

　　写作是一件痛苦的事情，这不仅仅是自己思考的模态转换，更是对自身学术认知的重新梳理。大概在 12 年前，我还是一个学生，在某次学术会议上遇到了 Leslie Lamport 博士。那时他已经 70 岁高龄，脸上沟壑纵横，但眼神仍然犀利，对探讨的话题反馈依旧敏锐。当时是我第一次听到 Paxos Island 的故事，并从此进入了分布式一致性协议优化的"深渊巨口"。时间如白驹过隙，十多年过去了，我们在分布式一致性协议上做了各种工作，有些是对数学模型的探讨，有些是对具体实现的优化，还有一些是人生哲学上的引申。我们想留下这些心得体会，并分享给更多人。

　　本书主要围绕 Raft 和 Paxos 两个协议进行阐述。与其他相关图书不同的是，书中加入了大量的实践实训环节，引导读者从零到一构建一种强一致性协议并实现其运行框架。这种技术是硬核的，是很多互联网企业急需的，是值得学习的。这与我们成书的起源相关。2017 年，我回国开始创办泛在数据处理与优化实验室，开始只有几个本科生跟着我做一些超出他们学习范围的工作。其中就有本书的另一作者——柳杰。年轻人对未知知识是如此渴望，但是对复杂数学模型又是如此畏惧。在共同协作下，我们复现了 Raft（Paxos 协议的一种变形）、Paxos，甚至提出了更加泛化、更简单好用的 eRaft 一致性协议及其实现，并且 eRaft 被收录于斯坦福大学的一致性协议公开库中。整体工作共用了大概 5 年时间。在此基础上，我们可以对分布式数据库，特别是分布式数据库函数级服务，实现更好更宽泛的支持。希望本书可以帮助更多学生，实现复杂的一致性协议，同时对学生学习分布式系统、分布式数据库等高阶知识起到帮助作用。

　　较早的时候，机械工业出版社的编辑找到我，希望我写一本关于数据库先进技术的书。我答应了，决定把这本书写出来。在编写本书的过程中，崔傲、谭国龙、姜文静、向紫芹、肖欣雨等同学帮忙搜集资料，黄嘉诚、刘必勇、吴伟正等同学帮忙构建系统，吴伟正、曾泰、舒磊明、许可、李江波、李冰雁、孙珍龄等同学帮忙完成协调、编纂、校对、验证代码等一系列烦琐的工作。在成书的过程中，得到了中国人民大学杜小勇老师，上海交通大学过敏意老师、陈全老师、李超老师、陈海波老师、王肇国老师，中国科学技术大学李诚老师，国防科技大学董德尊老师，北京理工大学王国仁老师、袁野老师，北京航空航天大学马帅老师等各位师长的建议和指导，在此一并感谢。

表文云，"丽文幽质，唯道可度，欢同阒世，大道不称"。共勉之。

徐子晨

2023 年 4 月 20 日

CONTENTS

目　录

第一部分

——

分布式系统基础与理论

第 1 章

分布式系统基础

1.1 概述

随着全球数字化进程的推进，全球数据在爆发式地增长，据《数据时代 2025》白皮书报告，到 2025 年全球数据圈将增长到 175ZB（$1ZB=2^{10}EB=2^{20}PB=2^{30}TB$）。传统的单机的现状是性能瓶颈现象明显，而大型机价格昂贵，并且无法进行容灾，出现故障将导致服务停机不可用。人们愈发意识到在技术领域，传统的单机系统已无法适应大规模的数据存储和计算的需求。正是由于这个时代的数据量与单机存储、处理能力的不匹配，分布式系统越来越受到人们的关注。事实上，为应对数据爆发式的增长，人们在两条可选择的道路中探索：机器大型化和机器互联。前者成本高昂且不灵活，于是后者越来越受青睐。然而，根据代价守恒定律，代价不会凭空消失，硬件成本下降了，软件设计成本便会提升。而分布式系统理论，则能帮助我们降低软件成本。

分布式系统是一种计算环境，其中各种组件分布在网络上的多台计算机（或其他计算设备）上。分布式系统协调这些设备的资源，使其比单个设备更有效地完成工作。这个定义包含两方面的内容：第一方面是硬件的，计算设备之间本身是独立的；第二方面是软件的，对用户来说他们就像在与单个系统打交道。也可以将这里的工作理解为一项任务，例如渲染视频并发布成品。在这个简单的示例中，该分布式系统可以将视频的每一帧提供给多个不同的计算机（或节点），使每一帧得以完成渲染。一旦渲染过程完成，用于管理的应用程序就会给节点安排一个新工作阶段，即聚合阶段。这个阶段将一直持续到视频的所有片段重新组合在一起。这项任务可能分布在数百甚至数千个节点之间，将单台计算机可能需要数天才能完成的任务变成一件数分钟就能完成的事情。将计算设备进行分布式整合处理（机器互联）的优点可总结为以下几点。

- 更大的灵活性：随着服务需求的增长，更容易添加计算能力。在大多数情况下，人们可以即时地将服务器添加到分布式系统中。

- 可靠性：一个设计良好的分布式系统可以承受其一个或多个节点的故障，而不会严重影响性能。在单体系统中，如果服务器宕机，应用程序将无法运行。

- 提高速度：当流量变得繁重时，可能会使单个服务器陷入困境，从而影响每个用户的性能。分布式数据库和其他分布式系统的可扩展性使其更易于维护并维持高性能水平。
- 地理分布：分布式内容交付对于任何互联网用户来说都是直观的。分布式系统屏蔽来自地理的差异，这对于组织来自全球的内容来说是至关重要的。

分布式系统是 IT 和计算机科学的重要发展方向，不同场景的使用现状变得越来越庞大和复杂，单一的分布式系统模型和架构显然无法满足复杂多变场景的要求。经过多年发展，多种分布式系统模型和架构已经被提出。我们总结了一些使用较多的分布式系统的模型和架构。

- 客户端 – 服务器系统是最传统和最简单的分布式系统类型，在组织上来说，属于主从（master-worker）架构。涉及大量联网计算机，这些计算机与中央服务器交互以实现数据存储、数据处理或其他共同目标，单点瓶颈和故障是其主要缺点。对此类型的一种更为通俗的理解是：有一个机器负责指挥，其他机器负责干活。
- 手机网络是一种先进的分布式系统，在手机、交换系统和基于互联网的设备之间共享工作负载。组织结构上是多层架构，每一层都根据不同的特点进行设计。
- 对等网络，在组织上来说，属于点对点（peer-to-peer）架构。其中工作负载分布在数百或数千台运行相同软件的计算机之间，所有的计算机在逻辑上是等价的，是分布式系统架构的另一个示例。
- 当今企业中最常见的分布式系统是那些通过 Web 运行的系统，将工作负载移交给数十个根据需要创建的基于云的虚拟服务器实例，然后在任务完成时终止。

为了实现对上述各种分布式系统的监控，有多种监测方式被提出。例如一种适合现代云和微服务体系结构下的监控方式是分布式跟踪（distributed tracing），这是一种监控应用程序的方法，其本质上是分布式计算的一种形式，用于监视在分布式系统上运行的应用程序的操作。

虽然各种分布式系统在组织架构和模式上看起来各不相同，但是究其根本，我们仍可窥探出一些相似之处，分布式系统通常由以下关键特征和特性定义。

- 可扩展性：随着工作负载大小的增加而增长的能力是分布式系统的基本特征，通过按需向网络添加额外的处理单元或节点来实现。
- 并发性：分布式系统中的各种组件同时运行。当任务不按顺序以不同的速率发生时，它们的另一个特点是缺乏"全局时钟"。
- 可用性 / 容错性：如果一个节点发生故障，其余节点可以继续运行而不会中断整体计算。
- 透明度：外部程序员或最终用户将分布式系统视为单个计算单元而不是其底层部分，允许用户与单个逻辑设备进行交互，而不用关心系统的架构。
- 异构性：在大多数分布式系统中，节点和组件通常是异步的，具有不同的硬件、中间件、软件和操作系统。这允许通过添加新组件来扩展分布式系统。

- 复制：分布式系统支持共享信息和消息传递，确保冗余资源（如软件或硬件组件）之间的一致性，提高容错性、可靠性和可访问性。

事实上，以上特征与特性也正是分布式系统理论研究与系统设计的基础出发点。在1.2节中，我们将概述性地介绍这些内容。虽然后续章节没有再明确点出这些内容，但是读者仍然会感受到它们作为"分布式问题的思考出发点"贯穿整本书。

正如我们所知，单机能力不匹配数据量的问题在各种场景日益凸显。在可预见的未来，分布式系统处于主导计算的有利位置，几乎任何类型的应用程序或服务都将包含某种形式的分布式计算。随着用户越来越多地转向移动设备来处理日常任务，对始终在线、随处可用的计算的需求正在推动这一趋势。展望未来，随着企业开发人员越来越依赖分布式工具来简化开发、部署系统和基础设施、促进运营和管理应用程序，分布式系统在全球计算中的重要地位将进一步被巩固。

1.2　分布式设计目标

为了解决单机系统无法解决的问题，我们需要设计分布式系统。对于什么才是分布式系统设计的目标，不同人有着自己对分布式系统理解下的目标定义。Tanenbaum 和 Van Steen 等人将连接用户和资源、透明度、开放性、可扩展性列为分布式系统的目标；Coulouris、Dollimore 和 Kindberg 等人将异质性、开放性、安全、可扩展性、故障处理、并发、透明度列为分布式系统的设计目标和挑战。在本书中，我们则从分布式数据服务的角度来看待如何进行分布式系统的设计，我们认为分布式系统的目标包括以下四点。

- 一致性
- 可用性
- 分区容错性
- 可扩展性

在本节中，我们将对这四个目标进行概括性介绍。

1.2.1　一致性

为了更直观地理解什么是一致性，我们先想象一个简单的场景：假设有一份数据需要长期存储而且要确保不丢失，需要怎么处理？一个很自然的想法是准备多个硬盘，在不同硬盘上多备份几个副本。在现实中，实现多个副本的操作显然是容易的——虽然硬盘之间是孤立的，不能互相通信，但是备份数据是静态的，初始化后状态就不会发生改变，由人工进行的文件复制操作，很容易就可以保障数据在各个备份盘中的一致性。然而在分布式系统中面对数据服务的多样性，我们必须考虑动态的数据如何在不可靠的网络通信条件下，依然能够在各个节点之间正确复制的问题。

我们延伸一下场景：假设我们拥有一份随时会变动的数据，需要确保它正确地存储于分布式网络中的几台不同计算机上，要怎么处理？这样的场景在大型单体机上是不曾遇到的。在分布式系统中，机器的读写操作由于物理限制（地理位置、网络传输）无法同时到达不同机器的数据源中。此外，分布式系统中机器的故障与机器的轮换是常见的情况。我们需要在分布式系统中专门由一致性算法去保证复制的顺利进行。

对于分布式系统而言，一致性是在探讨当系统内的一份逻辑数据存在多个物理的数据副本时，对其执行读写操作会产生什么样的结果。此处我们提到的"读写"操作与上述例子中"数据会变动"是相近的。事实上，讨论数据一致性的前提，就是同时存在读操作和写操作，否则是没有意义的。把两个因素加在一起，就是多副本数据上的一组读写策略，被称为一致性模型（consistency model）。本节将简略地介绍数据同步的概念、数据一致性的级别、列举常见的数据一致性算法。在后续章节中，我们会对这些概念进行详细讲解。

我们在谈论数据同步时，通常将同步方式分为两类：异步与同步。基于这两类数据同步方式，下述 5 点是常用的数据同步机制。

- Backup，即定期备份，对现有系统的性能基本没有影响，但节点宕机时只能勉强恢复。
- Master-Slave，即主从复制，异步复制每个指令，可以看作是更细粒度的定期备份。
- Multi-Master，即多主复制，也称主主复制，Master-Slave 的加强版，可以在多个节点上写，事后再想办法同步。
- 2 Phase Commit，即两阶段提交，同步先确保通知到所有节点再写入，性能瓶颈很容易出现在"主"节点上。
- Paxos，类似 2PC，同一时刻有多个节点可以写入，也只需要通知到大多数节点，有更高的吞吐量。

以同步为代表的数据复制方法，被称为状态转移（state transfer），是较符合人类行为的可靠性保障手段，但通常要以牺牲可用性为代价，实现难度较高、性能较差。我们在构建分布式系统的时候，往往不能承受这些代价，一些关键的系统在必须保障数据正确可靠的前提下，也对可用性有着非常高的要求，譬如系统要保证数据达到 99.999999% 的可靠性，同时系统自身也要达到 99.999% 可用的程度。为缓解当分布式系统内机器增加带来的可靠与可用的矛盾，目前分布式系统中主流的复制方法是以操作转移（operation transfer）为基础的。操作转移的核心思想是：让多台机器的最终状态一致。只要确保它们的初始状态是一致的，并且接收到的操作指令序列也是一致的即可，无论这个操作指令是新增、修改、删除或其他任何可能的程序行为，都可以理解为将一连串的操作日志正确地广播给各个分布式节点。图 1-1 是对数据同步机制的总结。

有了上述的铺垫，我们再来思考什么是一致性。实际上，保证一致性就是指在分布式系统中多个节点之间不能产生矛盾。一致性模型的数量很多，让人难以分辨。为了便于读者理解，我们暂且将一致性分为以下两类，在后续章节中，我们还会对这些分类进行细化。

	备份	主从复制	多主复制	两阶段提交	Paxos
一致性	弱一致性	最终一致性	最终一致性	强一致性	强一致性
事务	不支持	全局事务	本地事务	全局事务	全局事务
延迟	低	低	低	高	高
吞吐量	高	高	高	低	中
数据丢失	多	一些	一些	无	无
失败转移	不支持	只读	读/写	读/写	读/写

图 1-1　数据同步机制的总结

- 强一致性：在任何时刻所有的用户或者进程查询到的都是最近一次成功更新的数据，要求更新过的数据都能被后续的访问看到。
- 弱一致性：在某一时刻用户或者进程查询到的数据可能都不同，但是最终成功更新的数据都会被所有用户或者进程查询到。

读者应该注意，我们目前提及的一致性与读者常见的分布式共识是有区别的，一致性是指数据不同副本之间的差异，而共识是指达成一致性的方法和过程。我们在后续的章节中会深入讲解二者之间的区别。

在被设计为强一致性级别的分布式系统中，我们不得不提到 Paxos 算法，它是如此重要，以至于谷歌 Chubby 服务的发明者 Mike Burrows 曾说："There is only one consensus protocol, and that is Paxos. All other approaches are just broken versions of Paxos."这句话的大意为其他一致性共识算法只是 Paxos 的变体。这句话或许有些夸大的成分，然而列举强一致性算法，我们确实看到常见的 Raft 算法、ZAB 算法皆可被认为是 Paxos 的变体，在后续章节中会依次详细介绍这些算法。

在分布式系统中，除强一致性外，其余的一致性都可以被称为弱一致性。考虑到在分布式环境下网络分区现象是不可能消除的，数据同步必须进行权衡。人们在设计分布式系统时，不再追求系统内所有节点在任何情况下的数据状态都一致，而是采用"轻过程，重结果"的原则，使数据达到最终一致性即可。一个经典的弱一致性算法是 Quorum 算法，这是一种用来保证数据冗余和最终一致性的投票算法，我们在后续章节中会展开讲解。

1.2.2　可用性

在详细介绍可用性之前，我们在此先正式介绍著名的 CAP 理论以贯穿一致性、可用性、分区容错性三个章节。CAP 理论由加州大学伯克利分校的计算机教授 Eric Brewer 在 2000 年提出，其核心思想是任何基于网络的数据共享系统最多只能满足数据一致性（consistency）、可用性（availability）和分区容错性（partition tolerance）三个特性中的两个，三个特性的定义如下。

- 数据一致性：等同于所有节点拥有数据的最新版本。注意：CAP 理论中的一致性强调的是在任何时刻、任何分布式节点中所看到的数据都是符合预期的，是一种强一致性。
- 可用性：数据具备高可用性。分布式系统不会因为系统中的某台机器故障而直接停止服务，某台机器故障后，系统可以快速切换流量到正常的机器上，继续提供服务。
- 分区容错性：容忍网络出现分区，分区之间网络不可达时，系统仍能正确地提供服务的能力。

CAP 对三者的关系可以概述为图 1-2，CAP 理论告诉我们：我们可以得到 CA、CP、AP 的系统，却无法得到一个三者同时兼顾的系统。

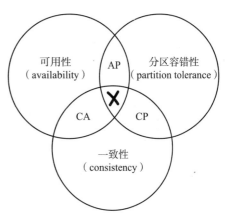

图 1-2　CAP 理论图示

CAP 理论似乎给分布式系统定义了一个悲观的结局，我们想在此说明一个大家视 CAP 理论为金科玉律带来的错误认识：长期以来大家按照 CAP 理论对热门的分布式系统进行分类判断是不够准确的。人们承认在大规模的分布式环境下，网络分区是必须容忍的现实，于是只能在可用性和一致性两者之间做出选择，譬如人们认为 HBase 是 CP 系统，Cassandra 是 AP 系统。然而，CAP 理论是对分布式系统中一个数据无法同时达到可用性和一致性的断言。目前的分布式系统中，往往存在多种类型的数据，C 与 A 之间的取舍可以在同一系统内以非常细小的粒度反复发生，而每一次的决策可能因为具体的操作，甚至因为涉及特定的数据或用户而有所不同。通过数据类型的多样化以及在优化数据一致性和可用性之间的平衡措施，我们可以看到 Cassandra 在牺牲一定性能的情况下是可以保证弱一致性的，这使得单从 CAP 的角度来划定分布式系统是不严谨的。

可用性代表系统不间断地提供服务的能力。理解可用性要先理解与其密切相关的两个指标：可靠性（reliability）和可维护性（maintainability）。可靠性使用平均无故障时间（Mean Time Between Failure, MTBF）来度量；可维护性使用平均可修复时间（Mean Time To Repair, MTTR）来度量。衡量系统可以正常使用的时间与总时间之比，其度量公式为：

$$Availability = MTBF/(MTBF + MTTR)$$

即可用性是由可靠性和可维护性之比得到的。可用性通常有 "6 个 9" 的说法（99.9999%），即代表年平均故障修复时间为 32 秒。

可用性的实现不同于一致性有着许多经过数学证明后的理论，在分布式系统中大多遵循一些实用的设计理念来实现可用性。首先是进行冗余设计，在分布式系统中单点故障不可避免，而减少单点故障的不二法门就是冗余设计。通过将节点部署在不同的物理位置，避免单机房中多点同时失败。目前常见的冗余设计有主从设计和对等治理设计，主从设计又可以细分为一主多从设计和多主多从设计。在冗余设计之后，还可以结合分布式系统自身实例的负载能力，对服务端进行限流设计。一般来说，限流设计可以从拒绝服务、服务降级、优先级请求、弹性伸缩等方面进行设计。具体的办法是：在流量暴增时，系统会暂时拒绝周期时间内请求数量最大的客户端；也可通过牺牲数据强一致性的方式来获得更大的性能吞吐；将目前系统的资源分配给优先级更高的用户；建立性能监控系统，感知目前最繁忙的服务，并自动伸缩。

1.2.3 分区容错性

分布式系统一般以网络为桥梁将多个机器进行互联，网络不是永远可靠的，网络出现故障会导致一个或多个机器内部出现网络分区，我们设计的分布式系统要能够正确应对网络分区，在分区的情况下还能保证数据的一致性。

如图 1-3 所示，在分区的情况下，一个数据只在一个分区中的节点保存，与这个分区不连通的部分访问不到这个数据，这时分区就是无法容忍的。提高分区容错性的办法就是将一个数据项复制到多个节点上，那么出现分区之后，这一数据项就可能分布到各个分区里。然而，要把数据复制到多个节点，就会带来一致性的问题，即多个节点上的数据可能是不一致的。要保证数据一致，每次写操作就都要等待全部节点写成功，而等待又会带来可用性的问题。总的来说，数据存在的节点越多，分区容错性越高，但要复制更新的数据就越多，一致性就越难保证。为了保证一致性，更新所有节点数据所需要的时间就会变长，可用性就会降低。

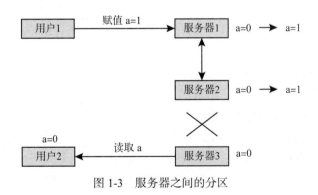

图 1-3 服务器之间的分区

随着技术的发展，人们发现即使网络出现故障，可能出现分区，实际上也可以正确地实现能够自动完成故障切换的系统。在构建能自动恢复同时又避免脑裂的多副本系统时，人们发现，关键点在于过半票决（majority vote），这是 Raft 论文中出现的用来构建 Raft 的一个基本概念。

如图 1-4 所示，过半票决系统的第一步在于，服务器的数量应是奇数，而不是偶数。如果服务器的数量是奇数，那么当出现一个网络分割时，两个网络分区将不再对称。假设出现了一个网络分割，那么一个分区会有两个服务器，另一个分区只会有一个服务器，这样就不再对称了。这是过半票决吸引人的地方。所以，首先要有奇数个服务器。然后为了完成任何操作，例如 Raft 的 Leader 选举、提交一个 Log 条目，你必须凑够过半的服务器来批准相应的操作。这里的过半是指超过服务器总数的一半。直观来看，如果有 3个服务器，那么需要 2 个服务器批准才能完成任何的操作。换个角度来看，这个系统可以接受 1 个服务器的故障，任意 2 个服务器都足以完成操作。如果你需要构建一个更加可靠的系统，那么你可以为系统加入更多的服务器。

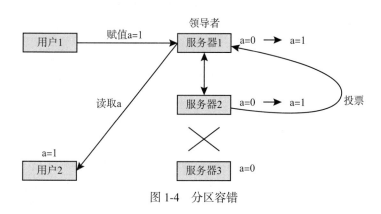

图 1-4　分区容错

1.2.4　可扩展性

我们设计的分布式系统要具有可扩展性，这里的可扩展其实就是指我们可以通过使用更多的机器来获取更高的系统总吞吐量以及更好的性能，当然也不是机器越多性能越好，针对一些复杂的计算场景，节点越多性能并不一定会更好。

如图 1-5（左图）所示，当一台服务器被多人同时访问时，其性能可能会降低，我们可以通过增加服务器的配置来提升性能，这称为垂直可扩展性。但是，一台高性能的服务器造价昂贵，而且当这台服务器发生故障时，会导致整个系统都无法访问。可扩展性是一个很强大的特性。如图 1-5（右图）所示，如果你构建了一个系统，并且只要增加计算机的数量，系统就能相应提高性能或者吞吐量，这将会是一个巨大的成果，因为只需要花钱就可以买到计算机，这称为水平可扩展性。所以，当人们使用一整个机房的计算机来构建大型网站的时候，为了获取对应的性能，必须要时刻考虑可扩展性。

总的来说，可扩展性具有处理日益变化的需求的能力，可以添加资源并向上扩展，以无缝处理增加的客户需求和更大的工作负载；当需求和工作量减少时，可以无缝地移除资源以节约服务器资源。与此同时，可扩展性可在一定程度上提升系统的可用性，保证在计划外中断期间提供对数据库资源的持续访问。计划外中断是指意外的系统故障，例如电源中断、网络中断、硬件故障、操作系统或其他软件错误。此外，可扩展性会带来一致性和容错性的问题，因此，也不是机器越多性能越好。

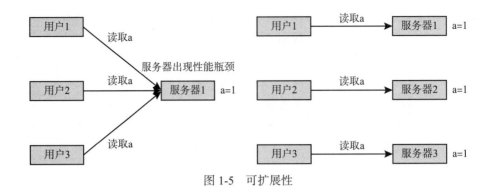

图 1-5　可扩展性

1.3　数据模型

数据模型可能是开发软件最重要的部分，它们不仅对软件的编写方式，而且对如何思考待解决的问题有着深远的影响。数据模型是一个描述数据、数据联系、数据语义以及一致性约束的概念工具的集合，采用何种数据模型，往往也意味着系统架构设计的确定。数据模型的发展历史可谓波澜壮阔，它在数学理论的发展与应用程序（应用场景）的需要下不断演变。本节将介绍关系模型、文档模型和图状数据模型三种目前常用的数据模型，分析它们在不同使用场景下的优劣。

关系模型最早于 1970 年被 Edgar Codd 提出。关系模型在提出时仅作为理论研究，后演变出应用于关系数据库的 SQL 而被人们广泛接受，当时很少人能想到其能如此成功地主导数据模型后来二三十年的发展。进入 21 世纪，数据多样化的表现形式促进了 NoSQL 和文档数据库的出现，人们对谁才是表示数据关系的最佳模式的争论一度再起：强数据关系模式（关系模型）真的是各种场景的最优选吗？文档模型再次得到众多关注。如今，社交网络的兴起使多对多的数据结构无处不在，海量数据之间复杂的数据关联愈发涌现，人们再次寄希望于数据模型的优化，一个很自然的想法是将数据模型建模为图模型。实际上，近年来风头正盛的文档、图状等数据模型并非新鲜事物，读者在阅读完本节后应思考数据模型的发展与选择某种数据模型的原因。

1.3.1　关系模型

用于数据库管理的关系模型（relational model）是基于谓词逻辑和集合论的一种数据模型，其目标是将实现细节隐藏在更简洁的接口后面。以关系模型作为基础发展出来的 SQL，如今已是最著名的数据模型。我们在图 1-6 中使用一个教师关系、课程关系的例子来具体说明关系模型，关系模型简洁地表示了教师与课程之间的关系。

在基于关系模型的 SQL 中，关系指代表（table），元组指代行，属性指代列。用关系实例表示一个关系的特定实例，也就是所包含的一组特定的行。由于关系是元组的无序集合，因此元组在关系中出现的顺序是无关紧要的。对于关系的每个属性，都存在一个允许取值的集合，称为该属性的域（domain）。

教师关系

教师编号	姓名	性别	所在院名
A2022	小明	男	计算机学院
B2122	小王	男	法学院
C2011	小丽	女	文学院

教师关系架构

教师编号	姓名	性别	所在院名

课程关系

课程号	课程名	教师编号	上课教室
A0-1	C语言	A2022	主103
C1-1	古汉语	C2011	主333
B2-1	宪法	B2122	主223

课程关系架构

课程号	课程名	教师编号	上课教室

图 1-6　关系模型举例

在使用了关系模型的数据库管理系统中，关系的概念对应于程序设计语言中变量的概念，关系模式的概念对应于程序设计语言中类型定义的概念。关系模式由属性序列及各属性对应域组成。我们可以认为：对于数据的格式，关系模型只做出了关系（表）只是元组（行）的集合，仅此而已。没有复杂的嵌套结构，可以读取表中的任何一行或者所有行，图 1-7 描述了概念模型（数据库设计人员和用户之间进行交流的语言）到关系模型的转化过程。

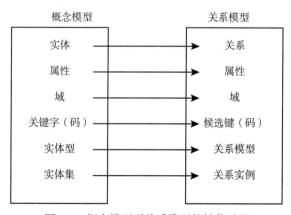

图 1-7　概念模型到关系模型的转化过程

关系数据库管理系统（RDBMS）和 SQL，从 20 世纪 80 年代起就作为工具被广泛用于存储、查询具有某种结构的数据。在作为数据存储和查询的主要技术的道路上，关系模型也曾遇到许多竞争技术的挑战，网络模型和层次模型就是其中两个主要竞争技术。

层次模型的一个典型应用是为阿波罗太空计划而发布的 IBM 信息管理系统（Information Management System，IMS）。可以认为层次模型是后面介绍的文档模型的前身，前者将所有数据表示为嵌套在记录中的记录，但这种结构在多对多关系、关系之间的关联上存在巨大的局限性。作为层次模型的推广，网络模型的一个记录可能有多个父节点，从而支持多对一和多对多的关系。在网络模型中，记录之间的关系联系使用的不是外键，而是类似 C 语言中的指针。访问某条记录的唯一方法是选择一条起始于根记录的路径。这条遍历的路径也称为访问路径。这就像一个遍历链表的过程，然而在多对多的关系中，繁多的访问路径成为人们的负担。

相较于上述两种模型，关系模型以三个优点脱颖而出。

- 关系模型中的存取路径对用户而言是完全隐蔽的，使程序和数据具有高度的独立性，其数据语言的非过程化程度较高。
- 结构简单，实体之间的关系也通过表格的公共属性表示，结构简单明了。
- 操作方便，在关系数据模型中操作的基本对象是集合而不是某一个元组。

关系模型的优点也是其缺点的根源。关系数据模型提供了较高的数据独立性和非过程化的查询功能（查询的时候只需指明数据存在的表和需要的数据所在的列，不用指明具体的查找路径），因此加大了系统的负担，查询效率低。此外，关系数据库的查询功能来自查询优化器，它称得上是一个复杂的"怪兽"，开发人员多年来持续投入巨大花费，用以更新迭代查询优化器。

1.3.2　文档模型

进入 21 世纪，互联网技术迅速发展，数据量迅速膨胀，人类逐步进入大数据时代。大数据给传统的数据管理方式带来了严峻的挑战，关系数据库在容量、性能、成本等多方面都难以满足大数据管理的需求。NoSQL 数据库通过折中关系数据库中严格的关系模型的数据一致性管理，在可扩展性、模型灵活性、经济性和访问性等方面，使用文档模型构建的数据库在特定的数据结构下显示出巨大优势。

在文档模型中，数据以文档的形式存储。文件由描述文件实际情况和数据的记录组成。嵌套文档可用于提供有关数据子类别的信息。文档也可以用来表示现实世界的对象。MongoDB 是典型的以文档模型为基础的 NoSQL 数据库。MongoDB 支持的数据结构非常松散，将半结构化数据存储为文档，而不是像关系数据库那样在多个表之间对数据进行规范化，每个表都有唯一的固定结构。存储的逻辑结构是一种层次结构，在文档数据库中的文档使用嵌套键值对来提供文档的结构或架构。表 1-1 对文档数据库（MongoDB）使用的术语与 SQL 数据库使用的术语进行了比较。

一个令人关心的问题是：对比于关系数据模型和文档数据模型，它们各自拥有怎样的优点？下面是我们做出的两点概括性总结。

- 支持文档数据模型的主要论点是模式灵活性，由于局部性，它会带来更好的性能，对于某些应用来说更接近应用程序所使用的数据结构。
- 支持关系数据模型的主要论点是它在联结操作上的支持、多对一和多对多关系的简洁表达。

大多数文档数据库以及关系数据库中对 JSON 的支持、都不会对文档中的数据强制模式。关系数据库中对 XML 的支持通常带有可选的模式验证。无模式意味着可以将任意的键和值添加到文档中，而在阅读时，客户端无法保证文档可能包含哪些字段。文档数据库和关系数据库的灵活性差异在对数据的模式上表现得淋漓尽致。具体来说，文档数据库的具体灵活性体现在其数据结构是遵循读取时模式（数据的结构是隐式的，只有在读取数据时才会解

表 1-1　术语对比

SQL 数据库使用的术语	MongoDB 使用的术语
表	集合
行	文档
列	字段
主键	Objectid
索引	索引
查看	查看
嵌套对象	嵌入文档
数组	数组

释)，而关系数据库的传统方法是写入时模式（模式是显式的，数据库确保所有的书面数据都符合它)。这种不同的设计模式至今仍是一个备受争议的话题，一般来说没有正确或错误的答案。强模式意味着低灵活性，弱模式虽然带来了灵活性的优点，但也导致了数据冗余、关系表示不简洁的问题。下面列举两种能展示文档数据库模式灵活性的情况，请注意这些仅是潜在的适用情况。

- 有许多不同类型的对象，将每种类型的对象放在自己的表中是不切实际的。
- 数据的结构是由你无法控制的外部系统决定的，并且在任何时候都可能发生变化。

在这两种情况下，有固定的模式可能会比没有伤害更大，而无模式的文档可能是一个更自然的数据模型。但是我们应该承认，在所有记录都具有相同结构的情况下，模式是记录和执行该结构的有用机制。

文档模型下的数据库，由于没有严格的数据模式，可以将任意的键值对添加到文档中，这使其很容易表示数据一对多的关系。随着数据之间的关联增大，如出现多对多关系时，文档模型就变得不那么有吸引力了。通过非标准化来减少对连接的需求是可能的，但是应用程序代码需要做额外的工作来保持非规范化数据的一致性。通过向数据库发出多个请求，可以在应用程序代码中模拟连接，但这也将复杂性转移到应用程序中，而且通常比数据库内部专门代码执行的连接要慢。在这种情况下，使用文档模型可能导致应用程序的代码更加复杂、性能更加糟糕。

支持文档数据模型的主要理由是其模式非常灵活，由于局部的性能更好，对于某些应用程序来说，它更接近于应用程序使用的数据结构。关系模型在 join、多对一和多对多关系的场景则表现得更好。实际上，随着时间的推移，关系数据库和文档数据库似乎变得越来越相似，这是一件好事：数据模型是互补的，如果一个数据库能够处理类似于文

档的数据,并且在其上执行关系查询,应用程序可以使用最适合其需求的特性组合。我们预测,关系模型和文档模型的混合是数据库未来的一个趋势。表 1-2 是关系模型与文档模型的对比总结。

表 1-2 关系模型与文档模型的对比总结

关系模型	文档模型
关系模型是基于行的	文档模型是基于文档的
不适合分层数据存储	一般用于分层数据存储
关系模型由一个预定义的模式构成	文档模型包含一个动态模式
关系模型遵循 ACID 属性(原子性、一致性、隔离性和持久性)	文档模型遵循 CAP 定理(一致性、可用性和分区容错性)
关系模型支持复杂的连接	文档模型不支持复杂的连接
关系模型是基于列的	文档模型是基于字段的
关系模型是垂直可扩展的	文档模型是水平可扩展的
不提供动态复制支持	文档模型提供简单的复制支持

1.3.3 图状数据模型

我们在前面看到,多对多关系是不同数据模型之间的重要区别特征。如果数据大多数为一对多关系(可以表征为树状数据)或者记录之间没有关系,那么文档模型是最合适的。存在少量的多对多关系时,关系模型也可以进行简单的转换处理。

但是,如果多对多关系在数据中很常见呢?想象一下如今的社交网络的数据构成,随着数据之间的关联越来越复杂,将数据建模转化为图模型会更加合适。

图由两种对象组成:顶点(也称为节点或实体)和边(也称为关系或弧)。在现实世界,很多数据可被建模为图。典型的例子包括:

- 社交网络:顶点是人,边是指人与人之间的关系。
- Web 图:顶点是网页,边表示与其他页面的 HTML 链接关系。Google 的著名算法 PageRank 就是在 Web 图上运行的,用于确定网页的搜索排名。

在上述示例中,图的顶点表示相同类型的事物。然而,图并不局限于这样的同构数据,图更为强大的用途在于提供了单个数据存储区中保存完全不同类型对象的一致性方式。以新浪微博为例,其数据的顶点可以是人、地点、事件、用户的评论等;边可以表示哪些人之间是相互关注(或单向关注)的关系、谁评论了哪个帖子、谁参与了哪个事件等。

有多种不同但相关的方法可以构建和查询图中的数据,本节将讨论属性图模型以及三元存储模型作为后续章节的引导内容。在属性图模型中最著名的图形数据库 Neo4j 及其提供的声明式查询语言 Cypher 将会在后续章节中详细讲解。

属性图是指给图数据增加了额外的属性信息。对于一个属性图而言,节点和关系都有标签（label）和属性（property），这里的标签是指节点或关系的类型，如某节点的类型为"用户"，属性是节点或关系的附加描述信息，如"用户"节点可以有"姓名""注册时间""注册地址"等属性。属性图是一种最常见的工业级图数据的表示方式，能够广泛适用于多种业务场景下的数据表达。属性图由顶点（vertex）、边（edge）、标签（label）、关系类型和属性组成。顶点也称为节点（node），边也称为关系（relationship）。在图形中，节点和关系是最重要的实体。具体来说，节点包括：

- 唯一的标识符。
- 出边的集合。
- 入边的集合。
- 属性的集合。

每个关系包括：

- 唯一的标识符。
- 边开始的节点（尾部节点）。
- 边结束的节点（头部节点）。
- 描述两个顶点间关系类型的标签。
- 属性的集合（键 - 值对）。

上述这样的设计，使得给定某个节点，可以高效地得到它的所有入边和出边，从而遍历图，即沿着这些顶点链条一直向前或者向后。通过对不同类型的关系使用不同的标签，可以在单个图中存储多种不同类型的信息，同时仍然保持整洁的数据模型。

三元存储模式几乎等同于属性图模型，只是使用不同的名词描述了相同的思想。在三元存储中，数据以非常简洁的形式存储（主体，谓语，客体），一个例子是：在三元组（小明，爱慕，小丽）中，将对象与关系分割成三组，达到信息记录的目的。在实际中，三元组的主体相当于图中的节点，客体则可能是主体属性的值（此时，谓语是主体属性的键）或者是图中的另一个节点（此时，谓语是图中的边）。

到目前为止，我们讨论了关系模型、文档模型、图状数据模型。文档模型和图状数据模型有一个相似特点，即它们都是"读时模式"，不会对存储的数据强加校验，应用过程中可以更好地适应需求的变化。关系模型的优点在于，可以笨拙地模拟出文档和图模型，所以相对来说适用范围更广。它们在各自的目标领域中都足够优秀，也有各自的优势。正所谓数据的表现是多样的，我们不会给出哪种模型一定比哪种模型好的结论。我们真正关心的是能否在不同的业务场景下正确地选择或组合上述模型。

1.4　数据存储

随着云计算、大数据、人工智能等新兴技术的发展，以及互联网业务复杂度和需求的提升，数据的核心价值不仅是简单存储，而是在于对海量数据进行处理、信息挖掘和分析预测等方面。传统的存储技术面临着数据量大、高并发和低延迟等诸多挑战，为满足现代应用对高性能、高可用性、可扩展性以及经济性等需求，分布式数据库已成为业界普遍采用的有效解决方案。分布式数据存储采用可扩展的结构，将数据分散存储在多个设备中，并将数据的分片、容错、负载均衡等功能透明化，以解决传统数据库在存储容量、高并发、高可用等方面的不足。此外，随着系统中数据量和并发量的不断增加，分布式数据库中的一致性、性能和容错等问题也需要我们去着手解决。

一般来说，计算机系统中存在多种数据存储介质。如图 1-8 所示，根据不同的速度、容量和成本，将它们按层次结构组织起来。主存和缓存是最昂贵和最快的存储介质，称为主存储器；二级存储器（或在线存储器）位于层次结构的下一级，例如磁盘；层次结构的最底层为三级存储器（或离线存储器），例如光盘等。

除了速度、容量和成本的不同之外，还有易失性的问题。在图 1-8 中，主存以上为易失性存储，即保存数据的环境如果不能满足某种条件，数据就会丢失，例如保存在 DRAM 中的数据是易失的，因为只要 DRAM 的电源被切断，其中所保存的数据就会丢失；闪存以下为非易失性存储，为了保证数据的安全，必须把数据写入非易失性存储中。

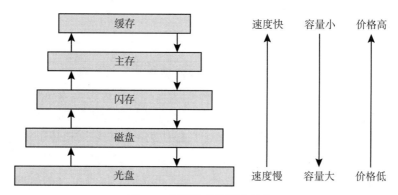

图 1-8　存储设备的层次结构

为提高可靠性和可用性，使用独立磁盘冗余阵列（RAID），同时在几块硬盘上进行并发读写以提升程序运行效率。由于数据在多张磁盘上冗余存储，因此一张磁盘的损坏并不会丢失所有数据，这种组织方式也提高了数据的可靠性。

为了在成本和性能之间权衡，RAID 分为不同级别。RAID 0 表示对数据进行块级拆分，但无冗余；RAID 1 表示对数据进行块级拆分，并使用镜像进行冗余数据的保存；RAID 5 表示对数据进行块级拆分，数据块和奇偶校验块交叉分布在磁盘中。RAID 5 支持当一台磁盘发生故障时，还能够正常读取数据。在由 4 块磁盘构成的 RAID 5 存储中，奇偶校验块 p_k 保存在第 $k \bmod 4$ 块磁盘中，其余三块磁盘存储第 $3k$、第 $3k+1$、第 $3k+2$ 个数据块。表 1-3 展示了部分数据块的存储细节，之后的数据块的存储按照规律重复。

我们在选择 RAID 级别时应该考虑的因素有经济成本、系统读写所需的性能要求、磁盘故障对系统的影响等。RAID 的概念不仅在磁盘中适用，在包括 SSD 内的闪存设备和无线设备中的数据广播中都有应用。以下总结几种不同 RAID 级别的特性以及选择的参考。

- RAID 0 组合两个或更多硬盘以提高性能和容量，但不提供容错功能。单个硬盘出现故障将导致阵列中的所有数据丢失。RAID 0 对于需要高价格 / 性能平衡的非关键系统非常有用。

- RAID 1 通常由两个硬盘来执行，硬盘中的数据会进行镜像，在硬盘出现故障时提供容错保护功能。读取性能得到提高，而写入性能与单个硬盘相似，可承受单个硬盘出现故障而不会丢失数据。在容错保护非常关键而空间和性能不那么重要时，往往使用 RAID 1。

表 1-3　RAID 5 磁盘阵列存储方式

磁盘 1	磁盘 2	磁盘 3	磁盘 4
p_0	0	1	2
3	p_1	4	5
6	7	p_2	8
9	10	11	p_3
$\vdots$	$\vdots$	$\vdots$	$\vdots$

- RAID 5 提供容错保护功能并可提高读取性能。至少需要三个硬盘才能组成。RAID 5 可承受单个硬盘丢失。硬盘发生故障时，故障硬盘上的数据将从其余硬盘上延展的奇偶校验进行重建。因此，当 RAID 5 阵列处于降级状态时，读写性能会受到严重影响。当存储空间和成本的重要性高于性能时，RAID 5 较为理想。

- RAID 6 与 RAID 5 相似，但其提供了另一层区块延展功能，可承受两个硬盘出现故障。至少需要四个硬盘才能组成。RAID 6 的性能因其额外的容错保护功能而低于 RAID 5。在存储空间和成本较为重要且需要承受多个硬盘出现故障的情况下，RAID 6 较为理想。

- RAID 10 集合了 RAID 1 与 RAID 0 的优势。读写性能有所提高，但用于存储数据的空间仅为总空间的一半。需要四个或更多硬盘，因此成本相对较高，但在提供容错保护功能时性能较高。只要故障不是发生在同一子群组，RAID 10 可承受多个硬盘出现故障的情况。RAID 10 对于需要高 I/O 的应用程序而言是理想的解决方案，例如数据库服务器。

1.4.1　数据库内部的数据结构

数据库的底层存储使用了各种树形结构。在树形结构中，二叉树的查找效率最高（比较次数少），但是数据库的文件索引是存放在磁盘上的，所以我们不仅要考虑查找效率，还要考虑磁盘的寻址加载次数，因此传统的关系型数据将数据以 B 树的形式存储在磁盘上。它们会在 RAM 上使用 B 树维护这些数据的索引，来保证更快的访问速度。相比于从磁盘中加载数据，在内存中的数据运算效率更高，而我们进行数值比较的时候是在内存中进行的，虽然 B 树的比较次数可能比二叉查找树多，但是磁盘操作次数少。实际上磁盘的加载次数基本上是和树的高度相关联的，高度越高，加载次数越多，高度越低，加载次数越少。所以对于这种文件索引的存储，我们一般会选择矮胖的树形结构。

当今信息时代，在消息、聊天、实时通信和物联网等以客户为中心的服务和大量无结构化数据的分布式系统中，每小时都会进行数百万计的写入操作。因此，这些系统是以写为主的系统，为了满足这些系统的需要，数据库需要拥有快速插入数据的能力。典型的数据库并不能很好地满足类似的场景，因为它们无法应付高可用性、尽可能的最终一致性、无格式数据的灵活性和低延迟等要求。

因此 LSM 树应运而生。日志结构的合并树（LSM-tree）是一种基于磁盘的数据结构，旨在为在较长时间内经历高记录插入（和删除）率的文件提供低成本索引。LSM-tree 使用一种算法来降低延迟和执行批量索引更改，以类似于归并排序的有效方式将来自基于内存的组件的更改级联到一个或多个磁盘组件。在此过程中，所有索引值都可以通过内存组件或磁盘组件之一连续访问（除了非常短的锁定期）。与传统的访问方法（例如 B 树）相比，该算法大大减少了磁盘臂的移动次数，并且将在传统访问方法的插入磁盘臂成本超过存储介质成本的领域中提高性价比。

LSM Tree 这个概念就是结构化合并树的意思，它的核心思路其实非常简单，就是假定内存足够大，因此不需要每次有数据更新就必须将数据写入磁盘中，而可以先将最新的数据驻留在内存中，等到积累到足够多之后，再使用归并排序的方式将内存中的数据合并追加到磁盘队尾（因为所有待排序的树都是有序的，所以可以通过合并排序的方式将数据快速合并到一起）。

LSM 树的索引结构图 1-9 所示。内存部分导出形成一个有序数据文件的过程称为 flush。为了避免 flush 影响写入性能，会先把当前写入的 MemStore 设为 Snapshot，不再容许新的写入操作写入这个 Snapshot 的 MemStore。另开一个内存空间作为 MemStore，让后面的数据写入。一旦 Snapshot 的 MemStore 写入完毕，对应内存空间就可以被释放。这样，就可以通过两个 MemStore 来实现稳定的写入性能。

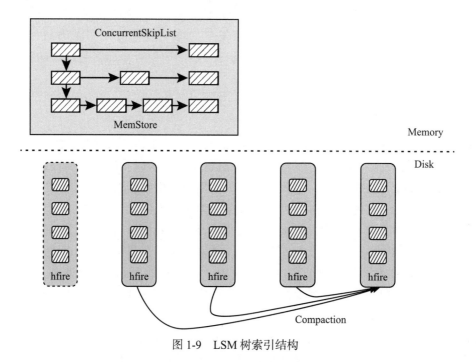

图 1-9　LSM 树索引结构

在操作系统中，数据库以文件的形式保存在磁盘中，数据库可映射为多个文件。每个文件中存储记录的序列，记录大小不会超过文件块（block）的大小，并且每条记录保存在同一个块中。在文件块中删除一条记录时，需要向前移动所有的块以释放空间，这会造成大量的资源浪费。在文件头中保存一个指针，指向被删除的地址，形成一个释放链表（free list）。若释放链表指向一个地址，则将新加入的数据插入该地址，当释放链表为空时，将新增记录插入到尾端。

变长记录即每条记录的长度是可变的，比如字符串等数据类型。对于变长属性使用2字节记录偏移量和长度，使用空位图来记录哪些属性为空值。使用分槽的页结构来保存变长记录，分槽的页结构一般用于在块中组织记录，如图1-10所示。

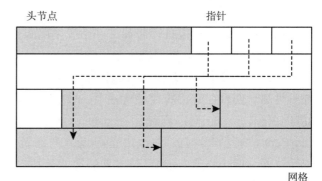

图 1-10　分槽的页结构

分布式存储架构是分布式文件系统（包括对象存储和块存储）、分布式数据库的有效组成部分。分布式存储架构通常由3个部分组成：客户端、元数据服务器和数据服务器。

- 客户端：负责发送读写请求给一个自动路由服务器或一个中心化的服务器。
- 元数据服务器：元数据从数据管理中分离，庞大的元数据需要独立管理，因此元数据服务器负责管理元数据和处理客户端对元数据的请求。
- 数据服务器：负责存放用户文件等数据，保证数据的可用性、完整性和一致性。

以元数据和用户数据分离的方式设计架构有两个好处：性能和容量可同时扩展，系统规模具有很强的伸缩性。

分布式存储的比较

为了满足海量数据的存储需求，市场上出现了分布式存储技术。分布式存储的兴起与互联网的发展密不可分，互联网公司由于其大数据、轻资产的特点，通常使用大规模分布式存储系统。我们对比了主流的分布式存储架构，它们各有各的优势和使用场景。

HDFS 主要用于大数据的存储场景，是 Hadoop 大数据架构中的存储组件。HDFS 在开始设计的时候，就已经明确它的应用场景就是大数据服务。主要的应用场景有大文件存储，例如几百兆、几个 G 的大文件。因为 HDFS 采用元数据的方式进行文件管理，而元数据的相关目录和块等信息保存在 NameNode 的内存中，文件数量的增加会占用大量的 NameNode 内存。

如果存在大量的小文件，会占用大量内存空间，引起整个分布式存储性能下降，所以使用 HDFS 存储大文件比较合适；HDFS 适合低写入、多次读取的业务。就大数据分析业务而言，其处理模式就是一次写入、多次读取，然后进行数据分析工作，HDFS 的数据传输吞吐量比较高，但是数据读取延时比较差，不适合频繁的数据写入；存储数据的 DataNode 依赖于廉价的现成硬件，从而降低了存储成本。此外，由于 HDFS 是开源的，因此没有许可费；HDFS 旨在检测故障并自行自动恢复，可从硬件故障中快速恢复；HDFS 可在所有硬件平台上移植，并且兼容多种操作系统，包括 Windows、Linux 和 macOS，具有可移植性；HDFS 专为高数据吞吐量而构建，最适合访问流数据。

Ceph 是一个可扩展的分布式存储系统，是目前应用最广泛的开源分布式存储系统，已得到众多厂商的支持，许多超融合系统的分布式存储都是基于 Ceph 深度定制的。而且 Ceph 已经成为 Linux 系统和 OpenStack 的"标配"，用于支持各自的存储系统。Ceph 可以提供对象存储、块设备存储和文件系统存储服务，同时支持三种不同类型的存储服务的特性，这在分布式存储系统中是很少见的。

Ceph 没有采用 HDFS 的元数据寻址的方案，而是采用 CRUSH 算法，数据分布均衡，并行度高。而且在支持块存储特性上，数据可以具有强一致性，可以获得传统集中式存储的使用体验；在对象存储服务方面，Ceph 支持 Swift 和 S3 的 API 接口；在块存储方面，Ceph 支持精简配置、快照、克隆；在文件系统存储服务方面，Ceph 支持 POSIX 接口，支持快照。但是目前 Ceph 支持文件的性能与其他分布式存储系统相比，部署稍显复杂，性能也稍弱，一般都将 Ceph 应用于块和对象存储；Ceph 是去中心化的分布式解决方案，需要提前做好规划设计，对技术团队的能力要求比较高。特别是在 Ceph 扩容时，其数据分布均衡的特性会导致整个存储系统性能的下降。

Swift 是一个高度可用、分布式、最终一致的对象存储。组织可以使用 Swift 高效、安全且廉价地存储大量数据。Swift 主要面向对象存储，与 Ceph 提供的对象存储服务类似，主要用于解决非结构化数据存储问题。

它和 Ceph 的对象存储服务的主要区别是，Swift 的特性客户端在访问对象存储系统服务时，Swift 要求客户端必须访问 Swift 网关才能获得数据，而 Ceph 使用一个运行在每个存储节点上的 OSD（对象存储设备）获取数据信息，没有一个单独的入口点，比 Swift 更灵活一些；在数据一致性方面，Swift 的数据是最终一致，对海量数据的处理效率要高一些，但是主要面向对数据一致性要求不高但是对数据处理效率要求比较高的对象存储业务，而 Ceph 是始终跨集群强一致性。在 OpenStack 中，对象存储服务使用的是 Swift，而不是 Ceph。

1.4.2 列式存储

组织关系数据库有两种方法：面向行和面向列。面向行的数据库是按记录组织数据的数据库，将与记录相关联的所有数据彼此相邻地保存在内存中。面向行的数据库是组织数据的传统方式，并且仍然为快速存储数据提供了一些关键优势。它们针对有效的读取和写入行进行了优化。常见的面向行的数据库有 MySQL 和 PostgreSQL 面向列的数据库是按字段组织数据的数据库，将与字段相关联的所有数据彼此相邻地保存在内存中。列式数据库越来越受欢迎，并为查询数据提供了性能优势。它们针对有效的读取和计算列进行了优化，常见的面向列的数据库有 Redshift、BigQuery 和 Snowflake 等。

　　列式存储（column-oriented storage）并不是一项新技术，最早可以追溯到 1983 年的论文 Cantor。然而，受限于早期的硬件条件和使用场景，主流的事务型数据库（OLTP）大多采用行式存储，直到近几年分析型数据库（OLAP）的兴起，列式存储这一概念又变得流行起来。

　　面向行的数据库创建了传统的数据库管理系统来存储数据。它们经过优化以读取和写入单行数据，这导致了一系列设计选择，包括具有行存储架构。在行存储或面向行的数据库中，数据是逐行存储的，即一行的第一列将紧挨前一行的最后一列，如表 1-4 所示。

表 1-4　面向行的数据示例

Name	City	Age
马特	杭州	27
戴夫	上海	30
吉姆	广州	33

　　这些数据将按行存储在面向行的数据库中的磁盘上，如图 1-11 所示。

| 马特 | 杭州 | 27 | 戴夫 | 上海 | 30 | 吉姆 | 广州 | 33 |

图 1-11　面向行的数据存储底层示意图

　　这允许数据库快速写入一行，因为写入一行所需要做的就是将另一行附加到数据的末尾。如图 1-12 所示，如果我们要添加一条新记录：

| 珍妮 | 深圳 | 30 |

图 1-12　新增一条行数据

　　我们可以将它附加到当前数据的末尾，如图 1-13 所示。

| 马特 | 杭州 | 27 | 戴夫 | 上海 | 30 | 吉姆 | 广州 | 33 | 珍妮 | 深圳 | 30 |

图 1-13　添加行数据后的变化

　　面向行的数据库通常用于在线事务处理（OLTP）风格的应用程序，因为它们可以很好地管理对数据库的写入。但是，数据库的另一个用例是分析其中的数据。这些在线分析处理（OLAP）用例需要一个能够支持数据的即席查询的数据库。

　　在进行临时查询时，有许多不同的数据排序顺序可以提高性能。例如，我们可能希望按日期列出数据，包括升序和降序，我们可能正在寻找有关单个客户的大量数据。

　　在面向行的数据库中可以创建索引，但很少以多个排序顺序存储数据。但是，在面向列的数据库中，你可以以任意方式存储数据。事实上，除了提高查询性能之外，面向列的数据库还有其他好处。这些不同的排序列被称为投影，它们提高系统容错性，因为数据被存储多次。

　　面向行的数据库在检索一行或一组行时速度很快，但是在执行聚合时，它会将额外的数据（列）带入内存，这比仅选择要执行聚合的列要慢。此外，面向行的数据库可能需要访问的磁盘数量通常更多。

假设我们想从上表数据中获取年龄总和，为此，我们需要将所有 9 个数据块加载到内存中，然后提取相关数据进行聚合，这将浪费计算时间。

让我们假设一个磁盘只能容纳足够的数据字节，以便在每个磁盘上存储三列。在面向行的数据库中，表 1-4 将存储为表 1-5。

表 1-5　在每个磁盘上存储三列示例

Disk1			Disk2			Disk3		
Name	City	Age	Name	City	Age	Name	City	Age
马特	杭州	27	戴夫	上海	30	吉姆	广州	33

为了得到所有人年龄的总和，计算机需要查看所有三个磁盘以及每个磁盘中的所有三列才能进行此查询。因此我们可以看到，虽然向面向行的数据库中添加数据既快速又容易，但从中获取数据可能需要使用额外的内存和访问多个磁盘。

面向列的 DBMS 或列式 DBMS 是一种数据库管理系统（DBMS），它按列而不是按行存储数据表。面向列的 DBMS 好处包括仅在查询列子集时更有效地访问数据（通过消除读取不相关列的需要），以及更多数据压缩选项。但是，它们插入新数据的效率通常较低。关系数据库管理系统提供表示列和行的二维表的数据。创建数据

表 1-6　面向列的数据存储示例

Name	City	Age
马特	杭州	27
戴夫	上海	30
吉姆	广州	33

仓库是为了支持分析数据。这些类型的数据库是读取优化的。在列式或面向列的数据库中，数据的存储方式是使列的每一行与同一列中的其他行相邻。让我们再次查看相同的数据集，看看如何将存储它在面向列的数据库中，如表 1-6 所示。

如图 1-14 所示，一个表一次按行存储一列：

马特	戴夫	吉姆	杭州	上海	广州	27	30	33

图 1-14　列存储示意图

如图 1-15 所示，如果要添加一条新记录：

图 1-15　添加一条新记录

我们必须在数据中导航以便将每一列插入到它应该在的位置，如图 1-16 所示。

马特	戴夫	吉姆	珍妮	杭州	上海	广州	深圳	27	30	33	30

图 1-16　列式存储的插入

如果数据存储在单个磁盘上，它将与面向行的数据库存在相同的额外内存问题，因为它需要将所有内容都放入内存。但是，当存储在单独的磁盘上时，面向列的数据库将具有显著优势。

如图 1-17 所示，如果我们将上面的表格放入同样受限的三列数据磁盘中，它们将像这样存储：

Disk1			Disk2			Disk3		
Name			City			Age		
马特	戴夫	吉姆	杭州	上海	广州	27	30	33

图 1-17 列式存储底层示意图

要获得年龄的总和，计算机只需转到一个磁盘（Disk 3）并将其中的所有值相加，不需要拉入额外的内存，它访问的磁盘数量最少。虽然这有点过于简化，但说明通过按列组织数据，需要访问的磁盘数量将减少，并且必须使在内存中保存的额外数据量最小化，这大大提高了计算的整体速度。还有其他方法可以让面向列的数据库获得更高的性能。

涉及硬盘的最昂贵的操作是查找。为了提高整体性能，相关数据的存储方式应尽量减少搜索次数。这被称为参考位置，基本概念出现在许多不同的上下文中。硬盘被组织成一系列固定大小的块，通常足以存储表格的几行。通过组织表的数据使行适合这些块，并将相关的行分组到连续的块中，在许多情况下，需要读取或查找的块的数量以及查找的次数都会被最小化。

面向列的数据库将一列的所有值序列化在一起，然后是下一列的值，以此类推。在这种布局中，任何一列都更紧密地匹配面向行的系统中的索引结构。这可能会导致混淆，从而导致人们错误地认为面向列的存储“实际上只是”在每一列上都有索引的行存储。但是，数据的映射有很大的不同。在面向行的系统中，索引将列值映射到 rowid，而在面向列的系统中，列将 rowid 映射到列值。

面向列的系统是否会更有效地运行在很大程度上取决于自动化的工作负载。检索给定对象（整行）的所有数据的操作速度较慢。面向行的系统可以在单个磁盘读取中检索行，而列式数据库中需要从多个列收集数据的大量磁盘操作。但是，这些整行操作通常很少见。在大多数情况下，只检索有限的数据子集。将数据写入数据库时更是如此，尤其是当数据趋于“稀疏”且包含许多可选列时。为此分区、索引、缓存、视图、OLAP 多维数据集和事务系统（例如预写日志记录或多版本并发控制）都极大地影响了任一系统的物理组织。也就是说，以在线事务处理（OLTP）为重点的 RDBMS 系统更加面向行，而以在线分析处理（OLAP）为重点的系统是面向行和面向列的平衡。

传统 OLTP 数据库通常采用行式存储。所有的列依次排列构成一行，以行为单位存储，再配合以 B+ 树或 SS-Table 作为索引，就能快速通过主键找到相应的行数据。

行式存储对于 OLTP 场景是很合适的。大多数操作都以实体（entity）为单位，即大多为增删改查一整行记录，显然把一行数据存在物理上相邻的位置是很好的选择。

然而，对于 OLAP 场景，一个典型的查询需要遍历整个表，进行分组、排序、聚合等操作，这样一来按行存储的优势就不复存在了。更糟糕的是，分析型 SQL 常常不会用到所有的列，而仅仅对其中某些列做运算，因此一行中那些无关的列也不得不参与扫描。

面向行和面向列的数据库之间的比较通常与给定工作负载的硬盘访问效率有关，因为与计算机中的其他瓶颈相比，查找时间非常长。例如，典型的串行 ATA（SATA）硬盘驱动器的平均寻道时间为 16~22ms，而英特尔酷睿 i7 处理器上的 DRAM 访问平均需要 60ns，两者相差近 400 000 倍。显然，磁盘访问速度是处理大数据的主要瓶颈。列式数据库通过减少需要从磁盘读取的数据量来提高性能，既可以有效地压缩相似的列式数据，也可以只读取查询所需的数据。

在实践中，列式数据库非常适合 OLAP 类工作负载（例如，数据仓库），这些工作负载通常涉及对所有数据（可能是 PB 级）的高度复杂的查询。但是，必须做一些工作才能将数据写入列式数据库。事务（INSERT）必须分成列并在存储时进行压缩，使其不太适合 OLTP 工作负载。面向行的数据库非常适合 OLTP 这种负载更重的交互式事务的工作负载。例如，当数据位于单个位置（最小化磁盘寻道）时，从单行检索所有数据效率更高，如在面向行的体系结构中。然而，面向列的系统已被开发为能够同时进行 OLTP 和 OLAP 操作的混合体。这种面向列的系统所面临的一些 OLTP 约束是使用（以及其他质量）内存数据存储来调节的。

显然，列式存储对于 OLTP 不友好，一行数据的写入需要同时修改多个列，但对 OLAP 场景有着很大的优势：当查询语句只涉及部分列时，只需要扫描相关的列即可，每一列的数据都是相同类型的，彼此间相关性更大，对列数据压缩的效率较高。

列数据是统一类型的，因此，在面向列的数据中存在一些在面向行的数据中不可用的存储大小优化的机会。例如，许多流行的现代压缩方案，如 LZW 或游程编码，利用相邻数据的相似性进行压缩。临床数据中常见的缺失值和重复值可以用两位标记表示。

为了改进压缩，对行进行排序也有帮助。例如，使用位图索引，排序可以将压缩提高一个数量级。列压缩以降低检索效率为代价来减少磁盘空间。实现的相邻压缩越大，随机访问可能变得越困难，因为数据可能需要解压缩才能读取。因此，有时会通过最小化对压缩数据的访问需求来完善面向列的体系结构设计。

传统关系数据库主要面向在线事务处理应用，这些应用需要在频繁的小规模更新时仍可以保证很好的性能，因此行式存储成为主流的记录组织格式。而对于在线分析处理和数据挖掘类查询密集型应用，访问模式完全不同，这类应用通常只访问记录中少量属性，通过对大量数据进行计算后得到汇总结果集。如果使用行式存储组织数据，即使只访问少数几列，也需要读取记录中的所有数据，大量的 I/O 只能产生少量有效数据。因此对于在线分析处理类应用，产生了两种应对的方法，即预计算和垂直分区方法。预计算方法将预先计算的结果存放于立方体或物化视图中，这种方法可以对汇总的结果进行切片、下钻和上卷等操作。但这种方法的缺点在于只能加速模式已知的查询，而对灵活的即席查询并不适用，另外，还需要考虑事实表和预计算结果集之间的同步问题。而垂直分区方法则是将数据按列组织，由于需要查询的属性值集中存放在连续的数据块中，因此对于合计、分组、排序、映射等操作，通过较少的访问即可获取更多的有效数据，这极大提高了数据分析类应用的效率。列式存储提高了 I/O 效率，通过将列式存储完全加载到内存则进一步避免了磁盘 I/O 访问，并且可以充分发挥多处理器多核的并行处理优势，对于即席查询也可以获得很好的性能。

总的来说，列式存储的优势一方面体现在存储上能节约空间、减少 I/O，另一方面依靠列式数据结构做了计算上的优化。

1.5　数据冗余与副本

高可靠、高可用一直是对数据库系统的基本要求。分布式系统在数据层面和数据存储层面需要提供可靠存和高效用的支持；在硬件和操作系统层面之外，数据库存储层面需要提供多副本技术，这是提高云存储系统中数据访问可靠性和系统容错性的常用策略，因此有着较多的与副本有关的技术。但是，现有研究多以副本布局转换自动完成为前提，旨在关注数据副本数目与位置等与副本布局方案设计相关的内容，较少涉及副本布局转换的任务调度问题。而在多数据中心，数据副本分裂、合并、迁移、删除、备份、恢复等复杂操作的任务调度在应用不同的任务调度策略时，所占用的空间、时间都是不同的，这使得成本、效率方面也会存在很大的不同。所以，研究面向多数据中心的数据副本布局转换任务调度模型，从成本、空间、时间等方面离散约束优化调度问题，研究面向多数据中心的副本布局任务调度策略，对提高云存储系统的性能具有一定的意义。

复制意味着在通过网络连接的多台机器上保留相同数据的副本，通过复制数据使数据与用户在地理上接近（从而减少延迟）；即使系统的一部分出现故障，系统也能继续工作（从而提高可用性）；伸缩可以接受读请求的机器数量（从而提高读取吞吐量）。

数据分布在多个节点上有两种常见的方式：复制和分区。运行在大量节点上的文件系统被称为分布式文件系统，这是并行系统中广泛使用的数据存储方式。

数据分区将一个大型数据库拆分成多个较小的子集（称为分区），从而可以将不同的分区指派给不同的节点（也称分片）。分区的优势在于，当数据库在多个节点之间进行分区时，我们可以使用所有节点对其进行检索。类似地，在执行写入操作时，它也可以被并行地写入到多个节点。因此，I/O 并行地读写整个数据库的操作要比非 I/O 并行的方式快得多。

数据复制为在几个不同的节点上保存数据的相同副本，可能放在不同的位置。复制提供了冗余：如果一些节点不可用，剩余的节点仍然可以提供数据服务。和分区类似，复制也有助于改善性能。

由于每个分区都被复制，因此对分区的更新必须应用到所有的副本上，这样会产生一致性的问题。对于在创建后未被更新的数据，可以在所有节点上进行读操作，因为此时所有副本中的数据一致。若有副本被更新，则各个副本可能获取不同的值。可以通过将所有读操作发送到主副本来保证所有的读操作都能获得最新的值。

如果复制中的数据不会随时间而改变，那么复制就很简单：将数据复制到每个节点一次就万事大吉。复制的困难之处在于处理复制数据的 变更，这就是本节所要讲的。我们将讨论三种流行的变更复制算法：单领导者、多领导者和无领导者。几乎所有分布式数据库都使用这三种方法之一。

存储了数据库拷贝的每个节点被称为副本。当存在多个副本时，会不可避免地出现一个问题：如何确保所有数据都落在了所有的副本上？每一次对数据库的写入操作都需要传播到所有副本上，否则副本就会包含不一样的数据。最常见的解决方案被称为单领导者复制（也称主动 / 被动复制或主 / 从复制），它的工作原理如图 1-18 所示。

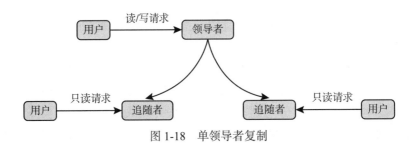

图 1-18   单领导者复制

其中一个副本被指定为领导者，也称为主库。当客户端要向数据库写入数据时，它必须将请求发送给该领导者，其会将新数据写入本地存储。其他副本被称为追随者，也被称为只读副本、从库、备库或热备。每当领导者将新数据写入本地存储时，它也会将数据变更发送给所有的追随者，称为复制日志或变更流。每个跟随者从领导者拉取日志，并相应更新其本地数据库副本，方法是按照与领导者相同的处理顺序来执行所有写入。当客户想要从数据库中读取数据时，它可以向领导者或任一追随者进行查询，但只有领导者才能接受写入操作（从客户端的角度来看从库都是只读的）。

复制系统的一个重要细节是：复制是同步发生的还是异步发生的（在关系型数据库中这通常是一个配置项，其他系统则通常硬编码为其中一个）。

同步复制的优点是，从库能保证有与主库一致的最新数据副本。如果主库突然失效，我们可以确信这些数据仍然能在从库上找到。缺点是，如果同步从库没有响应（比如它已经崩溃或出现网络故障，或者其他任何原因），主库就无法处理写入操作。主库必须阻止所有写入，并等待同步副本再次可用。

因此，将所有从库都设置为同步的是不切实际的：任何一个节点的中断都会导致整个系统停滞不前。实际上，如果在数据库上启用同步复制，通常意味着其中 一个 从库是同步的，而其他从库则是异步的。如果该同步从库变得不可用或缓慢，则将一个异步从库改为同步运行。这保证你至少在两个节点上拥有最新的数据副本：主库和同步从库。这种配置有时也被称为半同步。

通常情况下,单领导者复制都配置为完全异步。在这种情况下,如果主库失效且不可恢复,则任何尚未复制给从库的写入都会丢失。这意味着即使已经向客户端确认成功,写入也不能保证是持久的。然而,一个完全异步的配置也有优点:即使所有的从库都落后了,主库也可以继续处理写入。

单领导者复制有一个主要的缺点:只有一个主库,而且所有的写入都必须通过它。如果出于任何原因(例如和主库之间的网络连接中断)无法连接到主库,就无法向数据库写入数据。

单领导者复制模型的自然延伸是允许多个节点接受写入。复制仍然以同样的方式发生:处理写入的每个节点都必须将该数据变更转发给所有其他节点。我们将其称为多领导者配置(也称多主、多活复制)。在这种情况下,每个主库同时是其他主库的从库。

多领导者配置中可以在每个数据中心都有主库。图 1-19 展示了该架构。在每个数据中心使用常规的主从复制;在数据中心之间,每个数据中心的主库都会将其更改复制到其他数据中心的主库中。

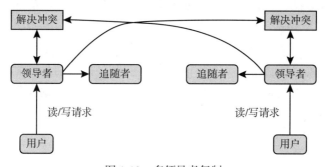

图 1-19 多领导者复制

尽管多领导者复制有这些优势,但也有一个很大的缺点:两个不同的数据中心可能会同时修改相同的数据,写冲突是必须要解决的。由于多领导者复制在许多数据库中都属于改装的功能,因此常常存在微妙的配置缺陷,且经常与其他数据库功能之间出现意外的反应,比如自增主键、触发器、完整性约束等都可能会有麻烦。因此,多领导者复制往往被认为是危险的领域,应尽可能避免。

1.6 本章小结

本章介绍了分布式系统基础知识,从整体上学习了分布式系统的架构。在 1.1 节中,我们简要说明了分布式系统的需求和应用场景,以及分布式系统的优点:更大的灵活性、可靠性、提高速度、地理分布。此外,我们还对分布式的模型架构进行了总结:客户端 - 服务器、手机网络、对等网络等。需要强调的是,相比于中心化系统,分布式系统具有许多新特性:可扩展性、并发性、可用性 / 容错性、透明度、异构性、复制。在 1.2 节中,我们对分布式系统的设计目标进行了介绍，目标可归类为 4 种：一致性、可用性、分区容错性、可扩展性。我们对这 4 种目标进行了详细的讨论。在 1.3 节中，我们学习了分布式系统中的数据模型、对比介绍了关系模型、文档模型、图状数据模型三种目前常用的数据模型，并分析它们在不同使用场景下的优劣。它们在各自的目标领域中都足够优秀，也有各自的优势。在 1.4 节中，我们介绍了分布式系统中的数据存储方式，我们从最基本的存储单元（光盘、磁盘、闪存、主存、缓存）进行介绍，它们有各自的应用场景，需要根据实际需求和条件进行选择。其中，闪存以下为非易失性存储，为了保证数据的安全必须把数据写入非易失性存储中。此外，我们还介绍了主流的 RAID 方案，从原理、应用以及场景选择三个方面进行了介绍。对于数据库内部的数据结构，我们也进行了简单说明，组织关系数据库有两种方法，即面向行和面向列，面向行的数据库创建了传统的数据库管理系统来存储数据，从行存储数据库中读取面向行的数据库在检索一行或一组行时速度很快，但是在执行聚合时，它会将额外的数据（列）带入内存，这比仅选择执行聚合的列要慢；面向列的数据库管理系统或列式数据库管理系统，它按列而不是按行存储数据表，好处包括仅在查询列子集时更有效地访问数据（通过消除读取不相关列的需要），以及更多数据压缩选项。在 1.5 节中，我们对数据冗余与副本进行了学习，这是分布式系统实现高可用、高性能、一致性的核心。数据分布在多个节点上有两种常见的方式：复制和分区。数据复制为在几个不同的节点上保存数据的相同副本，可能放在不同的位置，副本被指定为领导者，也称为主库。当客户端要向数据库写入数据时，它必须将请求发送给该领导者，其会将新数据写入其本地存储，通常情况下，单领导者复制都配置为完全异步。

第 **2** 章

分布式数据处理语言

2.1 SQL

SQL 最早的版本是由 IBM 开发的，最初被叫作 Sequel，从 20 世纪 70 年代一直发展至今，其名称已变为 SQL。SQL 全称为 Structured Query Language（结构化查询语言），是一种专门用来与数据库沟通的语言，它利用一些简单的句子构成基本的语法来存取数据库的内容。

SQL 于 1986 年成为 ANSI 标准。每隔几年，该标准就会更新一次，ANSI SQL-89 和 ANSI SQL-92 分别是 1989 年和 1992 年添加的不同 SQL 标准集。即使有了这些标准，也没有两个关系数据库管理系统是完全相同的。它们都只是部分符合 ANSI。所以读者应该意识到不同 SQL 实现之间的差异。大体而言，业界的产品都是在包含 ANSI SQL 的基础下，再扩充自家产品的功能，以求能展现产品本身的特色。

如果你只在一个 RDBMS 中工作，那么不遵循 ANSI 标准是完全可以的。但当你的代码在一个 RDBMS 中工作，而你想在另一个 RDBMS 中使用该代码时可能会出现问题。没有遵循 ANSI 标准的代码可能无法在新的 RDBMS 中运行。

尽管 SQL 被称为查询语言，但其功能包括数据查询、数据定义、数据操纵和数据控制。SQL 简洁方便，功能齐全，目前它已经成为关系数据库系统中使用最广泛的语言。SQL 不是某个特定数据库供应商专有的语言，几乎所有重要的 DBMS 都支持 SQL。SQL 广泛应用于各种大、中型数据库，如 Sybase、SQL Server、Oracle、DB2、MySQL、PostgreSQL 等；也用于各种小型数据库，如 FoxPro、Access、SQLite 等。

SQL 主要有以下分类。

- 数据定义语言（Data Definition Language，DDL）：主要用于创建、修改和删除数据库对象（数据表、视图、索引等），包括 CREATE、ALTER、DROP 语句。
- 数据查询语言（Data Query Language，DQL）：主要用于查询数据库中的数据，其主要语句为 SELECT 语句。SELECT 语句是 SQL 语言中最重要的部分。SELECT 语句中主要包括 5 个子句，分别是 FROM 子句、WHERE 子句、GROUP BY 子句、HAVING 子句和 WITH 子句。

- 数据操纵语言（Data Manipulation Language，DML）：主要用于更新数据库里数据表中的数据，包括 INSERT（插入）语句、UPDATE（更新）语句、DELETE（删除）语句。
- 数据控制语言（Data Control Language，DCL）：主要用于授予和回收访问数据库的某种权限，包括 GRANT、REVOKE 等语句。其中，GRANT 语句用于向用户授予权限，REVOKE 语句用于向用户收回权限。
- 事务控制语言（Transaction Control Language，TCL）：主要用于数据库对事务的控制，保证数据库中数据的一致性，包括 COMMIT、ROLLBACK 等语句。其中，COMMIT 用于事务的提交，ROLLBACK 用于事务的回滚。

本章主要介绍 SQL 的使用和主要功能，以及各种连接的表达、视图、事务、完整性约束、授权等内容。通过本章的学习，读者应了解 SQL 的特点，掌握 SQL 的四大功能及使用方法，重点掌握数据查询功能，并加深对数据库管理系统中数据查询、数据定义、数据操纵和数据控制功能实现原理的理解。

2.1.1　SQL 基础

SQL 的基本概念如下。

- 基本表。基本表是独立存在的表，一个关系对应一个基本表，一个或多个基本表对应一个存储文件。表中的一行代表一种联系。在关系模型的术语中，关系用来表示表，而元组用来表示表中的行，属性用来表示表中的列。
- 视图。视图是从一个或几个基本表导出的表，是一个虚表。数据库中只存放视图的定义而不存放视图对应的数据，这些数据仍存放在导出视图的基本表中。当基本表中的数据发生变化时，从视图查询出来的数据也随之改变。在用户看来，视图是通过不同路径去看一个实际表，透过视图可以看到数据库中用户感兴趣的内容。SQL 支持的关系数据库的三级模式结构，如图 2-1 所示。其中，外模式对应于视图和部分基本表，模式对应于基本表，内模式对应于存储文件。

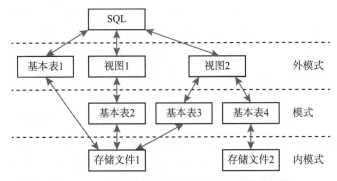

图 2-1　SQL 支持的关系数据库的三级模式结构

- 事务。SQL 标准规定当一条 SQL 语句被执行后，就会隐式地开始一个事务。一个事务在完成所有步骤后提交，或者在不能成功完成所有步骤的情况下回滚其所有动作，通过这种方式数据库提供了事务具有原子性的特性，原子性也就是不可分割性。要么事务被完整地提交到数据库中，要么什么都不提交。

- 完整性约束。完整性约束保证用户对数据库所做的修改不会破坏数据的一致性。因此，完整性约束防止对数据的意外破坏。一般说来，一个完整性约束可以是属于数据库的任意谓词。完整性约束通常被看成是数据库模式设计过程的一部分，它作为用于创建关系的 CREATE table 命令的一部分被声明。然而，完整性约束也可以通过使用 ALTER table table-name ADD constraint 命令施加到已有关系上，其中 constraint 可以是关系上的任意约束。当执行上述命令时，系统首先要保证关系满足指定的约束。如果满足，那么约束被施加到关系上；如果不满足，则拒绝执行上述命令。

- 授权。我们可能会在数据库的某些部分给一个用户授予几种权限。对数据的授权包括：
  - 授权读取数据。
  - 授权插入新数据。
  - 授权更新数据。
  - 授权删除数据。

每种类型的授权都被称为一个权限。我们可以在数据库的某些特定部分（如一个关系或视图）上授予用户这些类型的权限。当用户执行 SQL 语句时，SQL 先基于该用户曾获得的权限检查此查询或更新是否是授权过的。如果查询或更新没有经过授权，那么该 SQL 语句将被拒绝执行。除了在数据上的授权之外，用户还可以被授予数据库模式上的权限。例如，可以允许用户创建、修改或删除关系。拥有某些权限的用户还可以把这样的权限给其他用户或者撤销授出的权限。

SQL 标准支持如下多种固有数据类型。

- char(n)：固定长度的字符串，用户指定长度 n。
- varchar(n)：可变长度的字符串，用户指定最大长度 n。
- int：整数类型。
- smallint：小整数类型。
- numeric(p, d)：定点数，精度由用户指定。这个数有 p 位数字（加上一个符号位），其中 d 位数字在小数点右边。
- real，double precision：浮点数与双精度浮点数，精度与机器相关。
- float(n)：精度至少为 n 位的浮点数。

char 数据类型存放固定长度的字符串。例如，属性 A 的类型是 char(5)。当存入字符串 "ABC" 时，该字符串后会追加 2 个空格使其达到 5 个字符的串长度。反之，如果属性 B 的类型是 varchar(5)，在属性 B 中存入字符串 "ABC"，则不会增加空格。当比较两个 char 类型的值时，如果它们的长度不同，在比较之前会自动在较短的字符后面加上额外的空格使它们的长度一致，但这主要取决于数据库系统，有的数据库系统并不会有对齐操作。所以上述属性 A 和 B 中存放的是相同的值 "ABC"，A=B 的比较也可能返回假。我们可以使用 varchar 类型而不是 char 类型来避免这样的问题。

SQL 由一些简单的子句构成，所有的 SQL 语句均有自己的格式。下面是一段 SQL 代码，查询每位员工在 2021 年完成的销售数量，查询语句结构如图 2-2 所示。

图 2-2　SQL 语句结构

- 语句：语句以关键字开头，分号结尾。如果语句以关键字 SELECT 开头，则整个语句被称为 SELECT 语句。
- 子句：子句是语句和查询的组成成分，我们一般使用的子句以 SELECT、FROM、WHERE、GROUP BY、HAVING 和 ORDER BY 开头。
- 标识符：标识符是数据库对象的名称，例如表或列的字段名。尽管 SQL 语言不区分大小写，为了可读性，标识符通常是小写的，关键字通常是大写的。
- 函数：函数是一种特殊类型的关键字。它接受零个或多个输入，对输入进行处理，返回一个输出。SQL 支持很多类型的函数，例如聚合函数、数学函数、字符串函数、时间日期函数等。常见的函数如表 2-1 所示。
- 表达式：可以将表达式看作一个产生值的公式。图 2-2 代码块中的表达式为：COUNT（s.sale_id）。此表达式包含一个函数 COUNT 和一个标识符 s.sale_id，它们一起形成一个表达式，表示要计算销售额。
- 别名：别名仅在查询期间临时重命名列或表。换言之，新别名将显示在查询结果中，但原始的列名或者表名在要查询的表中保持不变。标准是在重命名列时使用 AS，例如图 2-2 代码块中使用 COUNT(s.sale_id) AS num_sales，而在重命名表时用空格隔开，例如 employee e。但在实际运用中，这两种语法都适用于列和表，即以上两种方法都可以用于列和表。
- 谓词：谓词是一种逻辑比较，它会产生以下三个值之一：TRUE、FALSE、UNKNOWN。它们有时被称为条件陈述。谓词用于 WHERE 子句和 HAVING 子句的搜索条件中，还用于 FROM 子句的连接条件以及需要布尔值的其他构造中。
- 注释：注释是代码运行时被忽略的文本。在代码中写注释很有用，这样其他代码的审阅者可以快速理解代码的意图，而无须阅读所有代码。

　　○ 单行注释示例：- - 这些是我的注释

　　○ 多行注释示例：/* 这些是

　　　　　我的注释 */

- 引号：在 SQL 中可以使用两种类型的引号，即单引号和双引号。引用字符串值时使用单引号，引用标识符时使用双引号。在实际使用过程中，与双引号相比，单引号要多得多。

表 2-1　常用函数

聚合函数	数学函数	字符串函数	时间日期函数
COUNT()	ABS()	LENGTH()	CURDATE()
AVG()	SQRT()	LTRIM()	CURTIME()
SUM()	LOG()	CONCAT()	DATE_ADD()
MAX()	ROUND()	SUBSTR()	DATE_FORMAT()
MIN()	CAST()	REGEXP()	DATE_SUB()

2.1.2　SQL 的查询语句

　　要编写 SQL 语句，需要深入地理解基本的数据库设计。要想编写高效的 SQL 就必须要知道信息存放在哪些表中，表与表之间如何互相关联。为帮助你更好地学习和理解本节的相关知识，图 2-3 显示了一个包含三张表的简单数据库，分别是学生表（Students table）、课程表（Courses table）和选课信息表（Elecourses table）。由图 2-3 可知这三张表是如何定义的以及它们如何相互连接的。本节的所有例子都基于这三张表。

　　SELECT 语句被称为查询语句，查询语句由 6 个主要子句组成，分别是 SELECT 子句、FROM 子句、WHERE 子句、GROUP BY 子句、HAVING 子句、ORDER BY 子句。我们接下来详细介绍每一条子句，最后介绍由 MySQL、PostgreSQL 和 SQLite 支持的 LIMIT 子句，并通过例子介绍 SQL 的详细语法。

　　SELECT 查询分为单关系查询和多关系查询。单关系查询是指从一张表中查询需要的信息，而当需要的信息存放在多张表中，要从几张表的组合中得到我们想要的信息时执行的就是多关系查询。

　　下面开始介绍单关系查询。查询数据库意味着从数据库的一个表或多

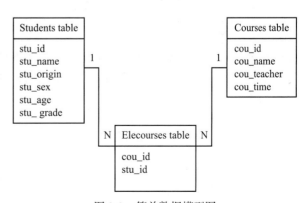

图 2-3　简单数据模型图

个表中检索数据。当只在一张表中查询信息时，所使用到的就是单关系查询。在 SELECT 子句中，SELECT 关键字后面可以是列名和表达式，这些列名和表达式用逗号分隔。

我们考虑使用 Students 表做一个简单的查询："查询所有学生的学号和姓名"。下述查询语句利用 SELECT 语句从 Students 表中检索名为 stu_id 和 stu_name 的列。学生的学号和姓名可以在 Students 关系中找到，因此我们将该关系放到 FROM 子句中。学生的学号和姓名在属性 stu_id 和 stu_name 中，我们把这些属性写到 SELECT 子句中，如程序清单 2.1 所示。总的来说，SELECT 语句的基本语法为：所需的列名写在 SELECT 关键字之后，FROM 关键字指出从哪个表中检索数据。

程序清单 2.1　SELECT 检索多列

```
1   输入:
2       SELECT stu_id, stu_name
3       FROM Students;
4   输出:
5       stu_id      stu_name
6       ---------------------
7       10000       Xiao Chen
8       10001       Ming Zhi
```

除了指定所需的列（如上所述，一个或多个列）外，SELECT 语句还可以检索所有的列而不必逐个列出它们。在实际列名的位置使用星号（*）通配符可以做到这点，如程序清单 2.2 所示。

程序清单 2.2　SELECT 检索所有列

```
1   输入:
2       SELECT *
3       FROM Students;
4   输出:
5       stu_id      stu_name    stu_origin    stu_sex    stu_age    stu_grade
6       -----------------------------------------------------------------------
7       10000       Xiao Chen   Beijing       1          17         1
8       10001       Ming Zhi    Shanghai      0          23         4
```

如前所述，SELECT 语句返回所有匹配的行。但是，如果你不希望查找出来的相同值每次都出现，该怎么办呢？办法就是使用 DISTINCT 关键字，顾名思义，它指示数据库只返回不同的值。例如，你想检索 Students 表中所有学生的籍贯（origin），如程序清单 2.3 所示。

程序清单 2.3　SELECT 返回不同的行

```
1   输入:
2       SELECT DISTINCT stu_origin
3       FROM Students;
```

```
4   输出:
5       stu_origin
6       ----------
7       Beijing
8       Shanghai
9       Jiangxi
```

SQL 允许在 WHERE 子句中使用逻辑连词 AND、OR 和 NOT。逻辑连词的运算对象可以是包含比较运算符 <、<=、>、>=、= 和 <> 的表达式。SQL 允许我们使用比较运算符来比较字符串、算术表达式以及特殊类型，如日期类型。在本节的后面，我们还将研究 WHERE 子句谓词的其他特征。

至此，我们已经学习了如何使用 SQL 的 SELECT 语句来检索单个表列、多个表列以及所有表列，也学习了如何返回不同的值。接下来开始介绍多关系查询。

之前的查询都是基于单个关系的，但当我们需要从几张表中组合信息时，如何书写这样的查询？答案是使用多关系查询。

考虑查询"对于所有学生，找出他们的学号姓名以及所选课程标识"，我们需要把访问到的关系写在 FROM 子句当中，在 WHERE 子句中指定匹配的条件，如程序清单 2.4 所示。

程序清单 2.4　多关系查询

```
1   输入:
2       SELECT s.stu_id,s.stu_name,s.stu_grade,e.cou_id
3       FROM students AS s, Elecourses AS e
4       WHERE s.stu_id = e.stu_id;
5   输出:
6       stu_id      stu_name      stu_grade      cou_id
7       -------------------------------------------------
8       10000       Xiao Chen     1              1
9       10000       Xiao Chen     1              2
10      10000       Xiao Chen     1              3
11      10000       Xiao Chen     1              4
12      10005       Yang Yan      2              2
13      10005       Yang Yan      2              3
```

如前所述，一个 SQL 查询包含三种类型的子句：SELECT 子句、FROM 子句、WHERE 子句。一个典型的 SQL 查询具有如下的形式：

```
SELECT A1, A2, ···, An
FROM r1, r2, ···, rm
WHERE P;
```

其中 A_i 代表一个属性，r_i 代表一个关系，P 代表一个谓词。

我们接着讲授如何使用 SELECT 语句的 ORDER BY 子句根据需要排序检索出的数据。

前面的 SQL 语句返回某个数据库表的单个列，但输出并没有特定的顺序。检索出的数据并不是随机显示的。如果不排序，数据一般将以它在底层表中出现的顺序显示，这有可能是数据最初被添加到表中的顺序。为了明确地排序用 SELECT 语句检索出的数据，可使用 ORDER BY 子句。ORDER BY 子句取一个或多个列的名字，据此对输出进行排序，如程序清单 2.5 所示。

程序清单 2.5   ORDER BY 升序排序

```
1   输入：
2       SELECT stu_id,stu_name
3       FROM Students
4       ORDER BY stu_name;
5   输出：
6       stu_id      stu_name
7       ---------------------
8       10006       Gan Yi
9       10002       Hong Li
10      10003       Li Zhang
11      10001       Ming Zhi
12      10000       Xiao Chen
13      10005       Yang Yan
14      10004       Zi Xiao
```

数据排序不限于升序排序（从 A 到 Z），这只是默认的排序顺序。还可以使用 ORDER BY 子句进行降序（从 Z 到 A）排序。为了进行降序排序，必须指定 DESC 关键字，例如 ORDER BY stu_name DESC。

DESC 关键字只应用到直接位于其前面的列名。在 ORDER BY 子句中，对 stu_name 列指定 DESC。因此，stu_name 列以降序排序。如果想在多个列上进行降序排序，必须对每一列指定 DESC 关键字。请注意，与 DESC 相对的是 ASC，在升序排序时可以指定它。如果既不指定 ASC 也不指定 DESC，则默认为 ASC，也就是 ORDER BY 默认为升序。

需要注意的是 ORDER BY 子句必须是 SELECT 语句中的最后一条子句。我们可以根据需要利用 ORDER BY 在一个或多个列上对数据进行排序。

接下来将介绍如何使用 SELECT 语句的 WHERE 子句指定搜索条件。在 SELECT 语句中，数据根据 WHERE 子句中指定的条件进行过滤，返回用户需要的行。

SQL 支持表 2-2 列出的所有条件操作符。表 2-2 中列出的某些操作符是冗余的（如 <> 与 != 相同，!< 相当于 >=）。并非所有 DBMS 都支持这些操作符。要确定你的 DBMS 支持哪些操作符，请参阅相应的文档。

所有 WHERE 子句在过滤数据时使用的都是单一的条件。为了进行更强的过滤控制，SQL 允许给出多个 WHERE 子句。这些子句有两种使用方式，即 AND 子句或 OR 子句的方式。要通过不止一个列进行过滤，可以使用 AND 操作符给 WHERE 子句附加条件。AND 代表"且"的意思，即要满足 AND 连接的两个表达式才能返回结果。例如：WHERE stu_age >= 17 AND stu_age <= 20 需要属性同时满足 stu_age >= 17 和 stu_age <= 20 才能返回结果。

表 2-2 WHERE 子句操作符

操作符	说明	操作符	说明
=	等于	>	大于
<>	不等于	>=	大于等于
!=	不等于	!>	不大于
<	小于	BETWEEN	在指定的两个值之间
<=	小于等于	IS NULL	为 NULL 值
!<	不小于		

OR 操作符代表"或"的意思，即满足 OR 连接的两个表达式的其中一个就能返回结果。它指示 DBMS 检索匹配任一条件的行。事实上，许多 DBMS 在 WHERE 子句的第一个条件得到满足的情况下，就不再计算第二个条件。查询年龄为 17 或者 20 岁的学生信息的 WHERE 子句为：WHERE stu_age = 17 OR stu_age = 20。

WHERE 子句可以包含任意数目的 AND 和 OR 操作符，允许两者结合以进行复杂、高级的过滤。任何时候使用具有 AND 和 OR 操作符的 WHERE 子句，都应该使用圆括号明确地分组操作符。不要过分依赖默认求值顺序，否则会导致错误发生。

要检查某个范围内的值，可以使用 BETWEEN 操作符。其语法与其他 WHERE 子句的操作符稍有不同，因为它需要两个值，即范围的开始值和结束值。例如，BETWEEN 操作符可用来检索年龄在 18~20 之间的所有学生。程序清单 2.6 说明了如何使用 BETWEEN 操作符。

程序清单 2.6 WHERE 子句中 BETWEEN 关键字的使用

```
输入：
    SELECT stu_id, stu_name, stu_age
    FROM Students
    WHERE stu_age BETWEEN 18 AND 20;
输出：
    stu_id      stu_name        stu_age
    -----------------------------------
    10002       Hong Li         20
    10003       Li Zhang        18
```

IN 操作符用来指定条件范围，范围中的每个条件都可以进行匹配。IN 取一组由逗号分隔、括在圆括号中的合法值。程序清单 2.7 说明了如何使用这个操作符。

程序清单 2.7 WHERE 子句中 IN 关键字的使用

```
输入：
    SELECT stu_id,stu_name, stu_origin
    FROM Students
    WHERE stu_origin IN ( 'Jiangxi', 'Shanghai' );
```

```
5   输出:
6       stu_id        stu_name          stu_origin
7       -------------------------------------------
8       10001         Ming Zhi          Shanghai
9       10002         Hong Li           Jiangxi
10      10004         Zi Xiao           Shanghai
```

程序清单 2.7 中的 SELECT 语句检索籍贯为 Jiangxi 或者 Shanghai 的所有学生。IN 操作符后跟由逗号分隔的合法值，这些值必须括在圆括号中。

WHERE 子句中的 NOT 操作符有且只有一个功能，即否定其后所跟的任何条件。因为 NOT 从不单独使用（它总是与其他操作符一起使用），所以它的语法与其他操作符有所不同。NOT 关键字可以用在要过滤的列前。程序清单 2.8 中的 SELECT 语句检索除一年级以外的所有学生信息。

程序清单 2.8　WHERE 子句中 NOT 关键字的使用

```
1   输入:
2       SELECT *
3       FROM Students
4       WHERE NOT stu_grade= 1;
5   输出:
6       stu_id        stu_name        stu_origin        stu_sex        stu_age        stu_grade
7       ------------------------------------------------------------------------------------------
8       10001         Ming Zhi        Shanghai          0              23             4
9       10002         Hong Li         Jiangxi           1              20             3
10      10005         Yang Yan        Beijing           0              22             2
11      10006         Gan Yi          Beijing           1              17             2
```

前面介绍的所有操作符都是针对已知值进行过滤的。不管是匹配一个值还是多个值，检验大于还是小于已知值，或者检查某个范围的值，其共同点是过滤中使用的值都是已知的。但是，这种过滤方法并不是任何时候都好用。例如，怎样查找姓名中含 Li 的所有学生信息？用简单的比较操作符肯定不行，必须使用通配符。利用通配符，可以创建比较特定数据的搜索模式。

在字符串上可以使用 LIKE 操作符来实现模式匹配。我们使用以下两个特殊字符来描述模式。

- 百分号（%）：匹配任意子串。
- 下划线（_）：匹配任意一个字符。

模式匹配是大小写敏感的，也就是说，大写字符与小写字符不匹配，反之亦然。为了说明模式匹配，考虑以下例子。

- 'SQL%' 匹配任何以"SQL"开头的字符串。
- '% SQL%' 匹配任何包含"SQL"子串的字符串，例如' MYSQL5.0'和' SQL Server'。

- '＿＿＿'匹配只含三个字符的字符串。

在 SQL 中用比较运算符 LIKE 来进行模式匹配。例如，要找出所有姓名以 X 开头的学生信息，可使用程序清单 2.9 中的 SELECT 语句。

程序清单 2.9　WHERE 子句中 LIKE 关键字的使用

```
1   输入:
2       SELECT *
3       FROM Students
4       WHERE stu_name LIKE 'X%'
5   输出:
6       stu_id      stu_name      stu_origin      stu_sex      stu_age      stu_grade
7       ----------------------------------------------------------------------------
8       10000       Xiao Chen     Beijing         1            17           1
9       10007       Xuan Li       Jiangxi         1            22           4
```

我们现在已经知道如何用 SELECT 语句的 WHERE 子句过滤返回的数据。我们还学习了如何检验相等、不相等、大于、小于、值的范围，如何用 AND 和 OR 操作符组合成 WHERE 子句，还了解了如何明确地管理求值顺序，如何使用 IN 和 NOT 操作符以及如何在 WHERE 子句中使用 SQL 通配符。

接下来介绍 GROUP BY 子句。GROUP BY 子句的目的是将行收集到组中，并以某种方式汇总组中的行。GROUP BY 子句中给出的一个或多个属性是用来构造分组的。在 GROUP BY 子句中的所有属性上取值相同的元组被分在一个组中，最终每个组只返回一行。

分组是使用 SELECT 语句的 GROUP BY 子句建立的，可以从程序清单 2.10 所示的例子理解分组的含义。

程序清单 2.10　GROUP BY 子句的使用

```
1   输入:
2       SELECT CASE WHEN stu_sex=1 THEN 'man' ELSE 'woman' END AS stu_sex,
3              COUNT(stu_sex) AS nums
4       FROM Students
5       GROUP BY stu_sex;
6   输出:
7       stu_sex        nums
8       -------------------
9       woman          3
10      man            5
```

程序清单 2.10 中的 SELECT 语句指定了两个列：stu_sex 包含学生的性别；nums 为计算字段（用 COUNT(stu_sex) 函数建立），表示统计男女学生各有多少人。GROUP BY 子句指示 DBMS 按 stu_sex 排序并分组数据。因为使用了 GROUP BY，就不必指定要计算和估值的每个组了，系统会自动完成这一过程。GROUP BY 子句指示 DBMS 分组数据，然后对每个组而不是整个结果集进行聚集。

　　除了能用 GROUP BY 分组数据外，SQL 还允许过滤分组，规定包括哪些分组、排除哪些分组。例如，你可能想要列出至少有 100 个学生的所有课程。为此，必须基于完整的分组而不是个别的行进行过滤。我们已经看到了 WHERE 子句的作用，但是，在这个例子中 WHERE 不能完成任务，因为 WHERE 子句过滤指定的行而不是分组。而事实上 WHERE 子句没有分组的概念。

　　不使用 WHERE 子句使用什么呢？SQL 为此提供了另一个子句，即 HAVING 子句。HAVING 子句非常类似于 WHERE 子句。事实上，目前为止所有类型的 WHERE 子句都可以用 HAVING 子句来替代。唯一的差别是，WHERE 子句过滤行，而 HAVING 子句过滤分组。与 SELECT 子句类似，任何出现在 HAVING 子句中但没有被聚集的属性必须出现在 GROUP BY 子句中，否则查询就会被当成是错误的。

　　那么，怎么过滤分组呢？请看程序清单 2.11 查询课程学生人数大于等于 2 的课程 id 的例子。

程序清单 2.11　HAVING 过滤分组

```
1  输入：
2       SELECT cou_id, COUNT(cou_id) AS stu_nums
3       FROM Elecourses
4       GROUP BY cou_id
5       HAVING COUNT(cou_id) >= 2;
6  输出：
7       cou_id      stu_nums
8       ----------------------
9       2           3
10      3           3
11      4           2
```

　　我们已经知道如何使用 GROUP BY 子句对多组数据进行汇总计算，返回每个组的结果，还看到了如何使用 HAVING 子句过滤特定的组。

　　在进行数据库查询时，有时只想返回有限数量的行，不需要返回查询的所有结果。那么怎么输出限制数量的行呢？不同的 DBMS 使用不同的语法来实现这一限制。MySQL、PostgreSQL 和 SQLite 支持 LIMIT 子句，Oracle 和 SQL Server 使用不同的语法来实现这一功能。程序清单 2.12 表示在不同的 DBMS 上返回学生表的前三行。

程序清单 2.12　不同数据库返回有限数量的行

```
1  输入：
2       -- MySQL, PostgreSQL, and SQLite
3       SELECT *
4       FROM Students
5       LIMIT 3;
6       -- Oracle
7       SELECT *
```

```
8          FROM Students
9          WHERE ROWNUM <= 3;
10      -- SQL Server
11         SELECT TOP 3 *
12         FROM Students;
13  输出:
14      stu_id      stu_name      stu_origin      stu_sex      stu_age      stu_grade
15      ------------------------------------------------------------------------------
16      10000       Xiao Chen     Beijing         1            17           1
17      10001       Ming Zhi      Shanghai        0            23           4
18      10002       Hong Li       Jiangxi         1            20           3
```

下面回顾 SELECT 语句中子句的顺序。表 2-3 是在 SELECT 语句中使用子句时必须遵循的次序。

到目前为止，我们所看到的所有 SELECT 语句都是简单查询，即从单个数据库表中检索数据的单条语句。SQL 还允许创建子查询（subquery），即嵌套在其他查询中的查询。为什么要这样做呢？理解这个概念的最好方法是考察以下几个例子。

选修课程表 Elecourses 包括课程 id、学生 id，课程的详细信息存储在课程表 Courses 当中，学生的信息存储在学生表 Students 中。

查询选修了课程 id 为 2 的所有学生的姓名示例如程序清单 2.13 所示。

表 2-3 SELECT 子句及其顺序

子句	说明
SELECT	要返回的列或表达式
FROM	从中检索数据的表
WHERE	行级过滤
GROUP BY	分组说明
HAVING	组级过滤
ORDER BY	输出排序顺序

程序清单 2.13　SQL 子查询示例 1

```
1  输入:
2      SELECT stu_id,stu_name
3      FROM Students
4      WHERE stu_id IN(SELECT stu_id
5              FROM Elecourses
6              WHERE cou_id = 2);
```

在 SELECT 语句中，子查询总是从内向外处理。在处理上面的 SELECT 语句时，DBMS 实际上执行了两个操作。首先，它执行如程序清单 2.14 所示的查询。

程序清单 2.14　SQL 子查询示例 2

```
1  输入:
2      SELECT stu_id
3      FROM Elecourses
4      WHERE cou_id=2;
5  输出:
6      stu_id
7      ------
8      10000
```

```
9         10005
10        10006
```

此查询返回选修了课程 id 为 2 的所有学生的 id（10000，10005，10006）。然后，这两个值以 IN 操作符要求的逗号分隔的格式传递给外部查询的 WHERE 子句。外部查询如程序清单 2.15 所示。

程序清单 2.15　SQL 子查询示例 3

```
1    输入:
2        SELECT stu_id, stu_name
3        FROM Students
4        WHERE stu_id IN(10000, 10005, 10006);
5    输出:
6        stu_id          stu_name
7        ------------------------
8        10000           Xiao Chen
9        10005           Yang Yan
10       10006           Gan Yi
```

2.1.3　SQL 表的连接

本节继续介绍 SQL。现在我们考虑一些更复杂的连接，包括它们的含义和使用方法。现在来看三种连接：自连接（SELF JOIN）、自然连接（NATURAL JOIN）和外连接（OUTER JOIN）。

1. 自连接

自连接是指存在两张表结构和数据内容完全一样的表，在做数据处理的时候，我们通常分别对它们进行重命名来加以区分，然后进行关联。

假如要找出与 Xiao Chen 同龄的所有学生的学号和姓名。要求首先查询 Xiao Chen 的年龄，然后找出与他同龄的所有学生。程序清单 2.16 是解决此问题的一种方法。

程序清单 2.16　子查询语句

```
1    输入:
2        SELECT stu_id,stu_name,stu_age
3        FROM Students
4        WHERE stu_age=(SELECT stu_age
5                       FROM Students
6                       WHERE stu_name='xiao chen');
7    输出:
8        stu_id      stu_name        stu_age
9        ------------------------------------
10       10000       Xiao Chen       17
11       10004       Zi Xiao         17
12       10006       Gan Yi          17
```

这是第一种解决方案，使用了子查询。现在来看使用自连接的相同查询，如程序清单 2.17 所示。

程序清单 2.17 自连接语句

```
1   输入:
2       SELECT s1.stu_id, s1.stu_name, s1.stu_age
3       FROM Students AS s1, Students AS s2
4       WHERE s1.stu_age = s2.stu_age AND s2.stu_name='xiao chen';
5   输出:
6       stu_id      stu_name       stu_age
7       -----------------------------------
8       10000       Xiao Chen      17
9       10004       Zi Xiao        17
10      10006       Gan Yi         17
```

此查询中需要的两个表实际上是相同的表，可以看到的是 Students 表在 FROM 子句中出现了两次。DBMS 不知道你引用的是哪个 Students 表，要解决此问题，需要使用别名，将这些别名用作表名。例如，SELECT 语句使用 s1 前缀明确给出所需列的全名。否则 DBMS 将返回错误，因为名为 stu_id、stu_name、stu_age 的列各有两个，DBMS 不知道想要的是哪一列（即使它们其实是同一列）。WHERE 首先连接两个表，然后按第二个表中的 stu_name 过滤数据，返回所需的数据。

使用子查询和自连接虽然最终的结果是相同的，但许多 DBMS 处理连接远比处理子查询快得多。

2. 自然连接

在我们的查询示例中，需要从几张表中组合信息，而在表中至少具有一种相同名称的所有属性。

为了在这种通用情况下简化 SQL 编程人员的工作，SQL 支持一种被称作自然连接的运算，下面我们就来讨论这种运算。事实上，SQL 还支持另外几种方式使来自两个或多个关系的信息可以被连接起来。

自然连接运算作用于两个关系，并产生一个关系作为结果。不同于两个关系上的笛卡儿积，它将第一个关系的每个元组与第二个关系的所有元组都进行连接，自然连接只考虑那些在两个关系模式中都出现的属性上取值相同的元组对。因此，回到 Students 和 Elecourses 关系的例子上，Students 和 Elecourses 的自然连接计算中只考虑共同属性 stu_id 上取值相同的元组对。自然连接将表中具有相同名称的列自动进行记录匹配，不必指定任何同等连接条件。

考虑查询"对于所有学生，找出他们的学号、姓名以及所选课程标识"，该查询如程序清单 2.18 所示。

程序清单 2.18　自然连接

```
1   输入:
2       SELECT s.stu_id,s.stu_name,s.stu_grade,e.cou_id
3       FROM students AS s, Elecourses AS e
4       WHERE s.stu_id = e.stu_id;
5   --该查询可以用SQL的自然连接运算写作:
6       SELECT s.stu_id,s.stu_name,s.stu_grade,e.cou_id
7       FROM students AS s NATURAL JOIN Elecourses AS e;
8   输出:
9       stu_id      stu_name      stu_grade      cou_id
10      ---------------------------------------------------
11      10000       Xiao Chen     1              1
12      10000       Xiao Chen     1              2
13      10000       Xiao Chen     1              3
14      10000       Xiao Chen     1              4
15      10005       Yang Yan      2              2
16      10005       Yang Yan      2              3
```

在一个 SQL 查询的 FROM 子句中，可以用自然连接将多个关系结合在一起，如下所示：

```
SELECT A₁, A₂, ···, Aₙ
FROM r₁ NATURAL JOIN r₂ NATURAL JOIN ··· NATURAL JOIN rₘ
WHERE P;
```

更为一般地，FROM 子句可以为如下形式：

```
FROM E₁, E₂, ···, Eₙ
```

其中每个 E_i 都可以表示单个关系和一个包含自然连接的表达式。为了发扬自然连接的优点，同时避免不必要的相等属性带来的危险，SQL 提供了一种自然连接的构造形式，允许用户来指定需要哪些列相等。程序清单 2.19 所示的查询说明了这个特征。

程序清单 2.19　JOIN···USING 子句

```
1       SELECT stu_id,stu_name,cou_name
2       FROM (students NATURAL JOIN Elecourses) JOIN Courses USING (cou_id);
```

JOIN···USING 运算中需要给定一个属性名列表，其两个输入中都必须具有指定名称的属性。

上面介绍了如何表达自然连接，并介绍了 JOIN···USING 子句，它是一种自然连接的形式，只需要在指定属性上的取值匹配。SQL 支持另外一种形式的连接，其中可以指定任意的连接条件。ON 条件允许在参与连接的关系上设置通用的谓词。该谓词的写法与 WHERE 子句谓词类似，只不过使用的是关键词 ON 而不是 WHERE。与 USING 条件一样，ON 条件出现在连接表达式的末尾，如程序清单 2.20 所示。

程序清单 2.20　ON 条件关键字

```
1    SELECT *
2    FROM Students AS s JOIN Elecourses AS e ON s.stu_id=e.stu_id;
```

程序清单 2.20 中的 ON 条件表明: 如果一个来自 Students 的元组和一个来自 Elecourses 的元组在 stu_id 上的取值相同, 那么它们是匹配的。上例中的连接表达式与 Students NATURE JOIN Elecourses 几乎是一样的, 因为自然连接运算也需要 Students 元组和 Elecourses 元组是匹配的。

实际上, 程序清单 2.20 中的查询与程序清单 2.21 所示的查询是等价的, 它们产生相同的结果。

程序清单 2.21　WHERE 子句

```
1    SELECT *
2    FROM Students AS s ,Elecourses AS e
3    WHERE s.stu_id=e.stu_id;
```

ON 条件可以表示任何 SQL 谓词, 从而使用 ON 条件的连接表达式就可以表示比自然连接更为丰富的连接条件。然而, 正如上例所示, 带 ON 条件的连接表达式的查询可以用不带 ON 条件的等价表达式来替换, 只要把 ON 子句中的谓词移到 WHERE 子句中即可。这样看来, ON 条件似乎是一个冗余的 SQL 特征。但是, 引入 ON 条件有两个优点。首先, 对于马上要介绍的被称作外连接的这类连接来说, ON 条件的表现与 WHERE 条件是不同的; 其次, 如果在 ON 子句中指定连接条件, 并在 WHERE 子句中出现其余的条件, 那么这样的 SQL 查询通常更容易让人读懂。

3. 外连接

假设要显示一个所有学生的列表, 显示他们的学号、姓名、年级以及他们所选修的课程号。使用查询: SELECT *FROM Students AS s NATURAL JOIN Elecourses AS e 好像能检索出所需的信息。但是上述查询与想要的结果是不同的。假设有些学生没有选修任何课程, 那么这些学生在 Students 关系中所对应的元组与 Elecourses 关系中的任何元组配对都不会满足自然连接的条件, 因此这些学生的数据就不会出现在结果中。这样我们就看不到没有选修任何课程的学生的任何信息了。

例如, 在 Students 关系和 Elecourses 关系中, stu_id 为 10001 的学生 Ming Zhi 没有选修任何课程。Ming Zhi 出现在 Students 关系中, 但是 Ming Zhi 的 stu_id 没有出现在 Elecourses 的 stu_id 列中, 因此 Ming Zhi 不会出现在自然连接的结果中。

更为一般地, 在参与连接的任何一个或两个关系中的某些元组可能会以这种方式 "丢失"。外连接运算与连接运算类似, 但通过在结果中创建包含空值元组的方式保留了那些在连接中丢失的元组。

例如, 为了保证名为 Ming Zhi 的学生出现在结果中, 可以在连接结果中加入一个元组，它在来自 Students 关系的所有属性上的值被设置为学生 Ming Zhi 的相应值，所有剩下的来自 Elecourses 关系属性上的值被设为 NULL，这些属性是 cou_id。

实际上有以下三种形式的外连接。

- 左外连接（LEFT OUTER JOIN）：只保留出现在左外连接运算之前（左边）的关系中的元组。
- 右外连接（RIGHT OUTER JOIN）：只保留出现在右外连接运算之后（右边）的关系中的元组。
- 全外连接（FULL OUTER JOIN）：保留出现在两个关系中的元组。

相比而言，为了与外连接运算相区分，我们此前学习的不保留未匹配元组的连接运算被称作内连接（INNER JOIN）运算。

下面详细解释每种形式的外连接是怎样操作的。我们可以按照如下方式进行左外连接运算。首先，像前面那样计算出内连接的结果；然后，对于在内连接的左侧关系中任意一个与右侧关系中任何元组都不匹配的元组 t，向连接结果中加入一个元组 r，r 的构造如下。

- 元组 r 从左侧关系得到的属性被赋为 t 中的值。
- r 的其他属性被赋为空值。

我们可以写出查询"学生的选课信息，包括一门课都没选的学生的选课信息"，如程序清单 2.22 所示。

程序清单 2.22   左外连接示例 1

```
1  输入：
2      SELECT *
3      FROM Students NATURAL LEFT OUTER JOIN Elecourses;
4  输出：
5      stu_id     stu_name     stu_origin     stu_sex     stu_age     stu_grade     cou_id
6      ------------------------------------------------------------------------------------
7      10000      Xiao Chen    Beijing        1           17          1             4
8      10001      Ming Zhi     Shanghai       0           23          4             NULL
9      10002      Hong Li      Jiangxi        1           20          3             NULL
```

下面是外连接运算的另一个例子，我们可以写出查询"找出所有一门课程也没有选修的学生"，如程序清单 2.23 所示。

程序清单 2.23   左外连接示例 2

```
1  输入：
2      SELECT *
3      FROM Students NATURAL LEFT OUTER JOIN Elecourses
4      WHERE cou_id IS NULL;
5  输出：
6      stu_id     stu_name     stu_origin     stu_sex     stu_age     stu_grade     cou_id
7      ------------------------------------------------------------------------------------
8      10001      Ming Zhi     Shanghai       0           23          4             NULL
```

| 9 | 10002 | Hong Li | Jiangxi | 1 | 20 | 3 | NULL |
| 10 | 10003 | Li Zhang | Beijing | 0 | 18 | 1 | NULL |

右外连接和左外连接是对称的。来自右侧关系中的不匹配左侧关系任何元组的元组被补上空值，并被加入右外连接的结果中。我们使用右外连接来重写前面的查询，并交换列出关系的次序，如程序清单 2.24 所示。

程序清单 2.24　右外连接示例

```
1   输入:
2       SELECT *
3       FROM Students NATURAL RIGHT OUTER JOIN Elecourses;
```

得到的结果是一样的，只不过结果中属性出现的顺序不同。

全外连接是左外连接与右外连接类型的组合。在内连接结果计算出来之后，左侧关系中不匹配右侧关系任何元组的元组被添上空值并加入结果中。类似地，右侧关系中不匹配左侧关系任何元组的元组也被添上空值并加入结果中。

为了把常规连接和外连接区分开来，SQL 中把常规连接称作内连接。这样连接子句就可以用 INNER JOIN 来替换 OUTER JOIN，说明使用的是常规连接。然而关键词 INNER 是可选的，如果 JOIN 子句中没有使用 OUTER 前缀，则默认的连接类型是 INNER JOIN。因此，SELECT * FROM Students JOIN Elecourses using (cou_id) 等价于 SELECT * FROM student INNER JOIN takes using (cou_id)，类似地，NATURAL JOIN 等价于 NATURAL INNER JOIN。任意的连接形式（内连接、左外连接、右外连接或全外连接）可以和任意的连接条件（自然连接、USING 条件连接或 ON 条件连接）进行组合。

关于表的各种连接的对比如表 2-4 所示。

表 2-4　对比表的各种连接

连接类型	定义	图示	例子
内连接	只连接匹配的行		SELECT A.c1,B.c2 FROM A JOIN B ON A.c3=B.c3
左外连接	包含左边表的全部行（不管右边表中是否存在与它们匹配的行）以及右边表中全部匹配的行		SELECT A.c1,B.c2 FROM A LEFT JOIN B ON A.c3=B.c3
右外连接	包含右边表的全部行（不管左边表中是否存在与它们匹配的行）以及左边表中全部匹配的行		SELECT A.c1,B.c2 FROM A RIGHT JOIN B ON A.c3=B.c3
全外连接	包含左、右边表的全部行，不管在另一边的表中是否存在与它们匹配的行		SELECT A.c1,B.c2 FROM A FULL JOIN B ON A.c3=B.c3

2.1.4　SQL 的其他语句

本节介绍如何使用 SQL 的 INSERT 语句、UPDATE 语句和 DELETE 语句，以及各种连接的表达、视图、事务、完整性约束、授权等内容。

INSERT 用来将行插入（或添加）到数据库表，可以插入完整的行也可以插入行的一部分。

将一个新学生插入到 Students 表中。存储到表中的每一列的数据在 VALUES 子句中给出，必须为每一列提供一个值。如果某列没有值，则应该使用 NULL 值（假定表允许对该列指定空值）。必须以在表定义中出现的次序填充各列，如程序清单 2.25 所示。

程序清单 2.25　INSERT 语句插入行

```
1  输入：
2      INSERT INTO Students
3      VALUES(10006, 'Tom', 'Beijing','man',20,'3');
```

使用 INSERT 的推荐方法是明确给出表的列名，使用这种方法，还可以省略列，表示可以只给某些列提供值，如程序清单 2.26 所示。

程序清单 2.26　INSERT 语句插入行的某些属性

```
1  输入：
2      INSERT INTO Students(stu_id,stu_name,stu_origin)
3      VALUES(10006, 'Tom', 'Beijing');
```

INSERT 一般用来向表中插入具有指定列值的行。INSERT 还存在另一种形式，可以利用它将 SELECT 语句的结果插入表中，这就是所谓的 INSERT SELECT。顾名思义，它是由一条 INSERT 语句和一条 SELECT 语句组成的。假如想把另一个表中的新学生合并到 Students 表中，不需要每次读取一行再将它用 INSERT 插入，如程序清单 2.27 所示。

程序清单 2.27　INSERT 语句插入 SELECT 语句的结果

```
1  输入：
2      INSERT INTO Students(stu_id,stu_name,stu_origin,stu_sex,stu_age,stu_grade)
3      SELECT stu_id,stu_name,stu_origin,stu_sex,stu_age,stu_grade
4      FROM StudentsNew;
```

可以使用 UPDATE 语句更新表中的特定行。举一个简单例子，学号为 10006 的学生需要更改名字，如程序清单 2.28 所示。

程序清单 2.28　UPDATE 语句更新属性

```
1  输入：
2      UPDATE Students
3      SET stu_name = 'jerry'
4      WHERE stu_id = 10006;
```

删除请求的表达与查询非常类似。我们只能删除整个元组，不能只删除某些属性上的值。SQL 用如下语句表示删除：DELETE FROM r WHERE P。其中 P 代表一个谓词，r 代表一个关系。DELETE 语句首先从 r 中找出所有使 $P(t)$ 为真的元组 t，然后把它们从 r 中删除。如果省略 WHERE 子句，则 r 中所有元组将被删除。注意，DELETE 命令只能作用于一个关系。如果我们想从多个关系中删除元组，必须在每个关系上使用一条 DELETE 命令。WHERE 子句中的谓词可以和 SELECT 命令的 WHERE 子句中的谓词一样复杂。在另一种极端的情况下，WHERE 子句可以为空，请求 DELETE FROM Students；将删除 Students 关系中的所有元组。Students 关系本身仍然存在，但它变成空的了。下面是 SQL 删除请求的例子。使用 DELETE 语句从表中删除特定的行，如程序清单 2.29 所示。

程序清单 2.29 DELETE 语句删除行

```
1  输入：
2      DELETE FROM Students
3      WHERE stu_id = 10006;
```

这条语句很容易理解。DELETE FROM 指定要删除数据的表名，WHERE 子句指定要删除的行。在这个例子中，只删除学号为 10006 的学生数据。

视图

视图是一个虚拟表，其内容由查询定义。同基本表一样，视图包含一系列带有名称的列和行数据。视图在数据库中并不是以数据值存储集形式存在的。视图中的行和列数据来自定义视图的查询所引用的基本表，并且在引用视图时动态生成。对其中所引用的基础表来说，视图的作用类似于筛选。定义视图的筛选可以来自当前或其他数据库的一个或多个表，或者其他视图。分布式查询也可用于定义使用多个异类源数据的视图。例如，如果有多台不同的服务器分别存储某单位在不同地区的数据，而需要将这些服务器上结构相似的数据组合起来，这种方式就很有用。视图通常用来集中、简化和自定义每个用户对数据库的不同认识。视图可用作安全机制，方法是允许用户通过视图访问数据，而不授予用户直接访问视图关联的基础表权限。视图还可用于提供向后兼容接口来模拟曾经存在但其架构已更改的基础表。

可以使用 SQL 语句 CREATE VIEW 创建视图，其语法格式如程序清单 2.30 所示。

程序清单 2.30 创建视图语法格式

```
1      CREATE VIEW v AS <query expression>;
```

其中 <query expression> 可以是任何合法的查询语句，v 表示视图名。

创建视图后，只在数据字典中存放视图的定义，而其中的子查询 SELECT 语句并不执行。只有当用户对视图进行操作时，才按照视图的定义将数据从基本表中取出。

事务

事务（transaction）由查询和（或）更新语句的序列组成。SQL 标准规定当一条 SQL

语句被执行时，就隐式地开始了一个事务。

- Commit work：提交当前事务，也就是将该事务所做的更新在数据库中持久保存。在事务被提交后，一个新的事务自动开始。
- Rollback work：回滚当前事务，即撤销该事务中所有 SQL 语句对数据库的更新。这样，数据库就恢复到执行该事务第一条语句之前的状态。

当在事务执行过程中检测到错误时，事务回滚是有用的。一旦某个事务执行了 Commit work，它的影响就不能用 Rollback work 来撤销了。数据库系统保证在发生诸如某条 SQL 语句错误、断电、系统崩溃等故障的情况下，如果一个事务还没有完成 Commit work，其影响将被回滚。在断电和系统崩溃的情况下，回滚会在系统重启后执行。

完整性约束

CREATE table 命令用于定义关系表，CREATE table 命令还可以包括完整性约束语句。除了主码约束之外，还有许多其他可以包括在 CREATE table 命令中的约束。允许的完整性约束包括：

- NOT NULL 约束。对于一些属性来说，空值可能是不合适的。考虑 Students 关系中的一个元组，其中 stu_name 是 NULL。这样的元组给出了一个未知学生的信息，它不含有有用的信息。在这种情况下，我们希望禁止出现空值，可以用如下声明通过限定属性 stu_name 的域来排除空值：name varchar(20) NOT NULL。NOT NULL 声明禁止在该属性上插入空值。任何可能导致向一个被声明为 NOT NULL 的属性插入空值的数据库修改都会产生错误信息。
- UNIQUE 约束。UNIQUE $(A_{m1}, A_{m2}, \cdots, A_{mn})$：UNIQUE 声明指出属性 $A_{m1}, A_{m2}, \cdots, A_{mn}$ 形成了一个候选码，即在关系中没有两个元组能在所有列出的属性上取值相同。
- CHECK 子句。通常用 CHECK 子句来保证属性值满足指定的条件，CHECK(P) 子句指定一个谓词 P，关系中的每个元组都必须满足谓词 P。实际上创建了一个强大的类型系统。例如，在创建关系 Students 的 CREATE table 命令中的 CHECK (stu_age >0) 子句将保证 stu_age 上的取值是正数。

授权

SQL 标准包括 SELECT、INSERT、UPDATE 和 DELETE 权限。一个创建了新关系的用户将自动被授予该关系上的所有权限。SQL 数据定义语言包括授予和收回权限的命令。GRANT 语句用来授予权限，语句的基本形式如程序清单 2.31 所示。

程序清单 2.31　GRANT 授予权限语法格式

```
1    GRANT <权限列表>
2    ON <关系名或视图名>
3    TO <用户/角色列表>;
```

关系上的 SELECT 权限用于读取关系中的元组。程序清单 2.32 中的 GRANT 语句授予数据库用户 A 和 B 在 Students 关系上的 SELECT 权限。

程序清单 2.32　GRANT 授予权限示例

```
1    GRANT SELECT ON Students TO A, B;
```

关系上的 UPDATE 权限允许用户修改关系中的任意元组。既可以在关系的所有属性上授予 UPDATE 权限，又可以只在某些属性上授予 UPDATE 权限。如果 GRANT 语句中包括 UPDATE 权限，将被授予 UPDATE 权限的属性列表可以出现在紧跟关键字 UPDATE 的括号中。属性列表是可选项，如果省略属性列表，则授予的是关系中所有属性上的 UPDATE 权限。

程序清单 2.33 中的 GRANT 语句授予用户 A 和 B 在 Students 关系的 stu_name 属性上的更新权限。

程序清单 2.33　GRANT 修改权限示例

```
1    GRANT UPDATE (stu_name) ON Students TO A, B;
```

关系上的 INSERT 权限允许用户向关系中插入元组。INSERT 权限也可以指定属性列表。关系上的 DELETE 权限允许用户从关系中删除元组。我们使用 REVOKE 语句来收回权限。如程序清单 2.34 所示，此语句的形式与 GRANT 语句几乎相同。

程序清单 2.34　REVOKE 收回权限语法格式

```
1    REVOKE <权限列表>
2    ON <关系名或视图名>
3    TO <用户/角色列表>;
```

要收回前面授予的那些权限，REVOKE 语句如程序清单 2.35 所示。

程序清单 2.35　REVOKE 收回权限示例

```
1    REVOKE SELECT ON Students TO A, B;
2    REVOKE UPDATE (stu_name) ON Students TO A, B;
```

视图关系可以定义为包含查询结果的关系。视图是有用的，它可以隐藏不需要的信息，也可以把信息从多个关系收集到一个单一的视图中。

事务是一个查询和更新的序列，它们共同执行某项任务。事务可以被提交或回滚。当一个事务被回滚，该事务执行的所有更新所带来的影响将被撤销。

完整性约束保证授权用户对数据库所做的改变不会破坏数据一致性。参照完整性约束保证出现在一个关系的给定属性集上的值同样出现在另一个关系的特定属性集上。域约束指定了在一个属性上可能取值的集合。这种约束也可以禁止在特定属性上使用空值。

通过 SQL 授权机制，可以按照在数据库中不同数据值上数据库用户所允许的访问类型对他们进行区分。获得某种形式授权的用户可能允许将此授权传递给其他用户。但是，我们必须注意权限怎样在用户间传递，以保证这样的权限在将来可以被收回。

2.2　NoSQL

前文已经介绍了 SQL，它是如此不可替代，以至于当我们在为新的项目选择数据库时，只不过是在选择哪个厂商实现的关系数据库，而并不会对是否选用关系数据库有所动摇。那么，既然有了强大的关系数据库以及与之对应的 SQL，为什么还需要 NoSQL 数据库与 NoSQL 呢？

关系数据库虽然强大，但是仍然有许多令人不满意的地方。例如，以图 2-4 作为数据模型，在编写一个购物车功能的代码时，我们需要编写复杂的 SQL 语句，用 JOIN 操作连接 4 张表（实际系统中可能更为复杂）。当这个操作在集群环境下时，问题将会变得更加严峻，我们要连接的几个表可能不在同一个服务器上，这涉及复杂的分布式连接问题。

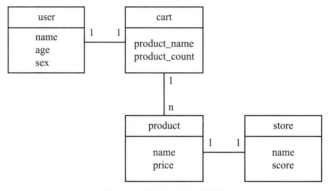

图 2-4　购物车关系模型

如果说关系数据库在面对上述问题时已经略显疲态，那么它在面对如图 2-5 所示具有复杂关系的数据时，无论是建立数据表，还是书写复杂关系的查询 SQL，都显得相当笨拙。这时就需要新的数据库与数据库查询语言了。

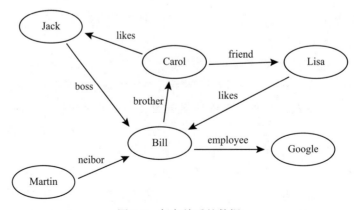

图 2-5　复杂关系的数据

于是 NoSQL 应运而生，NoSQL 并不是"NoSQL"，而是"NotOnlySQL"的缩写。这也意味着它并不是想要完全取代 SQL，而是对 SQL 的补充，在某些 SQL 难以处理的场景下发挥自己的作用。严格意义上说，NoSQL 并不是某种语言，而是一种概念，表示存储数据时不使用关系型结构，这里用 NoSQL，是便于与 SQL 加以区分。下面将介绍 NoSQL 中不同类型的数据库使用的处理语言，对每类数据库，我们会通过一个常见的数据库管理系统进行介绍。表 2-5 展示了数据库类型及其对应的数据库管理系统。

表 2-5　数据库类型及其对应的数据库管理系统

数据库类型	数据库管理系统	版本
键值数据库	Redis	3.0.504
文档数据库	MongoDB	4.2.21
列族数据库	Cassandra	4.0.6
图数据库	Neo4j	5.1.0

2.2.1　键值数据库处理语言

键值数据库（key-value database）是一张简单的哈希表，主要用于所有数据库访问均使用主键操作的场景。如果对应关系数据库，那么就是一张有两列数据的表：一列为 key，存放关键字，另一列为 value，存放对应的值。用户可提供 key 与 value 来将键值对持久化。若 key 存在，则覆盖原始 value 值，否则新建 key-value 键值对。

流行的键值数据库有 Riak、Redis、Memcached DB、Berkeley DB、Hamster DB（尤其适合嵌入式开发）、Amazon DynamonDB（不开源）等。在 Redis 等键值数据库中，所存储的聚合可以为多种数据结构，如列表、集合、散列等，而且支持"求集合交集""求集合并集""获取某一范围内的数据"等操作，这些操作使 Redis 的功能比普通键值数据库更加强大，用途更广泛。

本节主要介绍键值数据库处理语言，键值数据库种类很多，而且新的数据库层出不穷，为了便于讨论，下面以 Redis 3.0.504 为例来介绍键值数据库语言。Redis 数据库结构如图 2-6 所示，每个 Redis 实例中有多个数据库，每个数据库中包含了一张哈希表来保存键值对。

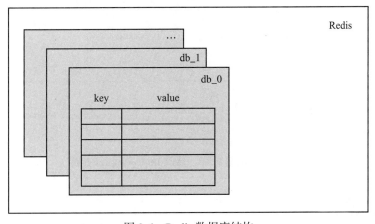

图 2-6　Redis 数据库结构

Redis 语法

Redis 语法十分简洁，使用 COMMAND 表示对键的操作，key_name 表示需要操作的键名，语法如程序清单 2.36 所示。

程序清单 2.36　Redis 语法示例

```
1    redis 127.0.0.1:6379> COMMAND key_name
```

Redis 字符串命令介绍

在 Redis 数据库中有多种可用的数据结构，我们以字符串数据结构为例来介绍 Redis 的字符串命令。下面给出了常用的 Redis 字符串命令。

- SET key value：设置指定 key 的值为 value。
- GET key：获取指定 key 的值。
- DEL key：删除指定 key 对应的键值对。
- EXISTS key：检查指定 key 是否存在。
- GETRANGE key start end：返回 key 对应 value 中位于 [start, end] 字符组成的子串。
- GETSET key value：将给定 key 的值设为 value，并返回 key 的旧值 (old value)。
- STRLEN key：返回 key 所存储的字符串值的长度。

Redis 字符串命令示例

插入操作：使用 SET 命令插入键值对 user_name、jerry，如程序清单 2.37 所示。

程序清单 2.37　插入键值对

```
1    输入:
2        redis 127.0.0.1:6379> SET user_name jerry
3    输出:
4        OK
```

查询操作：使用 GET 命令查询键 user_name 对应的值，如程序清单 2.38 所示。

程序清单 2.38　查询 user_name 对应的值

```
1    输入:
2        redis 127.0.0.1:6379> GET user_name
3    输出:
4        "jerry"
```

修改操作：使用 SET 命令将键 user_name 对应的值 jerry 修改为 tom，如程序清单 2.39 所示。

程序清单 2.39　修改 user_name 的值

```
1    输入:
2        redis 127.0.0.1:6379> SET user_name tom
```

```
3    输出:
4        OK
```

查询操作：使用 GETRANGE 命令查询键 user_name 对应的值位于 [1,2] 位置的子串，如程序清单 2.40 所示。

程序清单 2.40　查询 user_name 的值中的子字符

```
1    输入:
2        redis 127.0.0.1:6379> GETRANGE user_name 1 2
3    输出:
4        "om"
```

修改操作：使用 GETSET 命令将键 user_name 对应的值修改为 green，并返回原值，如程序清单 2.41 所示。

程序清单 2.41　修改 user_name 的值并返回原值

```
1    输入:
2        redis 127.0.0.1:6379> GETSET user_name green
3    输出:
4        "tom"
```

查询操作：使用 STRLEN 命令查询键 user_name 对应的值的长度，如程序清单 2.42 所示。

程序清单 2.42　查询 user_name 的值的长度

```
1    输入:
2        redis 127.0.0.1:6379> STRLEN user_name
3    输出:
4        (integer) 5
```

删除操作：使用 DEL 命令删除键 user_name 对应的键值对，如程序清单 2.43 所示。

程序清单 2.43　删除 user_name 对应的键值对

```
1    输入:
2        redis 127.0.0.1:6379> DEL user_name
3    输出:
4        (integer) 1
```

查询操作：使用 EXISTS 命令查询键 user_name 对应的键值对是否存在，如程序清单 2.44 所示。

程序清单 2.44　查询 user_name 对应的键值对是否存在

```
1    输入:
2        redis 127.0.0.1:6379> EXISTS user_name
```

```
3    输出:
4        (integer) 0
```

对于其他 Redis 中提供的更加复杂的数据类型与相关操作, 读者可以查阅 Redis 官方文档中的示例与用法, 本书不做详细介绍。

2.2.2 文档数据库处理语言

文档数据库是一种与传统关系数据库比较类似的数据库, "文档" 是其中的主要概念。文档呈现分层的树状结构, 通常用 XML、JSON、BSON 等格式表示。数据库中的文档彼此相似, 但不必完全相同。文档数据库的文档中没有空属性, 若某属性不存在, 则可以假定该属性值与文档无关。向文档中添加属性时, 不需要预先定义, 也不需要修改文档中已有内容。流行的文档数据库有很多, 如 MongoDB、CouchDB、RavenDB 等, 本书以 MongoDB 4.2.21 为例介绍文档数据库处理语言。表 2-6 对比了 MySQL 与 MongoDB 的术语。

表 2-6   MySQL 与 MongoDB 术语对比

MySQL	MongoDB
数据库（database）	数据库（database）
表（table）	集合（collection）
行（row）	文档（document）

MongoDB 语法

MongoDB 语法与 JavaScript、Python 等脚本语言的语法类似, 如程序清单 2.45 所示。用户可以轻松使用 MongoDB 提供的各种接口。在程序清单 2.45 的语句中, db 表示所用数据库的名称, collection 表示所用集合名称, function 表示使用的函数名称, 而括号内的 parameter 为函数所需要的参数。

程序清单 2.45   MongoDB 语法

```
1    >>> db.collection.function(<parameter 1>, <parameter 2>, …)
```

MongoDB 增删查改操作介绍

MongoDB 中支持非常多复杂的操作, 我们以最基本的增删查改操作为例, 演示 MongoDB 的语法。下面给出了 MongoDB 的增删查改操作。

- db.collection.insertOne(<document>): 此操作可用于向集合中插入一个文档, 其中, <document> 为要插入的文档。值得注意的是, MongoDB 中每个文档存在一个 _id 字段, 当文档被插入时, 若未指定 _id 字段, 则会自动生成。
- db.collection.insertMany([<document 1>, <document 2>, …]): 此操作可用于向集合中插入一个或多个文档, 功能类似于 insertOne 操作。其中, [<document 1>, <document 2>, …] 为要插入的文档集合。
- db.collection.deleteOne(<query document>): 此操作可用于删除集合中第一个匹配条件的文档。其中, <query document> 为要删除的文档需要满足的条件。
- db.collection.deleteMany(<query document>): 此操作可用于删除集合中所有匹配条

件的文档。其中，<query document> 为要删除的文档需要满足的条件。

- db.collection.find(<query document>, <projection document>)：此操作可以用来查询匹配条件的文档并返回 。其中，<query document> 为要查询的文档需要满足的条件，<projection document> 为查询结果中需要显示的字段。当 <projection document> 中 <field>: 1 表示在返回的文档中包含该字段，<field>: 0 则表示在返回的文档中排除该字段。_id 字段默认返回，因此可以在 <projection document> 中设置 _id: 0，不返回该字段。

- db.collection.updateOne(<query document>, {$set: <update document>})：此操作可以用来修改集合中第一个匹配条件的文档。其中，<query document> 为要修改的文档需要满足的条件，$set 为更新运算符，用于设置文档中字段的值，<update document> 为需要修改的字段与值，若字段不存在，则创建该字段。

- db.collection.updateMany(<query document>, {$set: <update document>})：此操作可以用来修改集合中所有匹配条件的文档，功能与 updateOne 操作类似。

- db.collection.replaceOne(<query document>, <replacement document>)：此操作可以用来替换集合中第一个匹配条件的文档。其中，<query document> 为要修改的文档需要匹配的条件，<replacement document> 为替换后的文档。

MongoDB 增删查改操作示例

下面将以 MongoDB 数据库搭配 JSON 文档格式为例介绍文档数据库的基本操作，数据库的初始数据如表 2-7 所示。初始数据库中包含 1 个集合 inventory，集合 inventory 中有 5 条文档数据。下面将介绍 MongoDB 的增删查改操作。

表 2-7　inventory 集合初始数据

文档
{ item: "journal", qty: 25, status: "A", tags: ["blank", "red"] }
{ item: "notebook", qty: 50, size: { h: 8.5, w: 11, uom: "in" } }
{ item: "paper", qty: 10, status: "D", size: { h: 8.5, w: 11, uom: "in" }, tags: ["red", "blank", "plain"] }
{ item: "planner", qty: 0, size: { h: 22.85, w: 30, uom: "cm" }, tags: ["blank", "red"] }
{ item: "postcard", qty: 45, status: "A", tags: ["blue"] }

查询操作：使用 find 函数，设置查询条件为 {}，查询集合 inventory 中的所有文档，如程序清单 2.46 所示。

程序清单 2.46　查询所有文档

```
1  输入：
2      >>> db.inventory.find({})
3  输出：
4      {"_id": ObjectId("633f89d3bef160b823f81064),
5       item: "journal", qty: 25, status: "A", tags:[ "blank", "red" ]}
```

```
6    {"_id": ObjectId("633f89d3bef160b823f81065),
7     item: "notebook", qty: 50, size: {h: 8.5, w: 11, uom: "in"}}
8    {"_id": ObjectId("633f89d3bef160b823f81066),
9     item: "paper", qty: 10,status:"D", size: {h: 8.5, w: 11, uom: "in"},
10    tags: ["red", "blank", "plain"]}
11   {"_id": ObjectId("633f89d3bef160b823f81067),
12    item: "planner", qty: 0, size:{h: 22.85, w: 30, uom: "cm"},
13    tags: ["blank", "red"]}
14   {"_id": ObjectId("633f89d3bef160b823f81068),
15    item: "postcard", qty: 45, status: "A", tags: ["blue"]}
```

查询操作：使用 find 函数，设置查询条件为 {status:"D"}，查询集合 inventory 中满足 status="D" 的文档，如程序清单 2.47 所示。

程序清单 2.47　查询 status 为 "D" 的文档

```
1    输入:
2        >>> db.inventory.find({status:"D"})
3    输出:
4    {"_id": ObjectId("633f89d3bef160b823f81066),
5     item: "paper", qty: 10,status:"D",
6     size: {h: 8.5, w: 11, uom:"in"},
7        tags: ["red", "blank", "plain"]}
```

查询操作：使用 find 函数，设置查询条件为 {"size.uom": "in"}，查询集合 inventory 中满足 size 中的 uom 为 "in" 的文档，如程序清单 2.48 所示。

程序清单 2.48　查询 size 中的 uom 为 "in" 的文档

```
1    输入:
2        >>> db.inventory.find({"size.uom": "in"})
3    输出:
4    {"_id": ObjectId("633f89d3bef160b823f81065),
5     item: "notebook", qty: 50, size:{h: 8.5, w: 11, uom: "in"}}
6    {"_id": ObjectId("633f89d3bef160b823f81066),
7     item: "paper", qty: 10,status:"D", size:{h: 8.5, w: 11, uom: "in"},
8        tags: ["red", "blank", "plain"]}
```

查询操作：使用 find 函数，设置查询条件为 {tags: ["blank", "red"]}，查询集合 inventory 中满足 tags 中包含 "blank" "red" 且顺序匹配（即 "blank" 在前，"red" 在后）的文档，如程序清单 2.49 所示。

程序清单 2.49　查询 tags 中包含 "blank" "red" 且顺序匹配的文档

```
1    输入:
2        >>> db.inventory.find({tags:["blank", "red"]})
3    输出:
4        {"_id": ObjectId("633f89d3bef160b823f81064),
```

```
5      item: "journal", qty: 25, status: "A", tags:["blank", "red"]}
6    {"_id": ObjectId("633f89d3bef160b823f81067),
7      item: "planner", qty: 0, size:{h: 22.85, w: 30, uom:"cm"},
8      tags: ["blank", "red"]}
```

查询操作：使用 find 函数，设置查询条件为 {status:"A"}，返回条件为 {_id: 0, item: 1, status: 1}，查询集合 inventory 中满足 status 为 "A" 的文档，返回文档中的 item 与 status 字段，不返回文档中的 _id 字段，如程序清单 2.50 所示。

程序清单 2.50 查询 status 为 "A" 的文档，显示文档中的 item 与 status 字段

```
1  输入:
2      >>> db.inventory.find( {status:"A"}, {_id: 0, item: 1, status: 1})
3  输出:
4      {"item":"journal", "status":"A"}
5      {"item":"postcard", "status":"A"}
```

插入操作：使用 insertOne 函数，设置一条文档数据作为参数，向集合 inventory 中插入一条文档数据，如程序清单 2.51 所示。

程序清单 2.51 插入一条文档数据

```
1  输入:
2      >>> db.inventory.insertOne({item: "flower", qty: 20,
3        status: "A", tags:["black", "red"]});
4  输出:
5      {
6       "acknowledged": true,
7       "insertedIds" :[
8        ObjectId("633f89d3bef160b823f81069")
9        ]
10       }
```

插入操作：使用 insertMany 函数，设置两条文档数据作为参数，向集合 inventory 中插入两条文档数据，如程序清单 2.52 所示。

程序清单 2.52 插入两条文档数据

```
1  输入:
2      >>> db.inventory.insertMany([
3      ...   {item: "book", qty: 30, status: "C", tags:["blank", "blue"]},
4      ...   {item: "leaf", qty: 17, size:{h: 5.1, w: 1, uom: "in"}}
5      ... ]);
6  输出:
7      {
8       "acknowledged" : true,
9       "insertedIds" :[
10       ObjectId("633f89d3bef160b823f81070"),
```

```
11                ObjectId("633f89d3bef160b823f81071")
12            ]
13        }
```

删除操作：使用 deleteOne 函数，设置删除条件为 {item: "flower"}，删除集合 inventory 中第一个满足 item 为 "flower" 的文档，如程序清单 2.53 所示。

程序清单 2.53　删除集合 inventory 中第一个 item 为 "flower" 的文档

```
1  输入：
2      >>> db.inventory.deleteOne({item:"flower"})
3  输出：
4      {"acknowledged" : true, "deletedCount" : 1}
```

删除操作：使用 deleteMany 函数，设置删除条件为 {status: "A"}，删除集合 inventory 中所有满足 status 为 "A" 的文档，如程序清单 2.54 所示。

程序清单 2.54　删除集合 inventory 中所有 status 为 "A" 的文档

```
1  输入：
2      >>> db.inventory.deleteMany({status:"A"})
3  输出：
4      {"acknowledged": true, "deletedCount": 2}
```

修改操作：使用 updateOne 函数，设置修改条件为 {qty:50}，设置需要修改的属性与对应的值为 {qty:1}，将集合 inventory 中第一个满足 qty 为 50 的文档的 qty 修改为 1，如程序清单 2.55 所示。

程序清单 2.55　将集合 inventory 中第一个 qty 为 50 的文档的 qty 修改为 1

```
1  输入：
2      >>> db.inventory.updateOne({qty:50},{$set:{qty:1}})
3  输出：
4      {"acknowledged": true, "matchedCount": 1, "modifiedCount": 1}
```

修改操作：使用 updateMany 函数，设置修改条件为 {tags: "blank"}，设置需要修改的属性与对应的值为 {qty:1}，将集合 inventory 中 tags 中包含 "blank" 的文档的 qty 修改为 1，如程序清单 2.56 所示。

程序清单 2.56　将 tags 中包含 "blank" 的文档的 qty 修改为 1

```
1  输入：
2      >>> db.inventory.updateMany({tags:"blank"},{$set:{qty:1})
3  输出：
4      {"acknowledged": true, "matchedCount": 3, "modifiedCount": 3}
```

修改操作：使用 replaceOne 函数，设置修改条件为 {tags: "blank"}，将集合 inventory 中第一个满足 tags 中包含 "blank" 的文档替换为 {item: "book", qty: 11, status: "D", tags:

["green"] }，如程序清单 2.57 所示。

程序清单 2.57　替换集合中第一个 tags 中包含 "blank" 的文档

```
1  输入：
2      >>> db.inventory.replaceOne({tags:"blank"},
3          {item: "book", qty: 11, status: "D", tags: ["green"]})
4  输出：
5      {"acknowledged": true, "matchedCount": 1, "modifiedCount": 1}
```

除此之外，MongoDB 还提供了更强大、更丰富的 API，读者可以查阅 MongoDB 官方文档中的示例与用法，本书不做详细介绍。

2.2.3　列族数据库处理语言

列族数据库将数据存储在列族中，列族把通常需要一并访问的相关数据分成组，然后使用行键将这些组关联起来。列族数据库是基于列存储的，同一个列族的数据会存储在一起，这样可以避免查询某行时将其他无关列读取出来，能够降低 I/O 开销。

流行的列族数据库有 Cassandra、HBase、DynamoDB 等，Cassandra 是一种能够快速执行跨集群写入操作且易于对此进行扩展的数据库。Cassandra 集群中没有主节点，集群中的每个节点都能够执行读取或写入操作。下面我们就以 Cassandra 4.0.6 为例介绍列族数据库处理语言，表 2-8 对比了 MySQL 与 Cassandra 的术语。

表 2-8　MySQL 与 Cassandra 术语对比

MySQL	Cassandra
数据库（database）	键空间（keyspace）
表（table）	列族（column family）
行（row）	行（row）
列（column，每行对应的列相同）	列（column，不同行对应的列可以不同）

Cassandra 语法

Cassandra 使用 CQL 作为查询语言，CQL 与 SQL 语言十分相似。事实上，很多基本概念甚至一模一样。前文已经介绍了 SQL 语言，因此我们不再详细介绍 CQL 的语法，仅介绍 CQL 与 SQL 的不同之处。

- 创建数据库：Cassandra 的键空间需要比标准关系库中更多的规范。下面的示例是最简单的形式，在分布式生产环境中，将使用不同的策略和复制因子创建键空间，程序清单 2.58 展示了 CQL 与 SQL 在创建数据库时的区别。

程序清单 2.58　CQL 与 SQL 创建数据库的区别

```
1  /* 在CQL中创建一个新的键空间 */
2  CREATE KEYSPACE myDatabase WITH replication =
```

```
3        {'class': 'SimpleStrategy', 'replication_factor': 1};
4
5   /* 在SQL中创建一个新数据库 */
6   CREATE DATABASE myDatabase;
```

- 组织数据：CQL 中不支持诸如 Join、GroupBy 和 Foreign Key 之类的内容，忽略这些功能可以提高 Cassandra 读取和写入数据的效率。
- 生存时间：CQL 允许在行上设置 TTL。这意味着可以将行设置为自创建之日起 24 小时后过期。这是通过 USINGTTL 命令完成的（值以秒为单位），如程序清单 2.59 所示。

程序清单 2.59　CQL 设置数据过期时间

```
1   /* 24小时后过期数据 */
2   INSERT INTO myTable (id, myField) VALUES (2, 9) USING TTL 86400;
```

- 过滤：在大范围的值上运行 SELECT 语句时，可能会收到一条错误消息，如程序清单 2.60 所示。

程序清单 2.60　CQL 查询大范围数据产生错误

```
1   /* 选择范围内的数据 */
2   SELECT * FROM myTable WHERE myField > 5000 AND myField < 100000;
3
4   InvalidRequest: Error from server: code=2200 [Invalid query] message="Cannot execute this
        query as it might involve data filtering and thus may have unpredictable performance.
        If you want to execute this query despite the performance unpredictability, use ALLOW
        FILTERING"
5
6   无效请求：来自服务器的错误：代码=2200［无效查询］message= "无法执行此查询，因为它可能涉及数据筛选，
        因此可能具有不可预测的性能。如果您想执行此查询而不考虑性能的不可预测性，请使用ALLOW filtering"
```

Cassandra 增删查改操作示例

初始数据库如表 2-9 所示，数据库中有 1 张表 emp，表 emp 中有 3 行数据。下面将介绍 Cassandra 的增删查改操作。

表 2-9　emp 表初始数据

emp_id	emp_city	emp_name	emp_phone	emp_sal
1	Hyderabad	ram	9848022338	50000
2	Hyderabad	robin	9848022339	40000
3	Chennai	rahman	9848022330	45000

- 查询操作：查询表 emp 中的所有数据，FROM emp 表示从 emp 表中进行查询，SELECT* 表示返回数据的所有列，如程序清单 2.61 所示。

程序清单 2.61   查询所有数据

```
1   输入:
2       cqlsh:test> SELECT * FROM emp;
3   输出:
4        emp_id | emp_city    | emp_name |  emp_phone  | emp_sal
5       --------+-------------+----------+-------------+----------
6             1 | Hyderabad   |      ram | 9848022338  | 50000
7             2 | Hyderabad   |    robin | 9848022339  | 40000
8             3 |     Chennai |   rahman | 9848022330  | 45000
9
10      (3 rows)
```

- 查询操作: 查询表 emp 中的前两条数据, 在程序清单 2.61 的基础上, 增加 LIMIT 2 限制仅仅返回满足条件的前两条数据, 如程序清单 2.62 所示。

程序清单 2.62   查询前两条数据

```
1   输入:
2       cqlsh:test> SELECT * FROM emp LIMIT 2;
3   输出:
4        emp_id | emp_city    | emp_name |  emp_phone  | emp_sal
5       --------+-------------+----------+-------------+---------
6             1 | Hyderabad   |      ram | 9848022338  | 50000
7             2 | Hyderabad   |    robin | 9848022339  | 40000
8
9       (2 rows)
```

- 查询操作: 查询 emp 表中满足 emp_id 为 1 的 emp 的 emp_name 与 emp_sal, WHERE emp_id=1 限制数据需要满足 emp_id=1, SELECT emp_name,emp_sal 表示返回数据的 emp_name、emp_sal 列, 如程序清单 2.63 所示。

程序清单 2.63   查询 emp_id 为 1 的 emp

```
1   输入:
2       cqlsh:test> SELECT emp_name,emp_sal FROM emp WHERE emp_id = 1;
3   输出:
4        emp_name | emp_sal
5       ----------+---------
6             ram | 50000
7
8       (1 rows)
```

- 插入操作: 向表 emp 中插入新的 emp, INSERT INTO emp 表示向 emp 表插入数据, (emp_id, emp_name, emp_city, emp_phone, emp_sal) 表示需要插入的列, VALUES (4, 'lura', 'Google', 9848022371, 60000) 表示对应列的值, 如程序清单 2.64 所示。

程序清单 2.64 插入新的 emp

```
1   输入：
2       cqlsh:test> INSERT INTO emp (emp_id, emp_name, emp_city, emp_phone, emp_sal)
3       VALUES(4,'lura', 'Google', 9848022371, 60000);
```

- 插入操作：向表 emp 中插入新的指定生存时间的 emp，USING TTL 86400 表示该数据生存时间为 86400 秒，如程序清单 2.65 所示。

程序清单 2.65 插入新的指定生存时间的 emp

```
1   输入：
2       cqlsh:test> INSERT INTO emp (emp_id, emp_name, emp_city, emp_phone, emp_sal)
3       VALUES(9,'sally', 'Insgream', 9848022390, 41000) USING TTL 86400;
```

- 删除操作：删除表 emp 中 emp_id 为 3 的 emp 的 emp_sal 列，DELETE emp_sal 表示删除数据的 emp_sal 列，如程序清单 2.66 所示。

程序清单 2.66 删除 emp_id 为 3 的 emp 的 emp_sal 列

```
1   输入：
2       cqlsh:test> DELETE emp_sal FROM emp WHERE emp_id=3;
```

- 删除操作：删除表 emp 中 emp_id 为 2 的 emp，DELETE 后面不指定列名表示删除整行数据，如程序清单 2.67 所示。

程序清单 2.67 删除 emp_id 为 2 的 emp

```
1   输入：
2       cqlsh:test> DELETE FROM emp WHERE emp_id=2;
```

- 修改操作：将表 emp 中 emp_id 为 1 的 emp 的 emp_city 修改为 Delhi、emp_sal 修改为 50000，UPDATE emp 表示更新表 emp 中的数据，SET emp_city= 'Delhi', emp_sal=50000 表示设置数据的 emp_city 为 'Delhi'、emp_sal 为 50000，如程序清单 2.68 所示。

程序清单 2.68 修改 emp_id 为 1 的 emp

```
1   输入：
2       cqlsh:test> UPDATE emp SET emp_city='Delhi',emp_sal=50000
3       WHERE emp_id=1;
```

Cassandra 使用的查询语言为 CQL，CQL 与 SQL 语言非常相似，相信熟练掌握 SQL 的使用者能够很快上手 CQL。另外，Cassandra 还提供了丰富的数据类型以及查询功能，读者可以自行查阅 Cassandra 官方文档中的示例与用法，本书不做详细介绍。

2.2.4　图数据库处理语言

　　图数据库的数据模型很简单，由节点和边组成，一个节点就是一个实体，而边则描述两个实体之间的关系。以节点和边把图结构搭建好之后，就可以用专门为"图"设计的查询操作来搜寻图数据库的网络了。这就是图数据库与关系数据库的主要区别。尽管关系数据库也可以通过外键来实现这种关系，但是在各种关系中进行 JOIN 非常耗时，其效率通常较低，而在图数据库中遍历关系则非常迅速。

　　图数据库有很多种，如 Neo4j、FlockDB、OrientDB、HugeGraph、JanusGraph 等，本书以 Neo4j 5.1.0 为例介绍图数据库处理语言。

Neo4j 查询操作语法

　　下面将以 Neo4j 数据库为例介绍图数据库处理语言，Neo4j 使用 Cypher 作为查询语言，Cypher 类似于 SQL，也是声明式的查询语言。同时，Cypher 被设计为人类可读的，易于理解。

　　在介绍 Cypher 查询语法时，我们仅仅关注基本的查询操作，对于复杂的连接查询、子查询等不做介绍。图 2-7 展示了一条基本的 Cypher 查询语句，它由 MATCH 子句、WHERE 子句、RETURN 子句三大部分构成。其中，MATCH 子句用来匹配图中的数据，找到满足条件的节点和关系。WHERE 子句与 SQL 中的 WHERE 子句相同，用来过滤数据，对于 MATCH 中查找到的数据进行一定规则的过滤，保留满足条件的数据。RETURN 子句类似于 SQL 中的 SELECT 部分，用来返回我们需要输出的数据。下面详细介绍查询语句中的细节部分。

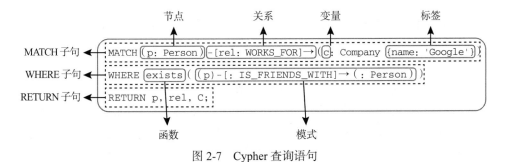

图 2-7　Cypher 查询语句

　　一个基本的图由节点和关系构成，我们以图 2-8 中的数据为例来介绍 Cypher 如何表示节点与关系。

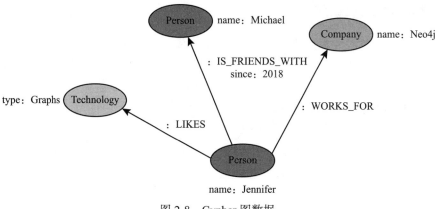

图 2-8　Cypher 图数据

变量与函数是 Cypher 语法中的重要组成部分。当引用模式或查询的某些部分时，可以通过命名它们来实现，不同部分的名称称为变量。函数是 Cypher 对图进行查询和操作的重要工具，函数有两个规则：一是函数参数是 null 时，函数返回也为 null；二是函数输入是字符串时，输入的是 Unicode 编码的字符，而不是 char［］。如程序清单 2.69 所示，n 和 b 是变量，exists 是函数。

程序清单 2.69　Cypher 变量与函数

```
1    MATCH (n)-->(b)
2    WHERE exists(n.name)
3    RETURN b
```

节点是图形中的数据实体，通常可以通过在数据模型中查找名词或对象来识别节点。在我们的示例中，Jennifer、Michael、Graphs 和 Neo4j 是节点数据。

为了描述 Cypher 中的节点，我们用括号将节点括起来，例如 (node)。如果稍后想要引用该节点，我们可以给它一个节点变量，比如 (p) 代表 person 或 (t) 代表 thing。就像编程语言中的变量，可以为变量命名，并在稍后的查询中使用相同的名称引用它们。如果节点与你的返回结果无关，可以使用空括号指定匿名节点 ()。我们还可以通过分配节点标签来将相似的节点组合在一起，这样可以查找或创建某些类型的实体。在我们的示例中，Person、Technology 和 Company 是标签。使用标签有助于 Cypher 区分实体并优化查询的执行，在可能的情况下，最好在查询中使用节点标签，否则查询将检查数据库中所有的节点。

以图 2-9 中的节点为例，节点在 Cypher 中有以下几种表述方式，如程序清单 2.70 所示。

程序清单 2.70　Cypher 节点

```
1    ()                    //匿名节点（没有标签或变量），可以引用数据库中的任何节点
2    (p:Person)            //使用变量p和标签Person
```

```
3    (:Technology)      //无变量，标签Technology
4    (work:Company)     //使用变量work和标签Company
```

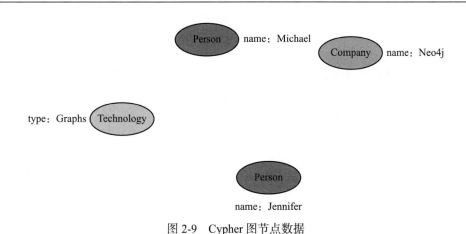

图 2-9　Cypher 图节点数据

关系是表达节点之间联系的数据，在我们的示例中，节点之间带有 LIKES、IS_FRIENDS_WITH 和 WORKS_FOR 的连线是关系。

在 Cypher 中使用箭头 -> 或 <- 表示两个节点之间存在某种有向关系，无向关系表示为没有箭头，用 – 表示。对于关系的附加信息，例如节点之间的关系类型以及与关系有关的属性，可以在箭头中间插入方括号，将附加信息放入方括号中。虽然必须将关系的方向插入数据库，但被插入的关系可以与无向关系匹配，Cypher 忽略任何特定方向并检索关系和连接节点，无论物理方向是什么。这使查询更加灵活，用户不需要知道存储在数据库中的关系的物理方向。与节点一样，如果想稍后在查询中引用关系，我们可以给它一个变量，比如［r］或者［rel］。如果不需要引用关系，可以使用 <-、-> 或 – 指定匿名关系。

以图 2-10 中的关系为例，关系在 Cypher 中有以下几种表述方式，如程序清单 2.71 所示。

程序清单 2.71　Cypher 关系

```
1    (p:Person)-［:LIKES］->(t:Technology)       //从节点(p:Person)指向(t:Technology)的关系
2    (p:Person)<-［:LIKES］-(t:Technology)       //从节点(t:Technology)指向(p:Person)的关系
3    (p:Person)-［:LIKES］-(t:Technology)        //无向关系
4    (p:Person)-［like:LIKES］->(t:Technology)   //使用变量的关系
5    (p:Person)-->(t:Technology)                //匿名关系
```

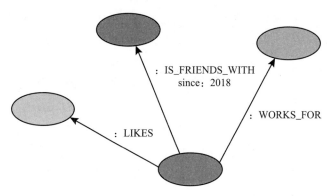

图 2-10　Cypher 图关系数据

　　属性是图数据模型的最后一部分。属性是名称 – 值对，它为节点和关系提供更多详细信息。为了在 Cypher 中表示，我们可以在节点或关系的括号内使用花括号，将属性的名称和值放入大括号内。我们的示例图中同时具有节点属性（name）和关系属性（since），如程序清单 2.72 所示。

程序清单 2.72　Cypher 属性

```
1    (p:Person {name: 'Jennifer'})                //节点属性
2    -[rel:IS_FRIENDS_WITH {since: 2018}]->    //关系属性
```

　　模式是由节点和关系构成的，节点和关系可以组合在一起表达简单或复杂的模式。在 Cypher 中，节点和关系可以写成连续的复杂模式，也可以将复杂模式分成更小的模式并用逗号捆绑在一起。程序清单 2.73 展示了 Cypher 中的模式。

程序清单 2.73　Cypher 模式

```
1    (p:Person {name: "Jennifer"})-[rel:LIKES]->(g:Technology {type: "Graphs"})
```

Neo4j 增删改操作语法
下面介绍 Neo4j 的增删改操作。

● 增加操作：增加一个节点，并为其设置相应的属性，如程序清单 2.74 所示。

程序清单 2.74　增加一个节点

```
1    CREATE (<node-name>:<label-name>
2    {
3      <Property1-name>:<Property1-Value>
4      ...
5      <Propertyn-name>:<Propertyn-Value>
6    });
```

● 增加操作：为 node1 与 node2 增加一个关系 rel，并为 rel 设置相应的属性，如程序清单 2.75 所示。

程序清单 2.75　为 node1 与 node2 增加一个关系 rel

```
1  MATCH (node1:<label-name>)
2  MATCH (node2:<label-name>)
3  CREATE (node1)-[rel:<relationship-label>{
4      <Property1-name>:<Property1-Value>
5      ...
6      <Propertyn-name>:<Propertyn-Value>
7  }]->(node2);
```

- 删除操作：删除满足条件的节点和关系，如程序清单 2.76 所示。

程序清单 2.76　删除满足条件的节点和关系

```
1  MATCH (node1:<label-name>)-[rel:<relationship-label>]->(node2)
2  DELETE node1, rel, node2;
```

- 修改操作：修改满足条件的节点的属性，如程序清单 2.77 所示。

程序清单 2.77　修改满足条件的节点的属性

```
1  MATCH (node1:<label-name>)-[rel:<relationship-label>]->(node2)
2  SET node1.<property1-name> = val1
3      node1.<property2-name> = val2
4      ...
5      node1.<propertyn-name> = valn;
```

Neo4j 增删查改操作示例

　　Neo4j 初始数据库如图 2-11 所示，数据库中有两类节点，一类是 City，例如 Chicago，以灰色椭圆表示，另一类是 Person，例如 John，以白色椭圆表示。节点之前存在着各种关系，以带箭头的连线表示。下面通过示例介绍 Neo4j 的增删查改操作。

- 查询操作：查询所有节点，MATCH (entity) 表示对变量 entity 不限制任何条件，RETURN entity 表示返回 entity 信息，如程序清单 2.78 所示。

程序清单 2.78　查询所有数据

```
1   输入：
2       MATCH (entity)
3       RETURN entity;
4   输出：
5       "entity"
6       {"name":"Liz","age":18}
7       {"name":"Rula","age":19}
8       {"name":"Chicago"}
9       {"name":"Boston"}
10      {"name":"John","age":20}
```

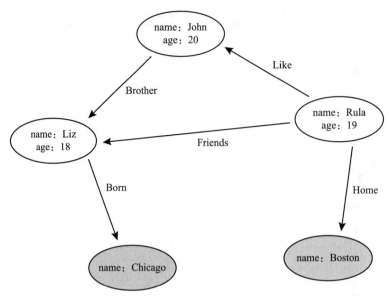

图 2-11　Neo4j 初始数据库

- 查询操作：查询年龄大于 18 的 Person，MATCH (person:Person) 表示 person 变量为 Person 类型的节点，WHERE person.age>18 表示需要满足 person.age 大于 18，如程序清单 2.79 所示。

程序清单 2.79　查询年龄大于 18 的 Person

```
1  输入:
2      MATCH (person:Person)
3      WHERE person.age > 18
4      RETURN person;
5  输出:
6      "person"
7      {"name":"Rula","age":19}
8      {"name":"John","age":20}
```

- 插入操作：使用 CREATE 关键字创建一个属性为 {name: "Bob", age: 23} 的 Person 类型的节点，如程序清单 2.80 所示。

程序清单 2.80　插入 Person Bob

```
1  输入:
2      CREATE (:Person {name:"Bob",age:23});
3  输出:
4      Added 1 label, created 1 node, set 2 properties, completed in less than 1 ms.
```

- 插入操作：使用 CREATE 关键字插入属性为 {name: "Glory", age: 25} 的 Person 类型的节点，以及一个属性为 {name: "Portland"} 的 City 类型的节点，指定 Person 类

型节点到 City 类型节点的关系为 Born，如程序清单 2.81 所示。

程序清单 2.81　插入 Person Glory 出生于 City Portland

```
1  输入：
2      CREATE (:Person {name:"Glory",age:25}) -[:Born]-> (:City {name:"Portland"});
3  输出：
4      Added 2 labels, created 2 nodes, set 3 properties,
5      created 1 relationship, completed in less than 1 ms.
```

- 删除操作：删除 Person{name: "Bob"}，MATCH (person: Person {name: "Bob"}) 表示变量 person 是满足属性为 {name: "Bob"} 的 Person 类型的节点，DELETE person 表示删除 person 信息，如程序清单 2.82 所示。

程序清单 2.82　删除 Person Bob

```
1  输入：
2      MATCH (person:Person {name:"Bob"})
3      DELETE person;
4  输出：
5      Deleted 1 node, completed after 1 ms.
```

- 删除操作：删除 Person{name: "Glory"} 和与之产生联系 relation 的 City 及 relation，MATCH (person:Person {name: "Glory"}) 表示变量 person 是满足属性为 {name: "Bob"} 的 Person 类型的节点，(city:City) 表示变量 city 是 City 类型的节点，-[relation]-> 表示 person 与 city 之间存在关系 relation，关系方向为 person 指向 city，DELETE person，relation，city 表示删除 person、relation、city 信息，如程序清单 2.83 所示。

程序清单 2.83　删除 Person Glory 和与之产生联系 relation 的 City 及 relation

```
1  输入：
2      MATCH (person:Person {name:"Glory"})-[relation]->(city:City)
3      DELETE person, relation, city;
4  输出：
5      Deleted 2 nodes, deleted 1 relationship, completed after 2 ms.
```

- 修改操作：修改 Person{name: "John"} 的 phone 为 987489，SET person.phone = "987489" 表示设置 person 的 phone 属性为 987489，如程序清单 2.84 所示。

程序清单 2.84　修改 Person John

```
1  输入：
2      MATCH (person:Person {name:"John"})
3      SET person.phone = "987489";
4  输出：
5      Set 1 property, completed after 1 ms.
```

图数据库与以往的关系数据库大不相同，对于 Neo4j 提供的一些对数据库的操作，读者更需要多多使用才能更深刻地理解。以上仅仅列出了 Neo4j 中常见的增删查改操作，读者若想要学习更多复杂的操作，请查阅 Neo4j 官方文档，本书不做详细介绍。

2.3 本章小结

本章主要介绍了 SQL 与 NoSQL 的语法与使用示例。在 2.1 节中，我们介绍了结构化查询语言 SQL，它是用来操作关系型数据库的语言。SQL 语言分为 5 种，即数据定义语言、数据查询语言、数据操纵语言、数据控制语言与事务控制语言，分别用于执行不同的数据库操作。其中，我们主要介绍了数据查询语言，这是 SQL 语言中最为重要的部分。通过使用学生与选课信息数据库，我们一步步地展示了 SQL 查询语句中不同部分的功能，通过示例介绍了如何使用 SQL 进行丰富的数据库查询操作，相信读者一定大有收获。介绍完基本的查询语句后，我们又对 SQL 中表的连接操作进行了探讨，连接操作分为三种，即自连接、自然连接与外连接，使用这些连接操作能够解决多表关联查询的问题。最后，我们还介绍了其他的 SQL 语句，包括对视图进行操作的语句、与事务操作相关的语句、授权操作相关的语句等。对于这些不同的语句，我们需要合理地分析自己的需求，使用相应的语句来完成所需功能。

在 2.2 节中，我们介绍了 NoSQL 语言，NoSQL 语言主要用来操作非关系型数据库。由于非关系型数据库种类较多，且每种数据库差别较大，为了方便讲解，我们将非关系型数据库分为四类，即键值数据库、文档数据库、列族数据库和图数据库。对于这四种数据库，我们分别选取了一个数据库管理系统来进行示例，介绍它们如何使用各自的 NoSQL 语言来对数据库进行操作。介绍键值数据库语言时，我们选用了 Redis 来示例数据库的基本操作，主要介绍了键值数据库对字符串类型数据的增删查改操作。介绍文档数据库语言时，我们选用了 MongoDB 来示例数据库的基本操作，文档数据库查询语言比键值数据库查询语言更为复杂，可以使用不同的过滤条件得到我们想要的数据。然后，又介绍了列族数据库语言，我们选用了 Cassandra 来示例列族数据库的基本操作，列族数据库使用的 CQL 与 SQL 基本相似，读者只需记住它们之间的不同点即可。最后，介绍了图数据库语言，我们选用了 Neo4j 来示例数据库的基本操作，图数据库与其他所有的数据库都不同，它使用的 Cypher 语言贴近自然语言，读者需要结合实际的图数据才能更好地理解这一语言。

最后，对于本章的所有示例，我们希望有条件的读者能够在实际的数据库系统上进行操作，以便更好地理解语言中的细节，相信在这些示例操作成功时能带给你巨大的喜悦，而这些正是学习分布式语言中关键的部分。

CHAPTER3

第 **3** 章

分布式查询过程

分布式查询是指在分布式环境下对大型数据集进行检索的过程。相较于集中存储结构，分布式查询中涉及的关系表会被分割（fragement）或复制（replicate）并存储在不同的物理节点上。如图 3-1 所示，在实现分布式查询的过程中，系统需要从不同的数据存储节点中提取有效数据，通过网络数据传输将数据传递到计算节点上进行连接处理，从而引入额外的网络通信开销，增加查询处理的响应时间。

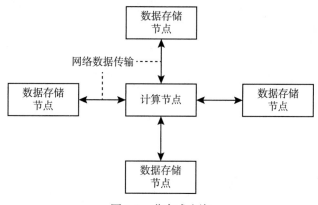

图 3-1　分布式查询

在查询处理过程中，涉及查询处理的节点被分为两种角色。计算节点负责数据接收和查询计算，而数据存储节点主要负责本地数据提取和数据筛选。一个简单的分布式查询过程可以大致分为以下步骤。

1）计算节点根据用户输入的查询语句，向相关数据存储节点发送数据请求。

2）数据存储节点针对请求，进行本地数据提取和筛选。之后，通过网络数据传输将筛选数据传输到计算节点。

3）计算节点从数据存储节点获取表数据之后，根据输入查询语句的语义分析，统一对数据进行查询计算处理。

根据上述流程，分布式查询的时间开销 T 可以通过式（3.1）表示：

$$T = T_{数据提取和筛选} + T_{数据网络传输} + T_{数据接收} + T_{查询计算} \tag{3.1}$$

其中，计算节点的数据接收以及数据存储节点数据提取的时间开销主要受相应节点对表数据读取速度的影响。因此，影响分布式查询效率的原因主要可以从以下三个方面进行分析：数据本地读取、数据的网络传输以及查询计算。下面着重分析这三方面影响效率的具体因素和相应优化方向。

- 数据本地读取：数据的本地读取主要分为数据存储节点对计算节点请求的数据进行提取和筛选两个步骤，数据提取需要将数据从本地磁盘加载到内存中，再根据计算节点的请求对提取的表数据进行条件过滤。最后，筛选出的数据需要经过序列化等处理将数据打包通过网络传输到计算节点。存储节点在本地数据的读取和筛选过程可由两种数据读取方式实现，分别为索引定位筛选和范围扫描。索引定位筛选通过主键和索引对数据进行过滤处理，可以相对快速地获取请求的数据。相比之下，范围扫描则需要具体根据数据量的大小，通过提高并行度加快对数据的读取。

- 数据的网络传输：分布式查询过程中，网络传输开销主要取决于传输的数据量大小。尤其是当所涉及查询的表数据量庞大的情况下，筛选数据以减少无效数据量将提升分布式查询的效率。在分布式存储的环境下，目前主流的技术为半连接操作和布隆过滤器。通过对查询关系表的数据进行筛选，过滤无法连接匹配的数据，从而降低数据传输量。

- 查询计算：当所有数据被传输到计算节点之后，计算机节点需要根据输入的查询语句进行语义分析，基于数据进行相应的关系代数运算。其中最常见的查询运算就是关系表连接查询，通过连接列将多张关系表进行连接处理，获取所需要的信息。计算节点会根据不同的场景需求以及关系表是否有索引结构，选择合适的连接处理算法，提高查询处理的效率。

以上大致分析了分布式查询过程所需要经历的步骤，以及影响查询性能的各个因素。相较于集中式存储，分布式存储最大的特点在于将关系表数据根据一定规则存储于不同物理节点，从而在涉及跨节点的分布式查询过程中引入额外的网络传输开销。如何针对输入的查询语句以及各个存储节点的分布生成合适的查询执行策略将大大地影响分布式查询的处理效率。接下来的章节将进一步结合分布式查询过程中的数据网络传输和查询连接处理两个方面介绍实现分布式查询过程中的相关算法策略，并分析相应的性能开销。

3.1 分布式连接问题

如前所述，在分布式环境下关系表可能经过分片和副本处理，分别存储在不同的物理节点上。因此，涉及多个关系表的分布式连接查询时，需要访问不同的网络节点，将相应的数据传输到计算节点上进行连接处理。其中网络传输开销由于传输数据量庞大以及网络波动等因素，导致通信传输开销占分布式查询处理性能开销的很大一部分。为解决这一问题，在查询处理的过程中，查询处理器可以利用分布式存储的特性，将输入的查询语句根据语义分析，拆分成多个关系代数运算。之后，选择合适的关系运算执行顺序，并根据数据的传递方式和所需的网络传输开销分析，选择执行运算的最佳节点，从而生成优化的分布式查询执行计划。为了进一步阐述关系代数运算执行顺序和运算执行节点对分布式查询处理的重要性，我们以不同策略实现式（3.2）的查询处理进行演示和开销分析：

$$\Pi_{\text{SNAME, CNAME, SCORE}} (\text{STUDENT} \bowtie_{\text{SID}} (\sigma_{\text{CID= "2"}} (\text{CSCORE}))) \qquad (3.2)$$

该连接查询涉及关系表 STUDENT 和 CSCORE，两表基于连接列 SID 进行连接。为了方便分析，我们假设关系表 STUDENT 和 CSCORE 分别存有 2000 和 1000 条元组记录，其中关系表 CSCORE 中有 100 条 CID 属性为 2 的元组记录。两个关系表在分布式存储中都根据 SID 的大小进行水平分片存储，分片结果和存储位置安排如下：

$$\text{STUDENT}_1 = \sigma_{\text{SID} \leqslant \text{"1000"}} (\text{STUDENT}) \qquad \text{存储于节点 1}$$

$$\text{STUDENT}_2 = \sigma_{\text{SID} \geqslant \text{"1000"}} (\text{STUDENT}) \qquad \text{存储于节点 2}$$

$$\text{CSCORE}_1 = \sigma_{\text{SID} \leqslant \text{"1000"}} (\text{CSCORE}) \qquad \text{存储于节点 3}$$

$$\text{CSCORE}_2 = \sigma_{\text{SID} \geqslant \text{"1000"}} (\text{CSCORE}) \qquad \text{存储于节点 4}$$

根据不同的关系代数运算执行顺序以及执行节点位置的选择，我们可以由以下两种等效策略完成式（3.2）的分布式查询。为了方便叙述，在下面的查询策略分析表达中，我们将忽略投影操作符进行分析。如图 3-2 所示，查询策略 A 简单地将存储在各个物理节点上的数据发送到计算节点进行数据本地化。之后，计算节点统一对数据执行连接查询计算。另一方面，如图 3-3 所示，查询策略 B 则利用了关系表 STUDENT 和 CSCORE 采取同一方式分片存储的特性，将查询运算分为多个关系代数运算进行处理，并行完成投影选择和连接计算。之后，将结果传递至计算节点进行拼接。

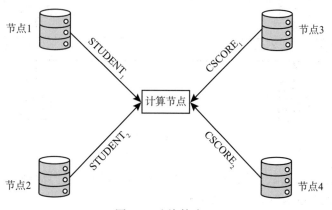

图 3-2　查询策略 A

我们分别对查询策略 A 和 B 的查询开销进行分析。首先，设立一个简单的开销计量方式，假设对每一个元组的读取使用开销为 $cost_\alpha$，大小为 1ms。而一个元组记录的网络传输开销设为 $cost_\beta$，大小为 10ms。最后，假设关系表 STUDENT 和 CSCORE 分别根据 SID 和 CID 在存储节点上建立索引，由此可以根据属性 SID 和 CID 的值快速访问相应的元组数据。

根据上述假设的开销计量和图 3-2 所示的查询策略 A 的查询处理过程，我们可以分步计算策略 A 所需的开销如下。

1）从节点 1、2 传递关系 STUDENT 的元组记录到计算节点需要 $2000 \times cost_\beta = 20000$ms。

2）从节点 3、4 传递关系 CSCORE 的元组记录到计算节点需要 $1000 \times cost_\beta = 10000$ms。

3）由于在计算节点中没有针对属性 CID 在关系 CSCORE 中建立索引，因此需要扫描关系 CSCORE 中所有记录，找到符合条件 CID="2" 的元组数据，需要 $1000 \times cost_\alpha = 1000$ms。

4）同样由于在计算节点中没有针对属性 SID 在关系 STUDENT 中建立索引，对应每一条从 CSCORE 中筛选出的数据集需要循环扫描关系 STUDENT 完成连接计算，开销为 $2000 \times 100 \times cost_\alpha = 200000$ms。

5）总开销花费 23100ms。

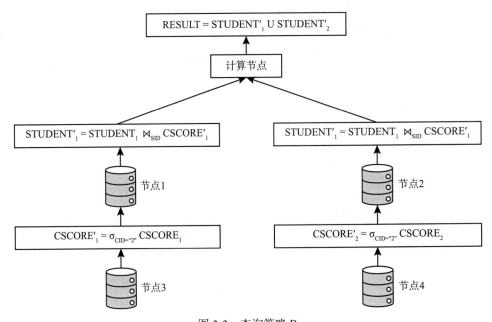

图 3-3 查询策略 B

另一方面，基于分布式存储的特性，查询策略 B 将查询计算分解为多个关系代数运算执行，分步计算策略 B 所需的开销如下。

1）从关系 CSCORE 中执行选择关系代数，筛选出属性 CID 为 2 的元组记录 CSCORE′ 需要（50+50）×$cost_\alpha$=100ms。

2）将筛选的元组记录 CSCORE′ 传递到存储关系 STUDENT 的节点 1 和 2，网络传输开销为（50+50）×$cost_\beta$=1000ms。

3）基于属性 SID 连接关系 STUDENT 和元组记录 CSCORE′，生成结果集 STUDENT′ 需要（50+50）×$cost_\alpha$×2=100ms。

4）将生成的结果集 STUDENT′ 返回到计算节点需要（50+50）×$cost_\beta$=1000ms。

5）总开销花费 2200ms。

由上述的开销分析可知，策略 B 的实现开销远远小于策略 A 的实现开销。其中，两者之间最大的差距来源于执行连接计算的开销和网络传输开销。在策略 B 中，元组记录集 CSCORE′ 和关系 STUDENT 的连接计算可以利用建立在节点 1、2 上基于 SID 的索引快速完成连接计算。相比之下，在策略 A 中，我们将所有的数据统一传输到计算节点进行计算。在网络传输过程中，我们以最坏的打算假设关系 STUDENT 和 CSCORE 基于属性 SID 和 CID 的索引访问方法丢失，从而导致策略 A 第 4）步中执行连接计算需要使用嵌套循环算法进行连接计算。对满足连接条件的 100 条 CSCORE 的元组记录，每一个都需要循环扫描关系 STUDENT 表进行连接计算匹配。在网络传输开销方面，策略 A 直接将所涉及关系表的数据全部传递至计算节点进行处理，其中大量无法参与匹配连接处理的元组数据也参与传递，从而大大增加数据传递量。另一方面，策略 B 将查询计算分为多个关系运算在相应的存储节点进行处理。逐层筛选和计算处理，降低网络传输的数据量，从而优化网络传输开销。

策略 B 相较于策略 A，提供了更好的节点之间的工作分配，从而降低网络传输的数据量和连接处理所需开销，所花费的开销比策略 B 的开销优化了将近 47 倍。如果查询过程中的网络传输速度更慢或关系切片片段的个数更多，则两种策略所花费的开销差异将更大。由此可见，在分布式查询处理中，选择合适的节点处理计算以及关系运算符的执行顺序对分布式查询的处理开销影响很大。

在随后的章节中，将重点介绍实现分布式查询的几种常用算法。并通过对各种算法实现的开销分析，进一步阐述分布式查询处理的优化方向和策略。

3.1.1 直接连接算法

直接连接算法（Naive Join Algorithm）是一种分布式查询的简单的实现方式，为了注重分析不同算法策略实现分布式查询的性能开销，我们假设将涉及查询的数据本地化之后，计算节点统一采用嵌套循环算法（Nested-Loop Algorithm）进行连接处理。直接连接算法选择涉及连接表中元组记录相对少的一方作为连接计算节点。计算节点将本地存储关系表中所有数据以块（Block）的形式导入内存。之后，针对每一个数据模块进行遍历，在遍历过程中，需要将异地存储的另一张连接表的数据按页（Page）通过网络传输到计算节点，和每一个模块中的元组记录进行匹配连接。为了方便分析算法执行的开销，我们假设内存加载的开销为 $cost_\alpha$，网络传输开销为 $cost_\beta$，并忽略网络连接过程中的消息传递开销，则直接连接算法实现连接查询的开销可以分为：

- 本地表 1 内存加载开销：$num\_block_1 \times cost_\alpha$。
- 异地表 2 网络传递和内存加载开销：$num\_blocks_1 \times num\_pages_2 \times (cost_\alpha + cost_\beta)$。

显而易见，该算法实现分布式查询的开销是巨大的。为了能够将存储在相异节点上的两个表进行连接匹配，不得不每次遍历将异地存储的关系表数据多次重复传输到本地节点进行匹配连接，从而造成过多的网络传输和内存加载开销。针对数据重复传输的问题，直接连接算法可以进行优化，如图 3-4 所示，节点 1 将需要进行连接的关系表 R 中所有元组数据统一发送到节点 2 上。之后，在该节点上执行连接匹配处理。循环遍历内存中表 S 中的模块并与表 R 的数据进行匹配连接，从而减少数据重复传输的网络开销。优化后直接连接算法的开销可分为：

- 本地表 R 内存加载开销：$num\_block_1 \times cost_\alpha$。
- 异地表 S 网络传递开销：$num\_pages_2 \times cost_\alpha$。
- 将表 S 加载到内存匹配开销：$num\_blocks_1 \times num\_pages_2 \times cost_\alpha$。

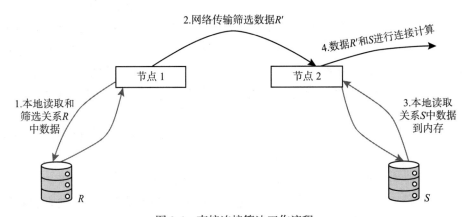

图 3-4　直接连接算法工作流程

相较于原版本，优化直接连接算法极大地缩减了关系表 R 的数据网络传输开销，避免了在匹配过程中重复将数据传递至另一节点而产生的无效网络传输开销。

3.1.2　半连接算法

由 3.1.1 节介绍的直接连接算法可知，在实现分布式查询过程中，最大的挑战是关系表数据需要在不同存储节点之间进行传递，从而导致额外的网络传输开销。为了降低网络传输开销，分布式查询处理器需要尽可能地降低相异节点之间传输的数据量。对此，研究者们提出使用半连接算法（Semi-join Algorithm）作为数据压缩器对需要传输的元组记录进行筛选，剔除无法连接匹配的元组数据，从而降低网络传输的数据量。

首先，从关系代数的角度分析。假设分别存储在节点 1 和节点 2 的两个关系表 R 和 S

基于属性 A 进行连接操作，可以使用下述规则，将两个关系表的连接操作通过其中一个关系表的半连接来进行连接操作处理。

$$R \bowtie_A S \Longleftrightarrow (R \ltimes_A S) \bowtie_A S$$

$$\Longleftrightarrow R \bowtie_A (S \ltimes_A R) \qquad (3.3)$$

$$\Longleftrightarrow (R \ltimes_A S) \bowtie_A (S \ltimes_A R)$$

上面列出的三种等价半连接算法的实现方式具体可以根据所要处理关系表元组记录的数量以及数据存储节点位置，选择性能开销最小的策略执行查询。由于半连接算法的思想是通过筛选将无法连接匹配的元组数据过滤掉，从而减少网络传输的时延。因此，只有当发送整个被筛选表的开销大于执行半连接计算以及筛选结果传输的开销时，半连接算法实现分布式查询才能充分发挥作用，提高查询处理效率。为进一步分析半连接算法的优势，我们比较 $R \bowtie_A S$ 和 $(R \ltimes_A S) \bowtie_A S$ 两种策略两者实现分布式连接查询所花费的开销，并假定关系表 R 的元组记录数量 size(R) 大于关系表 S 的元组记录数量 size(S)。

$R \bowtie_A S$ 所采用的是直接连接算法将数据本地化处理至某一节点，之后统一对数据执行连接计算处理，其步骤如下。

1）由于关系表 R 的元组记录数量更多，为了降低网络传输开销，我们将关系表 S 的数据网络传输至节点 1。

2）节点 1 基于关系表 R 和 S 计算 $R \bowtie S$。

另一方面，基于半连接算法实现分布式查询如图 3-5 所示，具体步骤如下。

1）投影关系表 R 在连接列 A 上的不同属性值 Π_A 集合，并将属性值集合传递到节点 2。

2）节点 1 基于所传递的属性值集 A，对关系表 S 进行半连接计算 $R' = R \ltimes_A S$ 筛选元组记录。

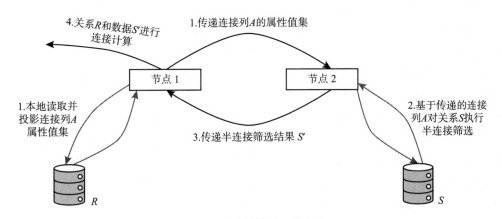

图 3-5　半连接算法工作流程

3）将半连接计算结果中符合连接条件的关系表 S 元组数据集 S' 传递到节点 1。

4）将过滤后的 S' 和关系表 R 进行连接计算 $R \bowtie_A S'$。

为了结果比较的简单性，我们假设数据传递的网络传输开销足够大，从而忽视网络传输过程中两节点之间建立通信连接的开销 T_{MSG} 和节点 2 执行半连接筛选所需的开销 T_{SEMI}。因此，我们可以根据两种策略所需传递的数据大小对网络传输开销进行直观的对比分析。直接连接算法的主要开销是将关系表 S 中的数据从节点 2 传递到节点 1，需要传递的数据大小为 size(R)。与之相比，基于半连接的策略网络传输开销主要来源于将投影结果 $\Pi_A(R)$ 传递到节点 2 和将半连接计算的结果 $R \bowtie_A S$ 传递至节点 1，则该策略需要传递的数据大小为 size($\Pi_A(S)$) + size($R \bowtie_A S$)。

$$\text{size}(\Pi_A(S)) + \text{size}(R \bowtie_A S) < \text{size}(R) \tag{3.4}$$

综上可知，当式（3.4）成立时，半连接算法可以作为有效的数据压缩器，过滤不必要的元组数据传递，降低分布式连接查询过程中网络传输的时延。反之，如果关系表 R 经过半连接处理之后，仍有绝大部分元组数据参与连接。此时式（3.4）不成立，则直接连接算法的实现策略会更有效，因为，半连接处理导致了其他额外的数据处理和网络传输开销。分布式查询处理器需要具体根据实际问题需要，将两种算法相结合以实现分布式连接查询，从而提高处理效率。

3.1.3 布隆连接算法

在 3.1.2 节用半连接算法实现分布式查询中，网络传输开销主要来源于关系表 R 在连接列 A 上的投影值集 R' 传递到节点 2 以及节点 2 的半连接筛选结果传递回节点 1。在这一过程中，由关系表 R 生成的投影值数量 size($\Pi_A(R)$) 可能会很大，导致网络传输开销过大。为解决这一问题，我们可以引入布隆过滤器（Bloom Filter）代替投影值集合传输节点 2 对关系表 S 进行筛选处理，从而减少网络传输的开销。

布隆过滤器是一种概率数据结构，可以快速判断一个元素是否为某一集合的成员。过滤器由 m 位数组以及 k 个独立的散列（Hash）函数组成。初始时，数组中所有的位都设为 0。当插入一个元素时，会经过 k 个散列函数计算处理，之后根据处理得到 k 个散列值，将数组中对应索引位置的位数设置为 1。与标准散列表不同，布隆过滤器的优势是空间效率，可以通过固定大小表示具有任意数量元素的集合。但随之带来的缺点是过滤器反馈的判断结果是存在概率性的，即有一定概率产生假阳性结果（False Positive Result），即反馈某一元素存在于集合之中，但实际却不存在。产生假阳性结果的概率会随着过滤器中插入元素数量的增长而增长，尤其当数组中所有位都被设置为 1 时，任何查询都将返回存在，无论所查询元素是否真实存在其中。因此，针对表示位数 m 和假阳性率（False Positive Probability）p 之间存在权衡。假设插入 n 个元素之后，假阳性率的大小可由式（3.5）表示：

$$p = (1 - (1 - \frac{1}{m})^{kn})^k \approx (1 - e^{\frac{kn}{m}})^k \qquad (3.5)$$

针对布隆过滤器，我们将用一个示例说明如何存储和判断一个元素是否在集合之中。首先，如图 3-6 所示，初始化一个长度为 10 的数组，并将所有位数都设置为 0。

0	0	0	0	0	0	0	0	0	0
1	2	3	4	5	6	7	8	9	10

图 3-6　初始布隆过滤器

之后，我们还需要设置 k 个散列函数 $h_1(x)$, $h_2(x)$, $\cdots$, $h_k(x)$ 对输入的元素进行散列计算。针对各个散列函数计算的结果将数组对应的位数设置为 1。在本示例中，我们使用三个散列函数进行计算，对应散列到数组的各个位置上。假设输入的元素为字符串 "Study"，则散列计算如下：

$$h_1(\text{"Study"}) \% 10 = 1$$

$$h_2(\text{"Study"}) \% 10 = 4$$

$$h_3(\text{"Study"}) \% 10 = 7$$

如图 3-7 所示，根据上述插入数据的散列计算结果，我们需要将数组索引中 1、4、7 三个位置的位数设置为 1。

然后，执行相同的步骤插入字符串 "System"，假设散列计算如下：

$$h_1(\text{"System"}) \% 10 = 2$$

$$h_2(\text{"System"}) \% 10 = 6$$

$$h_3(\text{"System"}) \% 10 = 9$$

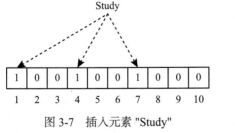

图 3-7　插入元素 "Study"

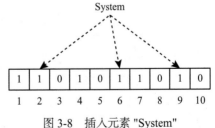

图 3-8　插入元素 "System"

如图 3-8 所示，同样我们需要将数组索引值为 2、6、9 三个位置的位数设置为 1。

上述插入操作完成之后，假设我们需要查询元素 "Study" 是否在集合之中，只需要将输入元素基于设置的散列函数进行计算即可。根据散列计算得到的索引值判断在布隆过滤器的数组中这些位置是否被设置为 1，若全设置为 1 则过滤器反馈该元素可能存在于集合中。反之，若其中一个或多个索引位置值未设置为 1，则过滤器反馈该元素不存在集合之中。

关于假阳性结果案例，假设此时需要查询元素字符串 "Cat"，输入元素经过散列函数计算结果为 2、4、9。由图 3-9 可知这三个索引位置上的值都为 1，则过滤器将反馈该元素可能存在于集合中，但很明显我们从未插入过元素 "Cat"，由此产生了假阳性结果。

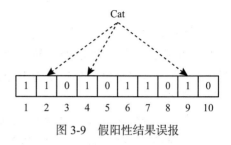

图 3-9 假阳性结果误报

为了降低判断的假阳性率，我们可以通过调整布隆过滤器的大小、增加位数空间降低假阳性结果的发生概率。但使用更大的位数组和更多数量的散列函数进行处理同时也会降低空间和时间处理效率。因此，为达到一定的优化效果，我们需要根据上文提到的式（3.5）以及所需表示元素集合的数量进行评估，选择合适的过滤器位数组合和散列函数数量。

布隆连接算法（Bloom Join Algorithm）通过使用上述介绍的布隆过滤器进一步优化半连接算法。首先，扫描关系表 R 的连接列 A，将不同的属性值插入布隆过滤器中，之后节点 1 只需要将生成的布隆过滤器以及相应的散列函数传输到节点 2 进行半连接处理。通过一定大小的位数组和散列函数代替实际需要传输的连接列 A 的投影值集合，将极大地缩减网络传输的数据大小。针对该算法具体实现过程，假设有两个物理节点分别存储关系 R 和关系表 S，且 size(R) > size(S)。如图 3-10 所示，可以将整个实现过程分为以下几步。

1）根据关系表 R 生成一个布隆过滤器，通过扫描关系表 R 中连接列 A 中的每个值，并进行散列函数计算处理对过滤器位数组进行相应的填充。

2）将生成的布隆过滤器位数组和散列函数通过网络传输到节点 2。

3）对关系表 S 中连接列 A 进行扫描和散列计算，并通过布隆过滤器判断是否存在连接匹配，将匹配的元组存入数据流 S'。

4）将完成过滤的数据流 S' 网络传输到节点 1，并与关系表 R 进行连接处理。

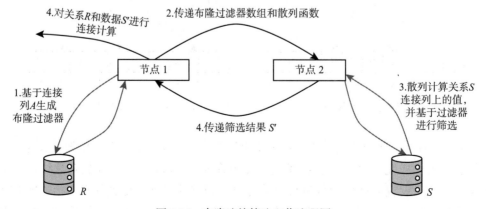

图 3-10 布隆连接算法工作流程图

综上所述，半连接算法和布隆连接算法的本质都是减少分布式连接查询过程中网络传输的数据量，进而优化查询响应时间。半连接算法注重筛选掉无法连接匹配的元组，降低需要传递到另一个节点进行连接处理的数据量。另一方面，布隆连接算法则通过使用布隆过滤器代替传递投影关键字集合对另一个节点的关系表进行匹配过滤，降低筛选键值数据量的大小。

3.2 多关系连接

在分布式关系数据库中，进行一次查询所涉及的数据表往往不止一两张，且数据的分布存储特性使其之间产生传输代价。因此，如何将位于不同站点的多张数据表低传输代价地连接起来，进行高效查询成为分布式数据库查询技术的关键，即多连接查询问题（Multi-join Query）。简洁来说，多连接查询就是在投影和选择下经优化之后得到的 N 个基关系的连接操作构成的关系代数表达式。

多关系连接可以分为以下两种：

- 同一属性的多关系连接 $R_1 \infty A R_2 \infty A R_3$。
- 不同属性的多关系连接 $R_1 \infty A R_2 \infty B R_3$。

对于多关系的连接操作，一般有两种策略：一种是基于直接连接的策略，另一种是基于半连接的策略。

3.2.1 分布式查询优化的目标

查询优化是分布式查询处理中的一项重要工作。因为对同一个查询操作存在不同的正确转换，只有消耗资源较少的策略才更有可能被保留下来。问题在于如何衡量消耗多少资源。资源消耗有以下两个最常用的度量。

总代价是指查询处理过程中所有时间因素的总和。这个总代价就是发生在各个站点处理查询操作所花费的时间加上各站点间传输通信的时间的总和，即：

$$Total\_time = T(CPU) \times insts + T(I/O) \times I/Os + T(MSG) \times msgs + T(TR) \times bytes \qquad （3.6）$$

insts 是访问内存的总指令数，I/Os 是访问磁盘的总指令数，msgs 是消息总数，bytes 是所有传输数据的字节数。其中 CPU 开销来自对内存数据的操作；I/O 开销来自对访问磁盘的操作；而通信开销来自式（3.6）的后两部分：$T(MSG)$ 是消息发出到消息接收完成的时间，$T(TR)$ 是单位数据从一个站点传输到另一个站点所需的时间。这里的单位数据用字节来度量，但是也可以采用其他单位（例如包）。$T(TR)$ 受到网络的影响，一般假设为常量，但是在广域网中，由于站点间距离远近差距可能较大，数值会有所波动。

响应时间是指完成查询所经过的时间。考虑到分布式数据库系统中的数据查询操作可以在不同站点上并行执行，查询的响应时间可能会小于总代价。一个通用的响应时间公式是：

$$Response\_time = T(CPU) \times seq\_insts + T(I/O) \times seq\_I/Os + T(MSG) \times$$
$$seq\_msgs + T(TR) \times seq\_bytes \qquad (3.7)$$

seq_x 表示串行完成查询所需的最大数量，x 可以是指令（insts）、消息（msgs）或者字节（bytes）。

由上述公式可以看出，总体来说，影响总代价的访存操作、I/O 操作和站点间通信一定程度上也影响着响应时间。但是两者间并不是同增同减的单调关系，增加执行的并行度可以最小化响应时间，却可能导致全部时间的增加。这是由于并行度的增加会产生更多的并行本地处理时间和传输。

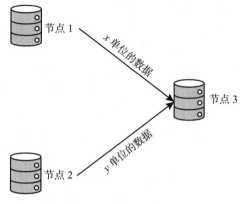

为了区分总代价和响应时间，请看以下例子，例子中由节点 3 发出查询需求，所需查询数据来自节点 1 和节点 2，如图 3-11 所示。于是，节点 1 将 x 单位的数据传输到节点 3，节点 2 把 y 单位的数据传输到节点 3。此例中，为简单起见，不考虑 CPU 代价和 I/O 代价。

图 3-11　数据传输图

查询的全部时间 Total_time 是：

$$Total\_time = 2T(MSG) + T(TR) \times (x + y)$$

由于传输可以并行完成，查询的响应时间 Response_time：

$$Response\_time = \max\{T(MSG) + T(TR) \times x, T(MSG) + T(TR) \times y\}$$

从以上可以看出，无论用什么指标来衡量分布式系统的查询代价，都离不开 CPU、I/O 和通信代价。但是这三种代价对总查询代价的贡献率随着环境的不同有所变化。在早期的分布式数据库系统中，由于各站点间通信较慢，本地查询耗时比通信时间少太多，因此往往会忽略本地开销，也就是 CPU 和 I/O 消耗。而随着通信技术的发展，我们拥有快得多的通信网络，通信开销与本地开销开始趋于相近。因此需要改变三种代价成分对于总代价的贡献程度，以此更精准地衡量系统查询总代价。

总之，最小化总代价意味着提高系统资源的利用率，最小化响应时间意味着追求更高的并行度。在实际应用中，我们常常希望取得系统资源利用率和并行度的同时提高，因此会利用加权将总代价和响应时间结合起来优化，取得折中策略。

3.2.2　分布式查询优化的基本方法

在分布式数据库系统中，查询优化包括两个内容：一是局部处理优化，另一个是全局策略优化。

局部处理优化指的是优化查询转化，即以更优的顺序执行关系操作。分布式数据库系统中的局部查询类似于集中式数据库中的本地查询。因此，我们可以使用集中式数据库优化策略来优化分布式数据库中的局部处理过程。在高速局域网中，分布式数据库的数据传输时间比局部处理时间要短得多，局部处理优化显得尤为关键。

全局策略优化指的是优化查询映射，以一系列高效算法访问各种设备和实现关系操作，优化与片段、基数以及接连顺序等有关的特征。

3.2.3 局部处理优化

在多数优化机制中，比较传统的就是基于关系代数等价变换的查询优化。我们知道，关系查询处理程序通常把关系演算表达式（高级的查询语句，例如 SQL）转换成等价的关系代数表达式。而一个关系演算表达式可以有很多等价且正确的关系代数转换，每种转化方式带来的系统开销都不完全一致，甚至差异巨大。因此我们可以考虑基于关系代数的等价变换选择资源消耗最小的策略。

问题在于如何在保证关系代数等价的前提下，尽量降低系统开销。方法通常是先构建关系表达树，然后根据关系代数的等价变换规则来进行优化。这与集中式数据库的查询优化有相似之处，但是分布式数据库的不同之处在于其可以利用数据分片机制，使查询在一些片段上进行，而不是传输一些无用数据。本节首先简单介绍分片的基本方法，然后列举一些常用的关系代数等价规则，并通过几个例子说明两者之间如何结合使用优化查询。

数据分片有以下三种基本方法，它们是通过关系代数的基本运算来实现的。

- 水平分片：将全局关系执行选择操作，把具有相同性质的元组进行分组，构成若干个互不相交的子集。
- 垂直分片：将全局关系执行投影操作，得到若干个子集。全局关系的每一个属性至少映射到一个垂直片段中，而且每一个垂直片段都包含该全局关系的键。通过对这些片段执行连接操作可以恢复全局关系。
- 混合分片：交替使用水平分片和垂直分片。

对关系代数进行转化有以下四个常用的规则。

- 谨慎笛卡儿积操作。在查询过程中，最花费时间和空间的运算就是笛卡儿积和连接操作，要尽可能最后做这两个操作，并且避免直接做笛卡儿积，可以把笛卡儿积操作之前和之后的一连串选择和投影合并到一起做。
- 尽早投影。尽早投影是指尽可能早地执行投影操作。它能过滤掉无用的列数据，减少中间信息的传递。
- 条件下推。条件下推是指将选择条件等价地放置到较早执行的算子中。它将全局查询转化成局部查询，先进行局部的选择操作，筛选掉无用的中间信息再继续后续的连接操作。
- 子查询消除。子查询是指查询语句中 from 后面的子查询模块，在分布式数据库中通常意味着额外的执行线程或者流水线、额外的数据内存、执行数间的数据传输等开销。子查询消除将子查询直接"嵌入"到父查询，避免了不必要的开销，是一种局部处理优化手段。

下面利用两个例子来说明分布式数据库系统如何结合数据分片通过关系代数的变换规则对查询进行优化。

例 1 有两张表 S(Sid, Sname, Age, Sex) 和 SC(Sid, Cid, Grade)，其中 S 和 SC 都采用水平分片，如图 3-12 所示。用户查询语句如程序清单 3.1 所示。

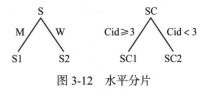

图 3-12 水平分片

程序清单 3.1 水平分片

```
1   SELECT distinct Sname
2   FROM S,SC
3   WHERE S.Sid = SC.Sid and Sex = 'M' and Grade > 90;
```

首先将用户查询语句转化成关系表达式 $\prod_{Sname}(\sigma_{Sex='M' \wedge Grade > 90}(\sigma_{S.Sid = SC.Sid}(S \times SC)))$，其次把关系代数式转化成查询树进行优化，如图 3-13 所示。

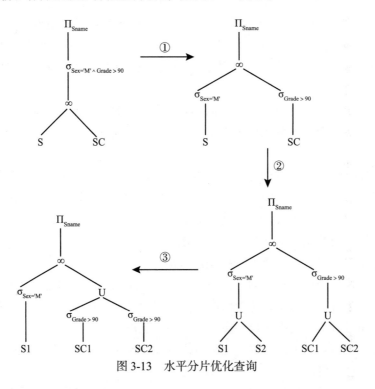

图 3-13 水平分片优化查询

例 2 有全局关系 EMP(Eid, Ename, Sal, Dept, Dname)，采取垂直分片，如图 3-14 所示。用户查询语句如程序清单 3.2 所示。

程序清单 3.2　垂直分片

```
1    SELECT Ename,Sal
2    FROM EMP;
```

图 3-14　垂直分片

首先将用户查询语句转化成关系表达式 $\prod_{Ename,\ Sal}(EMP)$，其次把关系代数式转化成查询树进行优化，如图 3-15 所示。

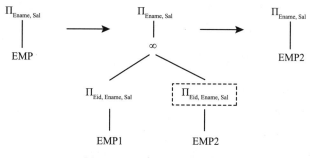

图 3-15　垂直分片优化查询

总的来说，优化算法首先利用关系代数变化规则，将查询树中的条件选择和投影尽可能下推到片段，将连接和合并操作尽可能上提，也就是延后执行。接着判断数据的分片方式，利用水平分片去除条件矛盾的片段操作，利用垂直分片去除与投影操作无关的属性数据，从而减少中间数据的产生，达到优化查询的目的。

3.2.4　基于直接连接的多连接查询优化

半连接操作倾向于通过减少网络上的数据传输量提高查询速度，但是会造成通信次数的增加以及本地处理时间的增加。而在高速局域网下，数据在站点间的传输时间通常要比局部处理时间短，所以减少局部时间就成为查询优化的关键问题，在这种情况下采用直接连接算法的效果会比较好，下面介绍三种基于直接连接优化的代表性算法。

		站点	
		S_1	S_2
关系	R_1	F_{11}	F_{12}
	R_2	F_{21}	F_{22}

图 3-16　站点依赖

站点依赖优化算法的定义是：设 $R_i[A]$、$R_j[A]$、$S_i[A]$、$S_j[A]$ 分别表示关系 R、S 在站点 i、j 的 A 属性上的取值。若对于 $i \neq j$，有 $R_i[A] \cap S_j[A] = \varnothing$，则称关系 R 和 S 在属性 A 上站点依赖，如图 3-16 所示。

性质：若关系 R 和 S 在属性 A 上站点依赖，则：

$$R\bowtie S=\bigcup(R_i\bowtie S_i)\qquad\qquad(3.8)$$

通俗来说，站点依赖算法就是把大关系的连接运算分成各个站点上片段的连接运算，最后再对这些片段的连接运算结果取一个并集。该算法成立的条件是：在自然连接属性 A 上投影的交集一定是空集，即满足以下四个条件：

- $\prod_A(F_{11})\cap\prod_A(F_{12})=\varnothing$
- $\prod_A(F_{21})\cap\prod_A(F_{22})=\varnothing$
- $\prod_A(F_{11})\cap\prod_A(F_{22})=\varnothing$
- $\prod_A(F_{12})\cap\prod_A(F_{21})=\varnothing$

根据上面结论，有以下推论：

- 如果 R 和 S 在属性 A 上站点依赖，$B\supseteq A$，则 R 和 S 在属性 B 上站点依赖。
- 如果 R 和 S 在属性 A 上站点依赖，S 和 T 在属性 B 上站点依赖，则：

$$R\bowtie S\bowtie T=\bigcup(R_i\bowtie S_i\bowtie T_i)\qquad\qquad(3.9)$$

由性质 3.9，我们可以实现多个关系的连接运算。

使用站点依赖算法实现直接连接运算的优点主要有以下三点：

- 无数据传送。由于各站点中存在需要连接的不同关系的数据，因此只需要直接向各个站点的数据发布执行命令即可。即使有数据传送，也只有运算结果的传送。
- 可进行并行计算。各个站点之间运算没有干扰，只需最后将结果收集求并运算。
- 可利用本地索引提高效率。

分片复制优化算法的原理是：选择一组站点，将查询中某一个关系的所有片段分布到这些站点上，然后把查询中的其余关系复制到每一个选定的站点上。

假设有两个站点 S_1 和 S_2 以及两个关系 R_1 和 R_2（均包含 A 属性）。其中 R_1 被分成两部分分别存放在 S_1 和 S_2 上，R_2 也被分为两部分分别存放在 S_1 和 S_2 上，如图 3-17 所示。

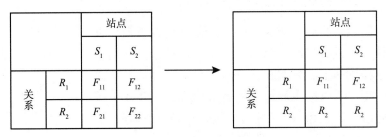

图 3-17　站点依赖与分片复制

如果对两个关系 R_1 和 R_2 在属性 A 上进行连接操作。第一种方案可以让 R_1 保持分片状态，R_2 保持完整状态，则处理方式为：将片段 F_{21} 复制到站点 S_2，与 F_{22} 合并得到 R_2；将片段 F_{22} 复制到站点 S_1，与 F_{21} 合并得到 R_2，然后分别在站点 S_1 和 S_2 做连接运算。反过来第二种处理方式可以让 R_2 保持分片状态，R_1 保持完整状态，计算方式同第一种方案类似。

设各个片段的大小为：$|F_{11}| = 50, |F_{12}| = 50, |F_{21}| = 100, |F_{22}| = 200$。设数据通信代价为 $C(x) = x$，本地并运算代价为 $U(x_1, x_2) = 2(x_1 + x_2)$，本地连接代价为 $J(x_1, x_2) = 5(x_1 + x_2)$。

假设 R_1 保持分片状态。站点 S_1 上的代价消耗包含以下几个部分：首先传输 F_{22} 消耗 200，其次 $F_{21} \cup F_{22}$ 消耗 2*(100+200) 即 600，最后 $F_{11} \infty (F_{21} \cup F_{22})$ 消耗 5*(50+300) 即 1750。因此最终消耗 FT $(Q, S_1, R_1) = 2550$。站点 S_2 上的代价消耗包含以下几个部分：首先传输 F_{21} 消耗 100，其次 $F_{21} \cup F_{22}$ 消耗 2*(100+200) 即 600，最后 $F_{12} \infty (F_{21} \cup F_{22})$ 消耗 5*(50+300) 即 1750。因此最终消耗 FT $(Q, S_2, R_1) = 2450$。由于两个站点运算可以并行进行，总代价取两站点中消耗的最大值，因此最终的总代价为 2550。

假设 R_2 保持分片状态。站点 S_1 上的代价消耗包含以下几个部分：首先传输 F_{12} 消耗 50，其次 $F_{11} \cup F_{12}$ 消耗 2*(50+50) 即 200，最后 $F_{21} \infty (F_{11} \cup F_{12})$ 消耗 5*(100+100) 即 1000。因此最终消耗 FT $(Q, S_1, R_2) = 1250$。站点 S_2 上的代价消耗包含以下几个部分：首先传输 F_{11} 消耗 50，其次 $F_{11} \cup F_{12}$ 消耗 2*(50+50)，最后 $F_{22} \infty (F_{11} \cup F_{12})$ 消耗 5*(200+100) 即 1500。因此最终消耗 FT $(Q, S_2, R_2) = 1750$。由于两个站点运算可以并行进行，总代价取两站点中消耗的最大值，因此最终的总代价为 1750。

两种不同分片方式中，使 R_2 分片能得出更少的总代价。综上，选择令 R_2 保持分片状态。

在传统的分布式数据库系统中，数据很难满足站点依赖这种数据无冗余的条件。因此当查询不能在无数据传送方式下处理时，可采用分片复制算法。该方法虽然有一定的数据冗余，但是实际的使用覆盖面更广。

使用分片复制算法的优点主要有以下两点：

- 可进行并行计算。
- 在一定程度上可利用本地索引。例如在片段上建立索引，或者在局部上为每一个关系的副本建立一个索引等。

Hash 划分优化算法大致思想是选择一个合适的 Hash 函数，然后对关系的某一属性或者属性集的元组值应用 Hash 函数，将具有相同 Hash 结果的元组放在同一个站点中，这样就能轻易得到相应关系的水平片段。

当进行多关系连接时，进行重 Hash 划分能提高查询速度（重 Hash 划分就是多次 Hash 划分）。对于同一属性的多关系连接 $R_1 \bowtie AR_2 \bowtie AR_3$ 进行重 Hash 划分之后与原来未进行时相比较，多关系连接可以并行执行。不用由 R_1 找 R_2 再找 R_3，R_1、R_2 和 R_1、R_3 并行进行再合并结果。除最后合并结果的时候之外，数据传输基本可以忽略；对于不同属性的多关系连接 $R_1 \infty AR_2 \infty BR_3$，这种情况有很多种考虑方式，可以先对 A 属性进行 Hash 划分，再对 A 划分的站点再对 B 属性进行划分。但在一个对 A 划分之后得到的站点中对 B 属性进行重划分时会得到关于 B 属性的不同站点位置，这时又要不停地进行数据移动，通信花费较大。因此解决此问题的重点是要尽可能避免重划分带来的通信耗费。

针对重优化问题有很多相应的解决思路，其中最常见的是 Kruskal 算法。Kruskal 算法是数据结构中常用的构造最小生成树算法。其基本思想是不断选择权值最小的边，构造无环图，直至所有节点都已连通。类比重 Hash 划分的优化问题，我们可以将两个节点间的边视为两个关系间的连接操作，把权值替换成进行重 Hash 划分的代价值，利用 Kruskal 算法进行优化。

3.2.5 基于半连接的多连接查询优化

SDD-1 查询优化算法最早起源于"爬山"算法，属于贪心算法中的一类。算法从一个初始的可行方案入手，总是选择当前代价最小方案不断进行迭代。其最大问题是可能会陷入局部最优而找不到全局最优解。

该算法主要分为基本算法和后优化算法两部分。

SDD-1 基本算法的大致思想是依据比较缩减程序的关键因素——费用、效率、收益估算，反复地获得成本小于收益的有益半连接运算并对它们进行排序。

半连接的成本是对半连接属性 A 的传输：

$$\text{Cost}\,(R \ltimes_A S) = T_{MSG} + T_{TR} * \text{size}\,(\Pi_A(S)) \tag{3.10}$$

收益则是半连接所避免的对 R 的无关元组传输：

$$\text{Benefit}\,(R \ltimes_A S) = (1 - SF_{SJ}(S.A)) * \text{size}\,(R) * T_{TR} \tag{3.11}$$

其中 SF 是选择因子，SJ 是半连接操作。

算法最后得出半连接缩减程序集合，由该集合给出最优收益执行策略，然后将所有站点的数据汇集到数据量最大的站点上做最后装配。处理过程主要包含以下三个步骤。

1）初始化：从全部关系中的半连接中生成有益的半连接集合。

2）选择有益的半连接：从有益的半连接集合中找出最有益的半连接，将其添加到执行策略中，并相应地修改被影响关系的统计值（选择因子、关系大小等）。

3）选择组装场地：不断重复第 2 步，直到所有有益的半连接加入执行策略中，关系经上面步骤缩减后，选择存储数据量最大的站点进行组装。

SDD-1 后优化算法是通过修正 SDD-1 基本算法所得解而取得更优解的一种算法，它使得到的最收益执行策略更合理、更节约时间，最后将所有站点得到的数据进行整合就能获取最终的查询结果。

算法的伪代码如程序清单 3.3 所示。

程序清单 3.3　SDD 算法伪代码

```
1  Input:查询图(Query Graph,QG)、关系位置、关系的统计数据
2  Output:执行策略（Execution Strategy,ES）
3  begin:
4      // 初始化
```

```
5      // 生成一个仅包含本地处理的执行计划ES
6      ES<---local-operation(QG);
7      // 初始化有益的半连接集合(beneficial semijoins,BS)
8      BS<---NULL;
9      // 从全部关系中的半连接中找到有益的半连接{SJ₁,SJ₂,...,SJₖ}
10     for each semijoin SJ in QG do:
11         if cost(SJ)<benefit(SJ) then
12             BS<---BS+SJ;
13
14     // 选择最有益半连接加入执行计划
15     while BS is not null do:
16         SJ<---most_beneficial(BS);
17         BS<---BS-SJ;
18         ES<---ES+SJ;
19         // 修改被影响关系的统计值（选择因子、关系大小等）
20         modify statistics;
21         BS<---BS-non_BS;
22         BS<---BS+new_BS;
23
24     //选择数据量最多的站点作为组装场地(assembly site,AS)
25     AS<---site i having the largest amount of datas;
26     ES<---ES+AS;
27
28     //后优化阶段
29     for each relation Rᵢ at AS do
30         for each semijoin SJ of Rᵢ by Rⱼ do
31             if cost(ES)>cost(ES-SJ) then
32                 ES<---ES-SJ
33 end
```

3.3 关系连接算法

在 3.1 节和 3.2 节中，主要介绍了各种算法策略在实现分布式连接查询过程中，如何减少需要进行网络传输的数据大小，从而降低通信传输开销。当涉及查询的数据通过网络传输到计算节点之后，计算节点需要对数据进行连接计算处理。在之前的示例中，为了对网络传输开销进行分析，我们统一采用嵌套循环连接算法作为连接处理的算法。但实际上，连接计算处理的实现方法有以下三种。

- 嵌套循环连接（Nested-Loop Join）算法。
- 哈希连接（Hash Join）算法。
- 排序归并连接（Sort-Merge Join）算法。

三种实现算法都有其特定的应用场景，根据实际情况判断合适的连接算法将提升连接处理的效率。下面将分别介绍三种连接算法的原理与使用场景。

3.3.1 嵌套循环连接算法

嵌套循环连接算法的基本思想是将一个连接输入用作外部输入表（显示为图形执行计划中的顶端输入），将另一个连接输入用作内部（底端）输入表。外部循环逐行消耗外部输入表，内部循环为每个外部行执行，在内部输入表中搜索匹配行。最简单的情况是，搜索时扫描整个表或索引；这称为单纯嵌套循环连接。如果搜索时使用索引，则称为索引嵌套循环连接。如果将索引生成为查询计划的一部分（并在查询完成后立即将索引破坏），则称为临时索引嵌套循环连接。伪代码表示如程序清单 3.4 所示。

程序清单 3.4　嵌套循环连接算法

```
1   for each row R1 in the outer table
2       for each row R2 in the inner table
3       if R1 joins with R2
4           return (R1, R2)
```

嵌套循环连接算法适用于内部输入表的记录数小于 1000 条或内部输入表具有有效访问方法，同时索引选择性较好的时候。

嵌套循环连接算法常执行 Inner Join（内部连接）、Left Outer Join（左外部连接）、Left Semi Join（左半部连接）和 Left Anti Semi Join（左反半部连接）逻辑操作。

嵌套循环连接算法通常使用索引在内部表中搜索外部表的每一行。Microsoft SQL Server 根据预计的开销决定是否对外部输入进行排序来改变内部输入索引的搜索位置。

将基于所执行的逻辑操作返回所有满足 Argument 列内的（可选）谓词的行。

由上述嵌套循环连接算法的伪代码所示，内层关系中的每条元组记录都与外层关系中的每条元组记录进行匹配比较。因此，嵌套循环算法的时间复杂度为 $O(n \times m)$。当内外层的关系表中元组记录数量非常大时，其连接计算效率也会降低。以下提出两种优化版本的嵌套循环连接算法。

索引嵌套循环连接（Index Nested-Loop Join）算法

嵌套循环连接算法中的内层表基于连接属性建立索引，内循环可以直接使用索引查找代替内循环的循环扫描。如图 3-18 所示，通过外层关系表连接匹配条件直接与内层关系表索引进行匹配，再通过内层表索引找到相应的元组数据进行匹配，从而减少对内层表的匹配计算次数，提升嵌套循环连接算法的效率。如式（3.12）所示，索引嵌套循环连接算法相比较嵌套循环连接算法，通过索引树结构降低了连接匹配中内层循环的次数，从而减少了时间开销。

嵌套循环连接算法连接匹配次数 = 外层表记录数 × 内层表记录数

索引嵌套循环连接算法连接匹配次数 = 外层表记录数 × 内层表索引树的高度　　（3.12）

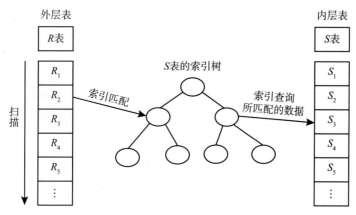

图 3-18 索引嵌套循环连接算法

块嵌套循环连接（Block Nested-Loop Join）算法

将外层表中多条记录一次性加载到连接缓冲区（Join Buffer），之后使用缓冲区中的数据批量与内层表的数据进行匹配，从而减少内层表循环扫描的次数。如图 3-19 所示，在执行连接计算前，预先在内存中申请一块固定大小的内存作为连接缓冲区。之根据内存大小，从外层表中加载一定数量的记录到缓冲区中，之后在内层表进行循环扫描的过程中，一次性和多条外层表的记录进行匹配，从而降低内层表重复加载到内存中进行匹配的循环次数，提升嵌套循环连接算法的效率。

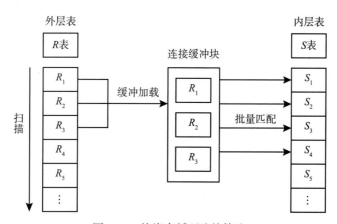

图 3-19 块嵌套循环连接算法

3.3.2 哈希连接算法

哈希连接算法的基本思想是在连接计算中根据两表中的小表（Build Input）建立一个存在于内存中的哈希表。之后，扫描另一张相对大的表（Probe Input）的每一行数据，根据连接条件去映射所创建的哈希表。这样可以快速得到对应两表的连接匹配行。目前主流的哈希连接算法一般分为三个阶段：分区阶段、哈希表构建阶段以及探查阶段。

- 分区阶段：如果哈希区域内存不足，无法将生成的哈希表完全存放在内存中。针对这种情况，引入了分区的概念，根据连接列（即 key 列）将构造输入和探测输入切分成多个分区部分。每一个分区都包括独立的、成对匹配的构建输入和探测输入。这样就将一个大的哈希连接任务切分成多个独立的互不影响的哈希连接任务进行处理。每一个分区都能够在内存中进行哈希表构建和探索匹配，通过映射完成连接计算。
- 哈希表构建阶段：构建阶段从构建输入中扫描每行元组记录，将其中连接字段的值通过散列函数计算生成散列值。之后，根据散列值对应到哈希表中的哈希表目。当整个构造输入扫描处理完毕之后，即可生成可以代表构造输入所有元组记录的哈希表。
- 探查阶段：针对探测输入中的元组记录同样进行扫描，对于元组记录中连接列的属性值，使用构建阶段相应的散列函数进行计算获取散列值，将结果映射到哈希表中搜索对应的哈希表目进行匹配连接。

哈希连接算法的伪代码如程序清单 3.5 所示。

程序清单 3.5　哈希连接算法

```
1    // 构建哈希表阶段
2    for each tuple r in R do
3        {
4            hash on join attributes r(b)
5            place tuples in hash table based on hash values
6        };
7
8    // 探查阶段
9    for each tuple s in S do
10       {
11           hash on join attributes s(a)
12           if r hashes to a nonempty bucket of hash table for R
13           then {
14               if r matches any s in bucket
15               concatenate s and r
16               place in output relation Q
17           };
18       };
```

假设有两张关系表 R 和 S 进行分区哈希连接，其中 R 表作为构造输入，S 表作为探查输入。如图 3-20 所示，分区阶段中 R 表通过散列函数 H_1 计算被切分成 R_1、R_2、R_3、R_4 四个分区。之后，针对每个分区使用散列函数 H_2 在内存中构建各个分区上的哈希表。同样，我们需要对 S 表进行分区处理，使用哈希函数 H_1 将数据切分成 S_1、S_2、S_3、S_4 四个分区。最后，对个 S 表的各个数据分区使用与 R 表相同的哈希函数 H_2 进行数据探查，完成连接匹配计算。

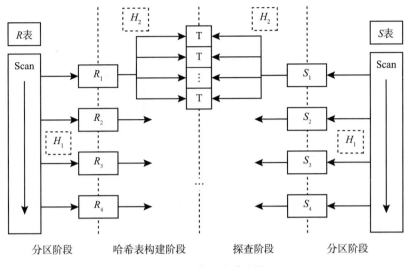

图 3-20 分区哈希连接

哈希连接算法的性能主要取决于哈希函数的设计。如果是一个合适的哈希函数，每当一个元组从探查输入关系散列到哈希表的非空条目中，就可以连接匹配一组元组记录。其时间复杂度为 $O(n+m)$，每一个关系表只需要扫描一次进行哈希处理判断。相较之下，使用不合适的哈希函数基于构建输入搭建哈希表会造成多次哈希冲突，哈希冲突导致探查阶段每一个元组散列到哈希表的非空条目之中，还需要进行额外的判断处理，查看连接列是否匹配，从而降低哈希连接算法的效率。

哈希连接算法适用于处理的两个表数据量差别很大的情况。但需要注意上述问题，如果构造输入数据量过大，生成的哈希表太大将无法一次构造在内存中，则需要分成若干个分区进行哈希连接。分区操作又会引入额外的 I/O 开销从而降低连接计算处理效率。因此，是否选择哈希连接算法，计算节点硬件资源，尤其是内存也是重要的影响因素。

3.3.3 排序归并连接算法

排序归并连接算法是数据库系统中采用排序进行关系连接的算法。该算法首先基于连接属性对两个关系表中的元组数据进行排序，之后进行顺序扫描，寻找符合连接条件的元组进行合并。

排序归并连接算法的工作流程如图 3-21 所示，计算节点对 R 表与 S 表的数据进行排序。之后，再对排序后的数据进行归并连接处理得到结果集。图 3-22 是一个简单的归并连接示例，R 表与 S 表中的元组数据排序处理之后，按照升序进行连接操作，满足连接条件的就会在结果集中生成新的元组。排序归并连接算法对每张表完成排序之后的数据只扫描一次，当其中一张表扫描结束后，连接操作也停止，无须对另一张表剩余的数据继续进行扫描。排序归并连接算法的伪代码如程序清单 3.6 所示。

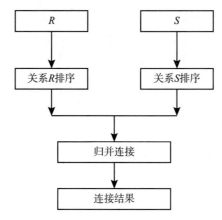

图 3-21　排序归并连接算法流程

程序清单 3.6　排序归并连接算法

```
1    // 排序阶段
2    sort R on r(a);
3    sort S on s(b);
4
5    // 归并阶段
6    read first tuple from R;
7    read first tuple from S;
8    for each tuple r do
9    {
10       while s(b) < r(a)
11       read next tuple from S;
12       if r(a) = s(b) then
13          join r and s
14          place in output relation Q
15   };
```

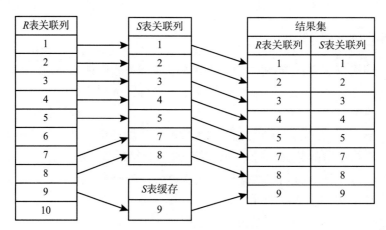

图 3-22　归并连接操作

排序归并连接算法的处理开销主要取决于排序阶段和归并阶段。如果涉及连接处理的关系表事先已经基于连接属性完成排序，该算法的效率比使用嵌套循环连接算法进行暴力求解的效率高。因为，连接计算过程中每一个关系表只需要扫描一次进行归并连接操作。如果所涉及的关系表未进行排序处理，则排序归并连接算法的主要开销来源于对关系表基于连接列的排序处理开销，时间复杂度通常为 $O(n \log n)$，即排序算法的时间复杂度。

排序归并连接算法通常用于数据表没有索引但是数据已经排序的情况。通常哈希连接算法的效率比排序归并连接算法要高，但是在表行源已经完成排序，则之后再使用排序合并连接时无须进行排序，因此性能效率会高于哈希连接算法。

3.4 本章小结

本章主要介绍了分布式查询处理过程。在分布式存储环境下，由于关系表数据根据一定规则存储于不同的物理节点上，查询处理过程需要将涉及处理的数据统一收集到某一节点上完成计算，从而引入额外的网络传输开销。分布式查询过程主要可以分为以下几步：本地节点中涉及查询的关系表数据提取和筛选、数据经序列化打包进行网络传输、相应节点接收传输数据、接收节点整合查询数据完成查询计算。

针对数据网络传输，3.1 节中介绍了三种算法策略实现相异节点的数据传输的流程和开销。其中直接连接算法将涉及连接处理的关系数据表统一传输到计算节点进行连接处理计算。该算法的实现过程非常简单，但关系表中的数据可能存在无法连接匹配的元组记录，从而造成无效的网络传输开销。为解决这一问题，半连接算法被提出作为过滤器，针对连接计算中某一张表的连接列进行投影生成数据集，并将其传递至另一节点上，通过该连接列的数据集对另一张参与连接计算的关系表进行过滤，筛选出能够参与匹配连接的元组，从而避免无效传输开销。但需要注意的是，只有满足式（3.4），半连接算法相较于直接连接算法才更高效。为了进一步优化半连接算法，我们介绍了用布隆过滤器替代连接列的投影值集作为过滤器，从而降低网络传输中的数据量。但由于使用布隆过滤器，判断结果中存在假阳性案例结果，我们需要根据所需表示数据量大小选择合适的位数组和散列函数。

3.2 节主要介绍分布式查询优化的不同策略。我们首先分析了影响分布式系统查询代价的几个因素：CPU 开销、I/O 开销和通信开销。而后引出两个常用于衡量分布式系统查询代价的指标：处理总开销和响应时间。处理总开销意味着系统资源的利用率，响应时间意味着系统运行的并行度。我们在实际应用中常将处理总开销和响应时间施加不同权重结合起来优化，以取得系统资源利用率和并行度的同时提高。其次介绍了优化查询的两部分内容：一部分是局部处理优化，列举了部分常用于优化查询转化的关系代数变化规则；另一部分是全局策略优化，重点介绍三种基于直接连接优化的代表性算法——站点依赖、分片复制、Hash 划分优化算法以及一种基于半连接的优化算法——SDD-1 查询优化算法。

在连接计算方面，3.3 节中介绍了多种连接处理算法，针对不同关系数据的特性以及索引结构，选择合适的算法将提升连接计算的性能。嵌套循环连接算法将两张关系表分别作为外部输入表和内部输入表进行两层循环匹配连接处理。哈希连接算法则适用于所处理的两个表数据量差别很大的情况。先根据相对小表在内存中构建哈希表，之后，对相对大的表进行扫描，根据连接条件映射到哈希表中进行快速连接匹配。排序归并连接算法首先基于连接属性对两张关系表进行排序，再进行顺序扫描，对符合连接条件的元组数据进行合并连接。在数据表已完成排序的情况下，排序归并连接算法可以极大提升连接处理效率。

在分布式环境下，连接处理过程涉及多个因素，导致问题复杂难以理解，但可以将问题分成多个容易理解的子问题进行处理分析，逐一针对每一个子问题中涉及的需求环境，选择合适的算法策略实现优化分布式查询处理过程，从而降低分布式查询处理开销。

CHAPTER4

第 **4** 章

分布式环境下的事务处理

事务和数据服务密不可分，在谈论关于数据服务的相关内容时，往往都需要理解事务的概念。分布式环境下的事务处理机制更具有特殊性，本章将介绍各种类型的事务及其相关特性，并从原子提交和并发控制两个角度让读者体会事务的细节，感受分布式事务在分布式系统中的作用。

在学习分布式数据库事务之前，我们需要先理解什么是数据库事务。首先设想如图 4-1 所示的银行业务场景：T_0 时刻，A 的银行账户有 200 元的初始余额，B 的银行账户有 100 元的初始余额；A 在 T_1 时刻向 B 的银行账户转账 100 元，T_1 时刻之后，B 的余额应该显示为 200 元，A 的余额应该显示为 100 元。这是我们现实生活中认为合理的逻辑，但是在数据库系统中，应该如何定义这个转账操作的结果是合理的？并且在实际的业务系统中，软件或硬件可能随时失效，由此会引发系统崩溃或是业务上的漏洞；如果业务系统是分布式部署的，异地节点之间因为断连导致的网络分区的问题该如何解决？数据库事务正是解决这些问题的常用机制。

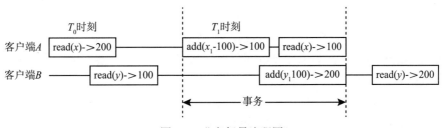

图 4-1　业务场景流程图

如图 4-1 中标注的一样，客户端 A 执行转账操作即调用 add $(x, -100)$，A 账户余额减少 100 元，客户端 B 执行操作 add $(y, 100)$，B 账户余额增加 100 元，两个同属于一个事务之中，这样可以保证在同一事务内的所有操作都是以一个整体的形态成功或失败。不存在 A 账户执行了转账操作，但 B 账户增加余额操作失败的情况；也不存在 A 账户执行转账操作失败，但 B 账户执行增加余额操作成功的情况。部分失败的情况非常复杂，导致解决部分失败的方式也比较烦琐，使用数据库事务机制可以极大地减小应用开发的难度。

4.1 深入理解事务

事务中的所有读写操作都是一个统一的执行整体，事务内的所有操作要么全部成功，要么全部失败。因为不需要处理部分失败的情况，所以可以简化事务之上的应用程序设计。在数据库事务概念还没有被厘清之前，使用数据库的程序员需要处理许多数据异常现象，为了解决这些问题，SQL 数据库查询语言规范的第三次修订（ANSI SQL-92）首次统一定义了数据库事务的隔离级别：读未提交（Read Uncommitted）、读提交（Read Committed）、可重复读（Repeated Read）以及可串行化（Serializable）。这些隔离级别是为了解决上面提到的数据异常现象而提出的，每一种级别都可以解决对应的数据异常现象，隔离级别越高说明可能出现的数据异常情况越少。

4.1.1 本地事务

本地事务（Local Transaction）也可以称为"局部事务"，其特点是单个服务使用单个数据源。比如，当你使用 JDBC 或者 SQL Server 连接数据库时，就是在创建数据库事务，但是这些事务仅仅涉及单一的数据源，所以被称为本地事务或局部事务。

本地事务是最基本的事务机制，但它具备数据库事务的基本特性，之后要介绍的全局事务和分布式事务都是基于本地事务的优化实现的。接下来我们从本地事务的角度介绍事务的相关性质，以方便大家对事物的理解。

事务状态

数据库事务主要有以下几种状态。

- 活跃（Active）：表示事务正在执行的状态。
- 部分提交（Partially Committed）：事务中最后一条语句被执行后的状态。
- 失效（Failed）：事务无法继续执行的状态。
- 中止（Aborted）：事务回滚并且数据库已经恢复到事务开始执行前的状态。
- 提交（Committed）：事务在经过部分提交状态之后，向磁盘写入数据，写完最后一条数据后，事务进入提交状态。
- 终止（Terminated）：如果一个事务是回滚进入"中止状态"或来自"已提交状态"，该事务将终止，系统将准备好接受新事务。

我们所说的事务提交就是指事务进入提交状态，而事务回滚中止就是中止状态，这两个结果最终都会进入终止状态，数据库事务状态的变化过程如图 4-2 所示。

数据库事务最先进入的状态是活跃状态，事务在执行完最后一条读或写操作之后，事务进入部分提交状态。如果事务可以完成数据持久化操作，即向磁盘上写入事务信息，最后一条信息完成之后，事务可以进入提交状态，最后会进入终止状态。

上面介绍的是成功提交事务的状态变化过程。失败事务的状态变化过程也是从活跃状态开始，如果未能完成事务所有的读写操作，或者事务完成了读写操作但是持久化操作失败，事务就会进入失效状态，此时事务无法继续执行，将会回滚进入中止状态，即事务恢复到事务开始执行前的状态，然后事务会进入终止状态。

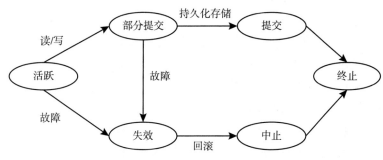

图 4-2 数据库事务状态的变化过程

ACID 属性

数据库事务的核心就是其 ACID 属性，几乎事务所有的相关研究都围绕其 ACID 属性。ACID 是四个英文单词首字母的缩写。

- Atomic（原子性）：事务内的所有操作都作为不可再分的整体执行，所以我们会对事务状态做出区分但不会对事务内操作的状态做出区分。在数据库事务的执行过程中，要么事务的所有操作全部执行成功，要么全部失败（All or Nothing）。

- Consistent（一致性）：事务执行前后的数据状态保持一致。这里所说的保持一致和数据一致性中的一致不是一个含义，事务中的一致性指数据保持的状态一致。比如在之前提到的银行转账业务中，A 账户余额和 B 账户余额的总和在转账事务前后应该保持一致。如果事务从一个合法的状态开始，那么也应该以一个合法的数据状态结束。数据状态的一致性通常由应用程序指定，对于不同的应用程序，合法的数据状态都是不一样的。

- Isolated（隔离性）：多个事务并发执行时，各个事务之间应该是相互隔离的，在自己事务结束之前不能看到对方事务的更新。当多个用户同时对同一个表进行读写时，隔离他们的事务可以确保并发事务不会相互干扰或影响。每个请求都可以像一个接一个地发生一样发生，但它们实际上是同时发生的。隔离的实现需要事物的串行执行。总之，事务不能看到其他事务的中间状态，只能看到最终完成的事务结果。事务的隔离性是事务中最重要的属性，我们将在后面进行详细的介绍。

- Durable（持久性）：确保成功执行的事务对数据所做的更改被保存，即使存在硬件或者软件方面的故障，也能保证事务对数据的更改不会消失。

ACID 事务确保了尽可能高的数据可靠性和完整性。它们确保数据不会因为只完成了部分操作而陷入不一致的状态。例如，在没有 ACID 事务的情况下，如果用户正在向数据库表写入一些数据，此时硬件发生故障，则可能只保存了部分数据。这就会导致数据库处于不一致的状态，恢复起来非常困难和耗时。对 ACID 属性细化的描述应该是：C（一致性）是目的，A（原子性）、I（隔离性）、D（持久性）是达成一致性的手段。

事务隔离级别

前面提到事务的隔离性是 ACID 属性中最重要的属性，隔离性的最终体现就是并发事务以串行化的方式执行，如果无法维持隔离性，则可能会导致数据异常现象。每种数据异常会被人们"捕获"并定义等级，一般来说，等级越高的数据异常越需要高的隔离级别。图 4-3 展示了 SQL 标准规定的事务隔离级别。

在介绍这些事务隔离级别之前，需要先介绍数据异常现象，这样读者才可以体会不同事务隔离级别的差别。

脏读（Dirty Read）。脏读顾名思义是指事务执行读操作得到的数据是不合法的，具体来说就是读取到了未提交事务的数据改变。经常被用来说明脏读现象的业务场景是票务预订系统，如果我们有一个票务预订系统，第一个客户试图在票务的可用数量为

图 4-3　SQL 标准规定的事务隔离级别

10 的时候预订一张票，在完成付款之前，第二个客户想要预订一张票，此时第二次交易将向第二个客户显示可用的票务数量为 9。其中的问题是，如果第一个客户的借记卡或钱包里没有足够的资金，那么第一次交易将会回滚，此时第二个客户发起的事务读取到的 9 个可用的座位信息被认为是脏读现象。第一个用户事务执行的伪代码如程序清单 4.1 所示。

程序清单 4.1　事务执行伪代码

```
1    BEGIN Transaction
2          Select * from Ticket WHERE ID=1;
3          Update Ticket set Available_Seat=9 WHERE ID=1;
4          Payment;
5          Rollback;
6    END Transaction
```

两个事务执行的时间线如图 4-4 所示。在第一个用户事务执行完 Update 语句后，第二个用户的事务开始执行，事务伪代码与上面的一致，但 Select 语句查询到 ID=1 的 Available_Seat 值为 9，该数据来自第一个用户未提交的事务。

不可重复读（Non-repeatable Read） 在事务 *A* 中会执行两次读同一数据项 data 的操作，在这两次读操作之间，事务 *B* 访问数据项 data，并执行更新操作修改了 data 的值，事务 *B* 完成提交。如果事务 *A* 的前后两次读操作由于事务 *B* 的更新操作

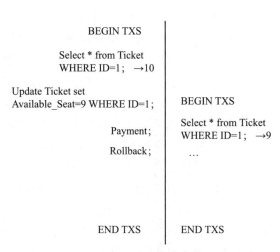

图 4-4　脏读现象示例

导致不一致，则这种现象被称为不可重复读，如图 4-5 所示。

　　幻读（Phantom Read）。幻读现象与不可重复读现象非常相似，幻读现象也是指一个事务的写入操作改变了另一个事务查询结果的现象，不过不可重复读的情况比较单一，只是针对更新操作的影响，而幻读的情况更复杂。事务 A 读取某一个范围内的所有数据并进行修改，同时事务 B 在该范围内新增一行数据，当事务 A 再次读取相同的行时，将发现一个新的"幻影"行。所以幻读主要涉及的操作是插入操作，而不可重复读主要涉及更新操作。幻读现象如图 4-6 所示，事务 T_1 在前后读取的数据范围不一致，因为事务 T_2 在 T_1 执行过程中在对应范围内执行了插入操作。

图 4-5　不可重复读现象示例

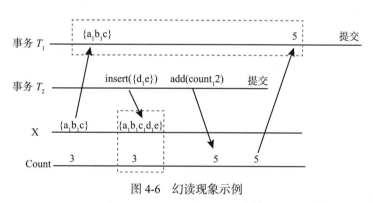

图 4-6　幻读现象示例

　　上面提到的三种异常现象来自 ANSI SQL-92 的定义，在实际业务系统中会发生更多的异常现象，文献［10］指出了 ANSI SQL-92 遗漏的一些问题，同时针对 ANSI SQL-92 的隔离级别在两阶段锁（2PL）的数据库实现下提出了更高的要求，这篇文章给出了两种解释，用 P（Phenomenon）表明可能发生异常的现象，用 A（Anomaly）表示已经发生的异常。因为 P 只是代表可能发生异常，所以也被称为扩大解释（Broad Interpretation），而 A 则称为严格解释（Strict Interpretation）。

　　在异常现象中，P1~P3 是来自 ANSI SQL-92 的异常现象，分别对应脏读、不可重复读和幻读。该论文还补充了其他的异常现象。

　　脏写（Dirty Write）。脏写是两个事务同时写一个 key 发生冲突的现象，如图 4-7 所示。如果事务 T_2 提交成功，事务 T_1 发生回滚操作，则其回滚的目标是不明确的，不知道应该回滚到初始值还是回滚到事务 T_2 成功提交的值；如果 T_1、T_2 都提交成功，有可能破坏系统的数据一致性约束条件。图 4-7 中约束情况为 $x = y$，但在事务 T_1 和 T_2 成功提交之后，破坏了数据约束，但在两个事务内部看来它们的操作是符合该约束逻辑的。

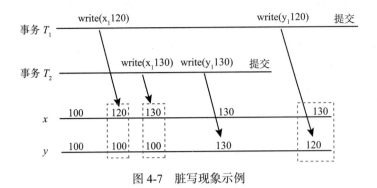

图 4-7 脏写现象示例

写丢失（Lost Update）。写丢失指事务 T_1 在尝试根据读到的数据进行写入之前，在事务 T_2 上有另外的写入操作发生在了 T_1 事务的读写操作之间，并且事务 T_2 成功提交，于是当事务 T_1 继续执行写操作的时候，就会将已经成功提交的事务 T_2 的写操作覆盖，造成事务 T_2 的写丢失。写丢失现象如图 4-8 所示，事务 T_2 的写操作丢失，即使该事务已经完成了提交。

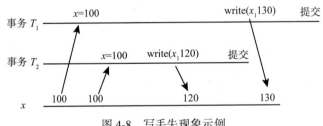

图 4-8 写丢失现象示例

游标写丢失（Cursor Lost Update）。游标（Cursor）是数据库系统的数据缓冲区，用于存放 SQL 语句的执行结果。数据库的读操作的实现可以分为两种，一种是加锁读，另一种是不加锁读。事务 T_1 执行读操作之后，游标会进行记录，如果借助锁机制对游标当前包含的数据上锁，事务 T_2 在事务 T_1 执行期间无法对该数据进行写操作，可以称该操作避免了游标写丢失现象的发生。游标写丢失现象是写丢失现象涉及游标的一种变体，示例如图 4-9 所示。

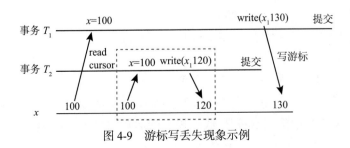

图 4-9 游标写丢失现象示例

读倾斜（Read Skew）。 读倾斜指事务读操作观察到了违反应用程序规则的数据，与不可重复读有点类似，但是读倾斜不是读取同一个 key 的数据，而是前后读取不同 key 的数据，读到的数据违反了约束。读倾斜现象示例如图 4-10 所示，整个过程和图 4-7 所示的脏写实例也很类似，但是读倾斜是读操作观察到了约束被破坏的现象（图 4-10 中数据约束指 $x = y$），所以读倾斜是已经发生的异常，而脏写只是可能发生异常的现象。

写倾斜（Write Skew）。 写倾斜是多个事务写入同一个对象时发生的异常。如图 4-11 所示，数据约束规则是 $x + y \leqslant 100$，事务 T_1 执行期间，插入执行了另一个事务 T_2，在每个事务的视角内，它们的操作都符合数据约束，但是两个事务提交之后因为写倾斜异常导致事务一致性被破坏。

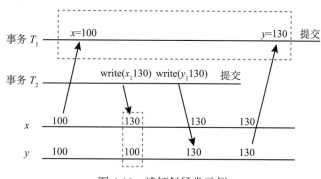

图 4-10　读倾斜异常示例

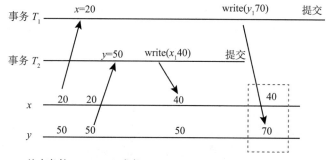

约束条件：$x + y < 100$ 或者 $x + y = 100$

图 4-11　写倾斜异常示例

以上就是数据异常现象，可以看到每种现象或异常的解决难度都不同。ANSI SQL-92 针对列出的数据异常现象（脏读、不可重复读以及幻读）提出了不同的事务隔离级别，以避免这些数据异常现象的发生。

- 读未提交
- 读提交
- 可重复读
- 可串行化

读未提交（Read Uncommitted）。读未提交，也叫未提交读，处于该隔离级别的数据库事务可以看到其他事务中未提交的数据。读未提交隔离级别因为事务可以读取到其他事务中还没有提交的数据，而未提交的数据可能会发生回滚操作，这其实就是我们在前面提到的数据异常现象：脏读。作为最低的隔离级别，读未提交无法避免 ANSI SQL-92 中提到的三种数据异常现象。

读提交（Read Committed）。因为读未提交无法避免数据异常现象，所以读提交往往被认为是最基本的事务隔离级别，它可以提供以下两个保证。

- 事务进行读取操作时，只能读取到已经完成提交的数据。
- 事务进行写入操作时，只能覆盖已经完成提交的数据。

第一个保证可以防止出现 P1 现象（脏读现象）；第二个保证可以防止出现 P0 现象（脏写现象）。

如图 4-12 所示，事务 T_2 不会读取到事务 T_1 未提交的数据，即 $x = 3$，在事务 T_1 未提交之前，事务 T_2 读取操作最终返回的值依然是旧值，即 $x = 3$。

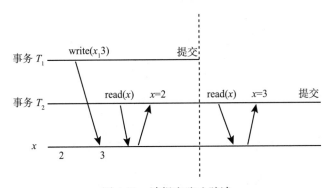

图 4-12　读提交防止脏读

当事务需要更新多个对象时，需要防止脏读，也就是最低也要使用读提交隔离级别作为系统的事务隔离级别。事务 A 更新多个对象时，一定会存在部分更新的时间段，在实际的应用系统中，这是非常常见的，比如商城购物系统，用户点击购买操作之后，系统后台可能需要同时在订单表中增加数据和修改商家库存。如果不能保证读提交隔离级别，用户可能会观察到部分更新，比如看到库存减少但没有看到订单的生成，或者生成了新的订单但没有看到库存减少，这可能会诱发用户执行一些无法预料的操作。

除了多对象更新之外，事务还有可能发生中止回滚现象，如果不能防止脏读，则另一个事务可能会读取到已经被回滚的脏数据，这些异常现象造成的后果都难以预料。

可重复读（Repeatable Read）。从图 4-12 可以看到，读提交隔离级别存在一个明显的问题，即它虽然可以防止脏读，但是无法避免之前提到的两个异常现象：不可重复读和读倾斜。不可重复读指前后读的数据不一样，读倾斜指前后的读取的数据不能满足规则约束，两者很相似，所以在一些资料中也会把这两种异常现象直接画等号。图 4-13 展示了在读提交隔离级别下，读倾斜异常的示例。

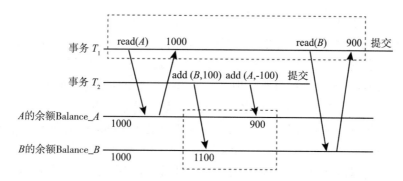

约束条件：转账之后两个余额总额不变

图 4-13 读提交隔离级别无法避免读倾斜

图 4-13 是银行转账的示例情况，A 和 B 的初始余额都为 1000 元。现在存在两个事务：A 发起一个事务 T_2 向 B 转账；同时银行数据库系统发起一个事务 T_1 查看 A 和 B 的账户余额。事务 T_1 先于事务 T_2 发起，T_1 先查看 A 的账户余额为 1000 元。事务 T_2 开始执行，转账业务首先执行业务资源的检测，总过程大致分为两步：B 的账户先增加 100 元，然后 A 的账户减少 100 元，最终 A 和 B 的账户余额可以保证满足约束（转账业务发生前后两个账户余额总额不变）。事务 T_2 提交之后，事务 T_1 继续检查 B 的账户余额为 900 元，最终在事务 T_1 的视角中，A 和 B 的账户余额不满足业务数据约束。如果使用读提交隔离级别，说明不可重复读和读倾斜是可接受的。

虽然不可重复读和读倾斜的发生并不是永久的情况，因为在下一次查看余额时可能就不会出现这种异常，但是有些业务系统不允许这种异常现象的发生，所以必须采用更高隔离级别的事务管理机制。可重复读隔离级别可以避免出现不可重复读和读倾斜的异常现象，但是无法避免幻读的情况。

可串行化（Serializable）。可串行化隔离级别是最严格的隔离级别，在 ANSI SQL-92 的规定中，可串行化可以防止出现所有并发可能导致的数据异常现象。可串行化顾名思义就是多个事务并发执行时，执行结果和这些事务串行执行的结果一样。虽然可串行化隔离级别相比于其他弱隔离级别更加安全，但是依然不能被广泛使用，主要是因为可串行化的实现方式降低了并发性能，因此如果不是特别的隔离级别要求，一般不要使用可串行化隔离级别。

目前各种数据库提供可串行化隔离级别主要有两种实现方案：

- 以串行方式执行多事务。
- 并发控制协议，如悲观并发控制协议、乐观并发控制协议以及多版本并发控制协议。

并发控制协议会在本章后面的部分进行详细介绍，接下来介绍以串行方式执行多事务实现可串行化隔离级别的方案。

以串行化方式执行多事务来实现可串行化隔离级别的想法是很朴素的，但是却很少有数据库厂商这样做，原因是什么呢？其实原因很简单，就是质疑单线程串行化的效率太低。在一个线程上按顺序执行所有的事务，每次只会运行一个事务，这样可以避免很多问题的出现，人们也不会再因为并发控制而困扰，可是单线程的执行效率自然也无法和多线程相比。但是直到最近，由于硬件设备的飞速发展，传统数据库的设计思维发生了改变，人们从 H-Store 论文中真正认识到原来单线程数据库也是有效的。

以串行执行方式实现事务可串行化隔离级别有以下背景特点。

- 内存：随着内存容量的上升，庞大的联机事务处理（Online Transaction Processing，OLTP）数据库也可以被整个放到内存中，而旧的数据库设计是面向磁盘的，所以无法充分利用内存的特点，新的数据库设计可以将内存放到比磁盘更高优先级的位置，充分利用内存的优势优化数据库。
- 多线程：假如所有数据都在内存中，那么事务的执行过程通常都比较短，因此多线程在时延、吞吐量等方面的优势并不是很大，而使用单线程还可以去掉并发控制、并发数据结构，整体架构相比于多线程架构更可靠，性能或许会更好。

现在被工业界大规模使用的内存数据库 Redis 正是使用串行方式执行事务，Redis 是一个经典的单线程数据库。在 Redis 中以 multi 开启事务状态，然后将多个命令入队到事务当中，最后由 exec 命令触发提交事务，一并执行事务中的所有命令。下面看看 Redis 是如何避免不可重复读异常现象的。

使用 multi 开启一个事务，并向事务写入操作，如程序清单 4.2 所示。

程序清单 4.2　事务添加操作

```
1  127.0.0.1:6379> multi
2  OK
3  127.0.0.1:6379> get key1
4  QUEUED
5  127.0.0.1:6379> set key1 value1
6  QUEUED
```

此时，打开另一个 Redis 客户端，修改 key1 对应的值，如程序清单 4.3 所示。

程序清单 4.3　修改 key1 的值

```
1  127.0.0.1:6379> set key1 value2
2  OK
3  127.0.0.1:6379> get key1
4  "value2"
```

回到之前的客户端提交事务，如程序清单 4.4 所示。

程序清单 4.4　执行事务

```
1  127.0.0.1:6379> exec
2  1) "value2"
3  2) OK
4  3) "value1"
```

此时可以看到发生了不可重复读异常现象，事务的三个操作会一次执行，第一次读取操作会读取到开启事务后另一个客户端发起的修改（key1 = value2），事务的第二次读取操作会读取到自己事务对 key1 的修改值（key1 = value1），此时可以发现事务两次读取同一个 key 对应的 value 是不一致的。同理，也会发生读倾斜异常。

那么 Redis 是如何避免以上数据异常现象的？要避免读倾斜或者不可重复读现象通常依靠锁的机制，事务执行读取操作时会得到对应的 key 的锁，在事务执行期间，限制其他事务对该 key 的访问，如果不限制其他事务对该 key 的访问，那么该事务就会执行失败。Redis 也实现了类似的方案。

首先使用 watch 命令在事务开始之前对事务读写的键进行监控，然后使用 multi 命令开启一个事务，并向事务写入操作，如程序清单 4.5 所示。

程序清单 4.5　watch 监控事务执行

```
1  127.0.0.1:6379> watch key1
2  OK
3  127.0.0.1:6379> multi
4  OK
5  127.0.0.1:6379> get key1
6  QUEUED
7  127.0.0.1:6379> set key1 value1
8  QUEUED
```

此时，打开另一个 Redis 客户端修改 key1 中的内容，如程序清单 4.6 所示。

程序清单 4.6　修改 key1 的值

```
1  127.0.0.1:6379> set key1 value2
2  OK
3  127.0.0.1:6379> get key1
4  "value2"
```

回到之前的客户端提交事务，如程序清单 4.7 所示。

程序清单 4.7　执行事务

```
1  127.0.0.1:6379> exec
2  (nil)
3  127.0.0.1:6379> get msg
4  "value2"
```

从上面的 Redis 事务执行情况可以看到，使用了 watch 命令的事务可以避免出现不可重复读和读倾斜现象，事务在执行期间，如果读取的键受到其他事务的影响，则该事务会终止执行。在 Redis 中，主事件循环的单线程特性确保了在事务运行时不会执行其他命令。这就确保了所有事务都是真正可串行化的，不会违反隔离级别。

ANSI SQL-92 提出的以上四种隔离级别对数据异常现象的隔离情况如表 4-1 所示。

表 4-1　隔离级别对数据异常现象的隔离情况

事务隔离级别	数据异常现象							
	P0 （脏写）	P1 （脏读）	P2 （不可重复读）	P3 （幻读）	P4C （游标写丢失）	P4 （写丢失）	A5A （读倾斜）	A5B （写倾斜）
读未提交	不可能	可能	可能	可能	可能	可能	可能	可能
读提交	不可能	不可能	可能	可能	可能	可能	可能	可能
可重复读	不可能	不可能	不可能	可能	不可能	不可能	不可能	不可能
可串行化	不可能	不可能	不可能	不可能	不可能	不可能	不可能	不可能

可串行化隔离级别可以防止所有的数据异常现象，但是 ANSI SQL-92 提出的四种隔离级别并不是所有的隔离级别，文献［10］不仅补充了数据异常现象，也提出了快照隔离级别和游标稳定性隔离级别。

快照隔离级别中每个事务都从数据库的一致性快照中读取，事务最开始能看到的数据只能是已经完成提交的数据，并且是最近一次提交的事务，这个数据被称为数据库的版本快照。如果数据随后被另外一个事务修改，但依然可以保证事务看到已经提交的事务数据。目前快照隔离级别已经在多个主流数据库中实现，如 Oracle、MySQL、PostgreSQL 等。快照隔离级别通常是由锁和多版本并发控制实现的，多版本并发控制会在后面的章节进行介绍。

事务（记为 T_1）开始的瞬间会获取一个时间戳 Start Timestamp（记为 ST），而数据库内所有数据项的每个历史版本都记录着对应的时间戳 Commit Timestamp（记为 CT）。T_1 读取的快照由所有数据项版本中那些 CT 小于 ST 且最近的历史版本构成，由于这些数据项内容只是历史版本，不会再次被写操作锁定，因此不会发生读写冲突，快照内的读操作永远不会被阻塞。

对于其他事务在 ST 之后的修改，T_1 不可见。当 T_1 提交的瞬间会获得一个 CT，并保证大于此刻数据库中已存在的任意时间戳（ST 或 CT），持久化时会将这个 CT 作为数据项的版本时间戳。T_1 的写操作也体现在 T_1 的快照中，可以被 T_1 内的读操作再次读取。当 T_1 提交后，修改会对那些持有 ST 大于 T_1 CT 的事务可见。

如果存在其他事务（T_2），其 CT 在 T_1 的运行间隔［ST，CT］之间，与 T_1 对同样的数据项进行写操作，则 T_1 中止，T_2 提交成功，这个特性被称为 First-committer-wins，可以保证不出现 Lost update。事实上，部分数据库会将其调整为 First-write-wins，将冲突判断提前到写操作，减少冲突的代价，从而阻止了写丢失（Lost Update）的出现。

游标稳定性隔离级别旨在避免出现写丢失现象，让我们回忆之前的写丢失现象：当事务 T_1 读取数据项时，T_2 更新数据项（可能基于先前的读取），然后 T_1（基于其较早的读取值）更新数据项并提交时，会发生写丢失异常。两个事务执行的时间序列为 $r_1[x]$ … $w_2[x]$ … $w_1[x]$ … c_1 (Lost Update)，游标稳定性隔离级别扩展了读提交隔离级别下对于 SQL 游标的锁行为。其提出游标上的读取操作 rc（意思是读取游标）。rc 要求在游标的当前数据项上保持长读锁，直到游标移动或关闭（可能通过提交关闭）。当然，游标上的读取事务可以更新行（wc），即使游标在随后的读取上移动，写锁也将保持在行上直到事务提交。通常来说，在游标提取数据时可能会更新行，在这种情况下会持有锁直至事务提交（即使游标移动也是如此）

事务隔离级别整体如图 4-14 所示，来自 Jepsen 官网和文献［8］。

图 4-14 中黑色部分表示可用性较低的事务隔离级别，灰色部分表示可用性较高的隔离性级别，这里所说的可用性较低是指该事务隔离级别对事务并发执行顺序有着更高的限制，所以可能会影响事务执行效率，但是保证了更高的数据准确性。图 4-14 中大部分的隔离级别已经在前面介绍了，但是还有两个隔离级别没有提及。严格可串行化（Strict Serializable）隔离级别保证了操作以原子的方式发生：事务的子操作不会与来自其他事务的子操作交错执行。单调原子视图（Monotonic Atomic View，MAV）隔离级别保证一个事务如果被另一个事务观察到，那么一定是事务的所有操作都被观察到。单调原子视图事务隔离级别存在感比较低，很少被人们提及，文献［8］对单调原子识图隔离级别的描述如下：在单调原子视图隔离级别下，一旦一个事务 T_i 的一些操作被另一个事务 T_j 观察到，那么 T_i 的所有操作都会被 T_j 观察到。也就是说，如果事务 T_j 读取事务 T_i 所写对象的一个

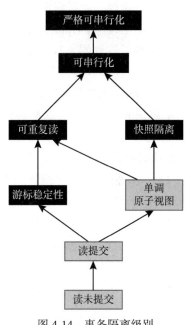

图 4-14 事务隔离级别

版本，那么 T_j 随后读取的数据就不能是由 T_i 修改的该对象的新版本的值，单调原子视图隔离级别比读提交隔离级别更高。

4.1.2 全局事务

全局事务（Global Transaction）是与本地事务相对的概念，是涉及多个数据源的事务机制。让我们回到之前提到的银行转账的业务场景，账户 A 向账户 B 转账，从实现上来看，一般可以拆分为"从账户 A 中扣钱""向账户 B 中加钱"两个操作步骤，大多数情况下两个账户会被切分到不同的数据库上，而且两个操作会是两次服务调用。这两个操作要求做到要么同时成功、要么同时失败。在电商网站上，在消费者点击购买按钮后，交易后台会进行库存检查、下单、减库存、更新订单状态等一连串的服务调用，每一个操作对应一个独立的服务，服务一般会有独立的数据库，该事务也就会涉及多个数据源。

上面提到的场景是典型的分布式事务，全局事务并不脱离于分布式事务，可以将全局事务看作分布式事务中的概念，全局事务相比于分布式事务是更狭义的概念。全局事务是 X/Open DTP 模型（X/Open Distributed Transaction Processing Model）中的事务概念，X/Open DTP 模型是一种软件体系结构模型，是名为 The Open Group 的组织提出的分布式

事务处理规范，已经成为事实上的事务模型组件的行为标准，它允许多个应用程序共享由多个资源管理器提供的资源，并允许将它们的工作协调到全局事务中。X/Open DTP 模型标识分布式事务处理环境中的关键实体，并对它们的角色和交互进行标准化。DTP 模型中包括以下实体。

- 资源管理器（Resource Manager，RM）：数据库管理系统或消息服务器管理系统，应用程序通过资源管理器对资源进行控制。
- 应用程序（Application Program，AP）：使用 DTP 模型的应用程序。
- 事务管理器（Transaction Manager，TM）：负责协调管理事务，提供给应用程序编程接口以及管理资源管理器 X/Open DTP 模型如图 4-15 所示。

X/Open DTP 模型中定义了两种协议接口：XA 协议和 TX 协议。XA 协议能在一个事务管理器和多个资源管理器之间形成通信桥梁，TX 协议是事务管理器与应用程序之间通信的接口。X/Open DTP 规范称为 XA 规范，它的目的是允许在同一事务中访问多个资源（如数据库、应用服务器、消息队列等），这样可以使 ACID 属性跨越应用程序而保持有效。XA 规范使用两阶段提交协议来保证所有资源同时提交或回滚任何特定的事务，两阶段提交协议会在后面的章节中详细介绍。

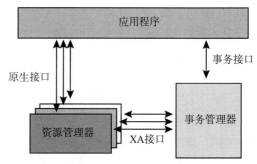

图 4-15　X/Open DTP 模型

4.1.3　分布式事务

在 4.1.2 节中，我们知道了一些分布式事务场景，也知道了 XA 规范是分布式事务处理的工业标准。本节扩展分布式事务的相关介绍，将分布式系统的一些概念与数据库事务概念相结合。

CAP 定理（详见第 1 章）是分布式系统领域内的公理，即一致性、可用性以及网络分区性三者只能满足其二，由于网络分区性是分布式系统的基本要求（除非系统可以永远保证相互通信，但这过于理想化），所以实际上分布式系统基本是在一致性和高可用性之间做取舍。

现在大多数分布式系统都是 AP 系统，即牺牲强一致性而保证高可用性的系统，于是 eBay 架构师提出了 BASE 理论针对 AP 系统对 CAP 理论进行扩展。BASE 是 Basically Avaliable（基本可用）、Soft State（软状态）和 Eventually Consistent（最终一致性）三个单词的缩写。之前的章节中也提到了 ACID 属性，即事务的原子性、一致性、隔离性和持久性保证了数据操作的安全。BASE 理论以 ACID 理论的替代品被提出，从这两个理论的名字中也可看出它们之间对立的关系。在实际开发中大部分业务很难做到强一致性，追求最终一致性才是满足大部分业务特点的，BASE 理论的核心思想就是当出现系统故障时，可以允许部分功能宕机但核心功能依然可用。BASE 理论被认为是 ACID 理论的反面，

ACID 特性对于大型分布式系统是不兼容的，比如网上购物，任何一个用户执行购物过程都会将数据库锁住，直至该用户的操作全部完成，如用户账户余额减少、商店老板账户余额增加、货物库存减少，将这些结果实时地展示给访问该购物网站的其他用户是十分困难的。基于 BASE 理论设计的系统，允许系统处于中间状态，比如展示用户信息为某个操作正在处理中，允许系统展示的数据非最新状态，虽然这可能会导致一些问题，但是在绝大多数情况下，BASE 都能极大地提高系统的可用性。4.2 节将对分布式事务的常见解决方案和分布式事务的原子提交协议做详细介绍。

4.2 原子提交协议和分布式事务解决方案

分布式事务相比于局部事务，需要更多的约束维持事务的特性。在本节中，我们将介绍在分布式环境下维持事务特性的常用方法，首先介绍分布式环境中底层架构常用的原子提交协议，然后介绍上层的分布式事务解决方案。

4.2.1 2PC 协议

在 4.1.2 节中，我们提到了 XA 规范使用两阶段提交（2 Phase Commit, 2PC）协议来保证分布式事务中的所有事务可以同时提交或者同时回滚，"所有事务……同时……"这些字眼体现了这些事务作为一个整体的原子性，事务的原子性可以防止部分失败的事务破坏系统，可以想象银行转账业务场景如果没有引入事务的概念，将会是什么样的情况。

本地事务的原子性非常易于保证，通常由数据库存储引擎来负责。客户端让数据库提交一个事务请求时，数据库首先会将这个事务的写入保存在日志中，然后再将提交记录以追加的方式写入日志。如果在这个过程中出现了意外情况，导致操作中断，则会通过回溯日志的方式（如果在系统崩溃之前提交记录已成功写入磁盘，则认为事务以及安全提交；否则会回滚事务），将已经执行成功的操作回滚或者提交，从而达到"全部操作失败 / 成功"的目的。

维持分布式事务的原子性相比维护本地事务的原子性复杂许多，因为分布式事务的异常情况更多：异地节点可能会因为网络分区导致某些事物提交请求无法到达某个数据库节点，但是其他的事务提交请求又有可能成功提交；某些数据库节点在事务提交时可能本地系统崩溃，然后在节点恢复时回滚，但是其他节点又有可能成功提交。本节介绍的 2PC 协议正是分布式事务的原子提交协议，目的是维持分布式事务的原子性。2PC 协议是分布式协调算法，是一种在多节点之间实现事务原子提交的协议，可以用来协调分布式系统中所有节点在进行事务提交时保持一致性，要么全部提交，要么全部终止。

2PC 协议执行成功过程如图 4-16 所示，执行失败回滚过程如图 4-17 所示。

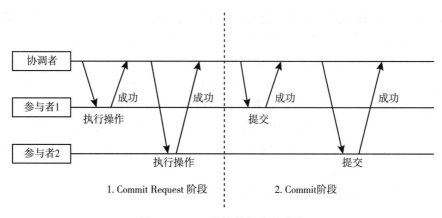

图 4-16 2PC 协议执行成功过程

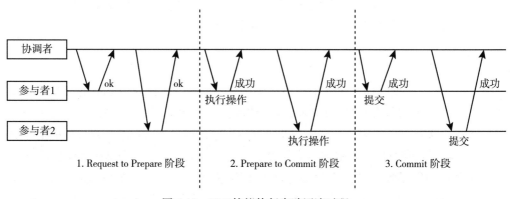

图 4-17 2PC 协议执行失败回滚过程

2PC 事务执行过程如下。

1）第一阶段 Commit Request。协调者节点（Coordinator）作为 2PC 事务的发起者向其他参与者节点（Participant）发起提交请求消息，消息内包含事务的全局 ID 以及具体的事务执行操作。在这个过程中，所有参与者节点收到来自协调者节点的提交请求消息之后，会检查自己节点内的资源是否满足执行事务要求，并将这些资源锁定。事务内包含的操作会在这个阶段执行，但是这些事务操作只会执行不会提交。如果参与者节点回复给协调者节点的消息为成功，则说明该参与者节点可以保证在任何情况下都能完成提交事务操作，并能将事务数据安全地写入磁盘。

2）第二阶段 Commit。如果第一阶段失败（协调者节点与参与者节点的通信发生了超时情况，或者协调者收到任何执行失败的消息），则协调者节点会通知所有参与者节点取消执行该事务或者回滚，无论该参与者节点是否成功执行该事务。如果所有参与者节点回复消息都为成功，则协调者将最后决定写入磁盘的事务日志中，该时刻称为提交点，用来在系统崩溃的情况下进行恢复执行操作。协调者节点将决定持久化之后，会向所有的参与者节点发送提交消息，如果在这个阶段出现了发送失败的情况，协调者节点必须一直反复执行直到所有参与者节点都收到该消息。如果参与者在执行提交的过程中发生故障，则故障被修复之后，也必须反复执行直到事务提交为止。

2PC 事务是最典型的"刚性事务"，至于为什么是刚性事务，从 2PC 事务的执行过程中也能看出来。在 2PC 事务的第一阶段，协调者节点给所有的参与者节点两个选择，一是执行该事务，二是放弃该事务。如果所有参与者节点都选择执行该事务，那么协调者就会执行提交该事务，并让所有参与者节点也进行同样的过程，2PC 要求执行该事务的目的必须达到，无论失败多少次，最终结果必须是事务完成提交。如果存在部分参与者节点选择放弃执行该事务（预留资源失败或者其他问题），那么协调者节点就不会执行该事务，同时让所有参与者节点也放弃该事务。所以也可以将 2PC 看作共识协议，即让所有节点对某个事务的决策达成共识。

2PC 事务的执行非常严格，可以顺利执行的前提如下。

- 每个节点都可以稳定存储预写日志。
- 不存在节点永远宕机的情况。
- 预写日志不会因为意外情况而被破坏。
- 不存在永远的网络分区情况。

2PC 协议简单粗暴地实现了节点对事务状态的共识，那么协议执行过程较简单的代价就是 2PC 存在以下几个问题。

- 协调者节点单点问题。在 2PC 协议执行过程中，提及节点失效的处理情况就是等待节点恢复，如果协调者节点自己崩溃了呢？这会造成很严重的后果，所有参与者节点都在等待协调者节点的命令。如图 4-18 所示，协调者节点崩溃之后，参与者节点 2 一直在等待事务的执行命令，因为单个事务在第一阶段执行后无法知道是应该继续执行还是回滚放弃。

  针对协调者节点崩溃的情况，2PC 协议常见的处理方法是使用备用节点顶替崩溃的协调者节点，通过查询各个参与者节点的状态，决定事务是否应该继续执行，向还未执行第二阶段的参与者节点发送消息。当然，可能有些人想到是否可以让参与者节点向其他参与者节点询问第一阶段的事务执行情况，再结合自身的执行情况，决定第二阶段的执行路径。这个方法是可行的，但这已经远超 2PC 协议的范畴，在之后介绍共识算法时会涉及。

- 阻塞问题。2PC 协议第一阶段执行之后，事务涉及的资源一直都是锁定状态，直到参与者节点收到协调者节点第二阶段的命令。

- 协调者节点和任意参与者节点在第二阶段崩溃。上面提到了协调者节点单点失效的问题常见的处理方法是启用备用协调者节点向其他参与者节点询问事务执行情况，以继续第二阶段的执行。但是如果备用节点启用之后无法询问到所有参与者节点，即部分参与者节点存在失效的情况，那么备用协调者节点无法得知第二阶段事务的走向，整个分布式集群的有效节点只能等待所有故障节点恢复。

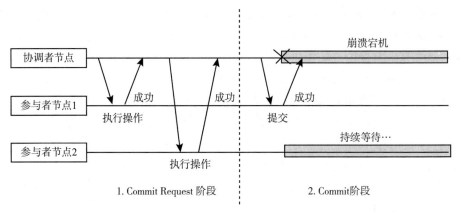

图 4-18 2PC 协议中协调者节点发生崩溃的情况

2PC 的经典工程实践——Percolator

Percolator 是谷歌在 2010 年发表的论文中介绍的分布式数据库，论文中使用的事务提交协议是基于 2PC 协议的优化改进版本，之后常用 Percolator 指代该事务提交协议。

Percolator 是基于 Bigtable 实现的支持多行事务的分布式数据库，Bigtable 是谷歌实现的分布式结构化数据存储系统。Percolator 在 Bigtable 单行事务的基础上，使用全局时间戳服务器实现了分布式多行事务。接下来，我们会详细介绍 Percolator 作为事务处理协议对 2PC 协议的优化方法。

Percolator 事务协议中包含以下三个组件。

- Client：相当于 2PC 协议中的协调者，是事务的发起者。
- TSO（Timestamp Oracle）：集群全局授时服务器，提供全局唯一且递增的时间戳。
- Bigtable：负责持久化数据的分布式存储系统。

Percolator 事务提交协议属于标准的两阶段提交，两个阶段分别为：Prewrite 和 Commit。

- Prewrite 阶段。事务开启时，Client 向 TSO 获取全局唯一的时间戳作为该事务的 start_ts。Client 向底层分布式存储系统发送 Prewrite，并设置多行事务涉及的所有数据中的第一个 Key 作为其 Primary Key，而其他 Key 都被称为 Secondary Key，每个 Secondary Key 都会记录自己对应的 Primary Key。在每行数据中都会存在用来进行事务管理的三个元数据列：lock、write 以及 data。lock 列用来存储该行数据的锁定状态，write 列用来存储事务提交信息（数据版本信息），data 列用来存储该行各版本的数据。事务涉及的每行数据会在自己的 lock 列写入事务 start_ts，并在 data 列写入新的数据并附带 start_ts，例如 5:"value2" 表示 start_ts 为 5 时写入数据为 value2。这些行的 lock 中，Primary Key 对应行的 lock 被选作为 Primary Lock，其他 lock 叫作 Secondary Lock。每个 Secondary Lock 都包含一个指向 Primary Lock 的指针。事务终止的情况：如果要写入的数据行中已经拥有一个比 start_ts 更大的版本数据（即 data 列记录的数据），此时事务需要回滚。如果要写入的数据行中

lock 列已经存在一个锁，那么事务会被直接回滚，不会等待锁被删除。

- Commit 阶段。如果在 Prewrite 阶段没有终止该事务，那么事务会进入 Commit 阶段。Client 向 TSO 获取全局唯一的时间戳作为该事务的 commit_ts。检测 lock 列 Primary Key 对应的锁是否存在，如果锁已经被其他事务清理，则事务执行失败终止。如果锁存在则以 commit_ts 作为 timestamp，以 start_ts 作为 value 写入 write 列。读操作会先读 write 列获取 start_ts，然后以 start_ts 去读取 data 列中的 value。删除 lock 列中对应的锁。上面的步骤成功执行的话，Client 可以返回事务提交成功，其他所有 Secondary Key 中的 lock 列以异步的方式重复执行上面的删除 lock、写入 write 步骤。

Percolator 协议的具体执行流程如下。

1）初始状态：在事务开始之前，两个账号 Bob、Joe 内的余额分别为 10 和 2，write 列的数据表示生效的 data 列为 timestamp 为 5 的 data。列族信息如表 4-2 所示。

2）Prewrite 阶段：转账事务开始，首先会从 TSO 中获取 start_ts 为 7，然后向 Bob 行的 lock 列写入 Primary Lock，该行是 Primary Key。列族信息如表 4-3 所示。

3）Prewrite 阶段：开始写入 Secondary Key 内的数据。事务锁定 Joe 的数据，lock 列是 Secondary Lock，会包含对 Bob 的 Primary Lock 的引用。同时向 data 列中写入数据。列族信息如表 4-4 所示。

4）Commit 阶段：在 Primary Key 内，先清除 Primary Lock，并在 write 列中使用新的 timestamp（也就是 commit_ts=8）写入一条新的记录，同时清除 lock 列中的数据。列族信息如表 4-5 所示。

5）Commit 阶段：清除 Secondary Key 中的 lock 信息，在 write 列以新的 timesta-

表 4-2 初始状态

key	data	lock	write
Bob	5: 10	5:	5:
	6:	6:	6: data@5
Joe	5: 2	5:	5:
	6:	6:	6: data@5

表 4-3 Prewrite 阶段 1

key	data	lock	write
Bob	5: 10	5:	5:
	6:	6:	6: data@5
	7: 3	7: Primary Lock	7:
Joe	5: 2	5:	5:
	6:	6:	6: data@5

表 4-4 Prewrite 阶段 2

key	data	lock	write
Bob	5: 10	5:	5:
	6:	6:	6: data@5
	7: 3	7: Primary Lock	7:
Joe	5: 2	5:	5:
	6:	6:	6: data@5
	7: 9	7: primary@Bob	7:

表 4-5 Commit 阶段 1

key	data	lock	write
Bob	5: 10	5:	5:
	6:	6:	6: data@5
	7: 3	7:	7:
	8:	8:	8: data@7
Joe	5: 2	5:	5:
	6:	6:	6: data@5
	7: 9	7: primary@Bob	7:

mp 写入新的记录，即 start_ts 对应的数据。列族信息如表 4-6 所示。

进行数据读取时，首先会获取当前读取时间戳 ts，然后检查想要读取的数据行内是否存在一个时间戳在［0，ts］范围内的锁：

表 4-6 Commit 阶段 2

key	data	lock	write
	5: 10	5:	5:
Bob	6:	6:	6: data@5
	7: 3	7:	7:
	8:	8:	8: data@7
	5: 2	5:	5:
Joe	6:	6:	6: data@5
	7:9	7:	7:
	8:	8:	8: data@7

- 如果存在一个时间戳在［0，ts］范围的锁，那么意味着当前的数据被一个比当前读取事务更早启动的事务锁定，但是当前这个事务还没有提交。因为现在无法判断这个锁定数据的事务是否会被提交，所以当前的读请求不能被满足，只能等待锁被释放之后，再继续读取数据。

- 如果没有锁或者锁的时间戳大于 ts，那么读请求可以被满足。

从 write 列中获取 [0, ts] 范围内最大的 commit_ts 的记录，根据此记录去 data 列中获取数据。例如在表 4-6 中，如果在 ts=9 时发起读取 Joe 余额数据的请求，那么首先会检查该 Key 内的 lock 是否含有锁，此时没锁，就会在 write 列内读取最大 commit_ts 的数据（data@7），读取事务就知道 data 列中 start_ts=7 的数据是最新提交的数据，为 9。

从以转账业务列举 Percolator 协议的具体执行流程可以看到，Percolator 基于 2PC 协议进行了很大程度的改进。首先协调者不再具备持久化状态，而是通过 Primary Key 的概念将事务执行过程涉及的第一行数据作为 Primary Key，通过这个 Key 来记录本次事务的状态，而其他 Key 会记录自己所绑定的 Primary Key。Percolator 引入多版本控制的方法，每个 Key 内都会记录之前事务的执行状态，方便事务执行失败回滚。在事务执行过程中，如果协调者宕机，那么其他参与者可以通过查询 Primary Key 中保存的事务状态（也就是write 列）来决定回滚或提交本地的修改。

Percolator 依然存在一些原始 2PC 协议的局限性，比如阻塞问题。Percolator 在执行 Commit 阶段时，所有 Secondary Key 依然要等待 Primary Key 完成提交持久化数据操作，无法避免这个阶段的阻塞延迟。

4.2.2 3PC 协议

两阶段提交协议中的节点在第一阶段向协调者回复操作准备成功后，其资源一直都是锁定状态，直到该节点接收到协调者的提交或回滚指令，所以两阶段提交协议也被称为阻塞式原子提交协议。三阶段提交（3 Phase Commit, 3PC）协议是对 2PC 的改进，对故障具有更好的恢复能力。3PC 将 2PC 的第一阶段 Commit Request 阶段拆分为请求准备阶段（Request to Prepare Phase）和准备提交阶段（Prepare to Commit Phase）两个阶段，并且在各个阶段引入了超时处理逻辑，以解决 2PC 中由于单节点故障引发的资源锁定问题。3PC 协议执行过程如图 4-19 所示。

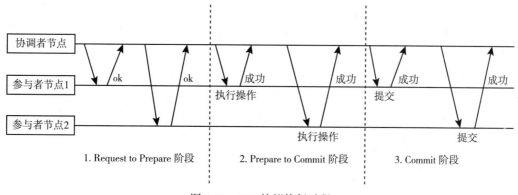

图 4-19 3PC 协议执行过程

3PC 事务执行过程如下。

1）Request to Prepare 阶段：协调者节点在这个阶段询问所有参与者节点是否可以执行事务操作，如果全部返回 ok，则事务可以顺利执行；如果某个参与者节点不能完成准备工作，则事务终止执行。

2）Prepare to Commit 阶段：协调者节点在第一阶段收到了所有参与者节点准备成功的回复后，可以进入该阶段，所有参与者节点会在该阶段执行 2PC 中第一阶段所做的事，即写预写日志、锁定资源、执行事务但不提交，然后回复执行成功的消息给协调者节点。如果在执行过程中，存在某个节点执行以上过程中出现失败的情况，则会终止事务的执行。

3）Commit 阶段：如果所有参与者节点在第二阶段都执行成功，那么事务就会进入第三阶段执行 Commit 操作。协调者节点向所有的参与者节点发起提交指令，所有参与者节点提交之前执行的事务，释放锁定的资源，然后向协调者节点回复成功消息。协调者节点收到所有参与者节点的确认消息后，事务提交完成。如果该阶段存在节点崩溃的情况，则会等待恢复后完成事务的提交。

3PC 协议的运行流程和 2PC 协议非常相像，只不过在 2PC 的第一阶段增加了一个阶段，询问所有节点是否准备好执行该事务。那么增加请求准备阶段的作用是什么呢？因为 2PC 协议中第一阶段的任务负载太大，在这个阶段可能会因为很多突发情况导致节点执行失败，如果出现一些节点中资源被别的事务占用的情况，那么其他参与者节点所做的工作就相当于无用功。在执行事务阶段之前，先询问所有节点能不能执行，这样可以大大减小某个参与者节点出现崩溃而导致整个集群事务回滚的概率。

3PC 因为降低了事务失败回滚的概率，所以如果在第二阶段出现协调者节点崩溃的问题，那么所有参与者节点会根据提前设置的超时时间默认提交事务，而不是和 2PC 协议中的持续等待一样处理。所以在某种意义上来说，3PC 缓解了 2PC 中协调者节点单点故障问题。所以 3PC 协议也被认为是非阻塞协议，它不会永远地锁定资源，能够在单点故障后继续完成事务提交。

3PC 也存在明显的缺陷。上面提到的默认执行事务提交操作为 3PC 协议增加了数据不一致的风险，因为在实际的系统中，网络分区问题无法避免，所以如果协调者节点的终止事务指令因为网络延迟的问题长时间无法送至参与者节点，那么参与者节点就会认为是协调者节点发生故障，以默认的方式提交事务，但是有些参与者节点又正常收到了事务终止的指令，此时事务的执行状态就产生了不一致的情况，最终导致数据不一致。除了数据不一致的问题之外，3PC 因为额外增加了一个通信流程，所以相比 2PC 协议增加了事务延迟，因此目前被广泛使用的还是 2PC 协议。

4.2.3　Best Efforts 1 PC 事务

之前介绍的 2PC 协议和 3PC 协议都是在底层分布式事务基础架构上运行的协议，并不会涉及上层所使用的具体技术。在本节中，我们会介绍最大努力一阶段提交（Best Efforts 1 Phase Commit）事务，这是和 2PC 和 3PC 协议完全不同的事务执行模式，但是与这两种协议有着相似之处。

从"一阶段提交"可以看出，从某种意义上来说这是对原始 2PC 操作的简化操作，并且在最大努力一阶段提交模式下各参与事务的资源管理器之间没有事务管理器的协调，直接按顺序执行对参与资源的提交。在这种模式下，当对某资源的操作在业务处理中出现错误且没有进行过对任何资源的提交时，可以对所有资源进行回滚处理。采用这种模式，系统基础组件（如网络、硬件等）出错的可能性非常小。由于减少了两阶段提交中的资源器集中协调环节，可以有更好的并发，能获得较高的吞吐量性能。

最大努力一阶段提交也可以被称为可靠事件队列，或者基于可靠性消息的最终性方案，它主要利用消息中间件（Kafka、RocketMQ 或者 RabbitMQ）的可靠性机制来实现数据一致性。以电商平台的支付场景为例，用户完成订单的支付后不需要同步等待支付结果，可以继续做其他事情。但对于系统来说，大部分是在发起支付之后，等到第三方支付平台提供异步支付结果通知，再根据结果来设置该订单的支付状态。如果是支付成功的状态，大部分电商平台基于营销策略还会给账户增加一定的积分奖励。所以，当系统接收到第三方返回的支付结果时，需要更新支付服务的支付状态，以及更新账户服务的积分余额，这里就涉及两个服务的数据一致性问题。从这个场景中可以发现这里的数据一致性并不要求实时性，所以可以采用基于可靠性消息的最终一致性方案来保证支付服务和账户服务的数据一致性。

图 4-20 是一个使用最大努力一阶段提交模式的事务处理过程的简单示例。

假设微服务 A 表示用户订单业务，微服务 B 表示具体的支付业务，事务处理过程步骤如下。

1）应用向微服务 A 开启事务。商户创建支付订单。

2）微服务 A 开启本地事务，发出消息。商户向消息队列发送支付业务消息。

3）消息服务中间件向另一个微服务 B 执行另一个事务的执行请求。消息队列向具体负责支付业务的组件发送支付业务执行的消息，支付组件同样会针对该商户创建一个支付交易，并且根据用户的支付结果记录支付状态。

4）返回微服务 B 事务的执行结果。支付完成后触发一个回调通知给消息队列。

5）消息队列弹出微服务 B 的执行结果给微服务 A。消息队列将回调通知发给商户。

6）微服务 A 根据微服务 B 的执行结果决定整个事务应该提交还是回滚。商户收到该通知后，根据结果修改本地支付订单的状态。

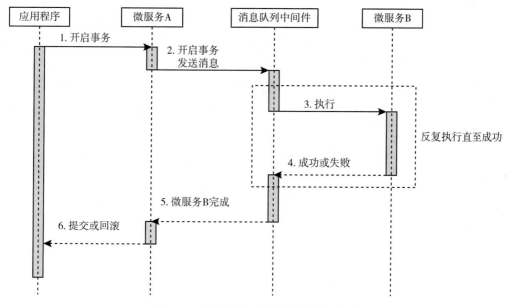

图 4-20　最大努力一阶段提交执行示例

针对上述订单业务场景，在理想状态下支付业务事务状态和商户的订单业务状态会在通知完成后达到最终一致。但是由于网络的不确定性，支付业务结果通知可能会失败或者丢失，导致商户端的支付订单的状态是未知的。这时就体现出了最大努力一阶段提交事务的作用，如果商户端在收到支付结果通知后没有返回 SUCCESS 状态码，那么这个支付结果回调请求会以衰减重试机制（逐步拉大通知的间隔）继续触发，比如 1min、5min、10min、30min，直到达到最大通知次数。如果达到指定次数后商户还没有返回确定状态，一般会以默认操作执行或者被人工介入，例如微服务 B 可能会额外提供一个交易结果查询接口，可以根据这个支付订单号去查询支付状态，然后根据返回的结果来更新商户的支付订单状态，这个过程可以通过定时器来触发，也可以通过人工对账来触发。

这种模式在第 4）步提交数据库事务成功而在第 6）步提交失败时会出现不一致的问题，可以通过在业务处理实现过程中遵守幂等性的设计来避免因数据不一致而发生的重复执行，或者通过事务补偿机制实现最终的一致性。

4.2.4　TCC 事务

TCC（Try-Confirm/Cancel）事务也被称为两阶段补偿事务，常被认为是应用层的 2PC

协议，TCC 事务拥有三个阶段（每次执行时并不是三个阶段全部执行，后两种阶段只会执行一种）。

- Try：尝试阶段，主要执行两个操作：一是业务检查，主要是保证业务资源的一致性（即操作前后业务资源状态保持一致）；二是资源预留，将之后要操作的资源与其他事务隔离，可以把它理解为上锁，避免多个事务交叉访问临界资源出现资源异常的情况。
- Confirm：确认阶段，不会执行提交操作，而是根据 Try 阶段中准备的资源执行业务操作。TCC 事务认为 Try 阶段通过之后，Confirm 阶段一定可以完成，如果 Confirm 阶段失败，则会一直重试，所以 Confirm 阶段的操作具有幂等性。
- Cancel：撤销阶段，如果在 Try 阶段出现错误的情况，就会通过 Cancel 阶段撤销所有事务在 Try 阶段的所有操作，释放 Try 阶段预留的所有业务资源。与 Confirm 一样，Cancel 阶段的操作也被认为一定成功，如果 Cancel 失败就会一直重复调用，所以 Cancel 阶段的操作也具有幂等性。

TCC 事务不是位于基础架构上的原始 2PC 协议，而是位于用户业务代码层面，TCC 事务机制相对于传统事务机制（X/Open XA Two-Phase-Commit），其特征在于它不依赖资源管理器（RM）对 XA 的支持，而是通过对（由业务系统提供的）业务逻辑的调度来实现分布式事务。

我们以银行转账业务为例，通过 TCC 事务机制执行该业务的流程如图 4-21 所示。

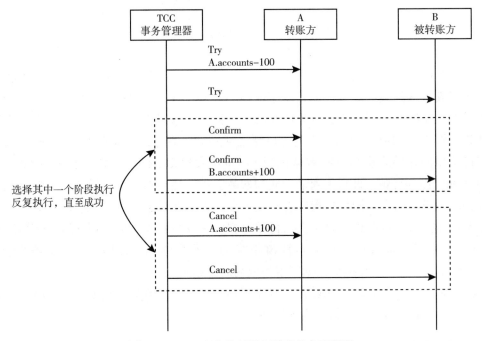

图 4-21　TCC 事务执行银行转账业务流程图

TCC 事务详细执行流程如下。

1）事务管理器进入 Try 阶段创建事务 ID，首先进行业务检查，对该事务的执行是否满业务的数据一致性约束进行检查；如果业务检查没有问题，就会进行资源锁定操作。银行转账业务中的资源锁定就是冻结 A 的账户余额。

2）对收款方的状态进行 Try 的操作。

3）事务管理器进入 Confirm 阶段，根据 Try 阶段的执行结果完成业务的过程，包括将 A 的账户余额减少 100 元，再将 B 的账户余额增加 100 元。如果该阶段遇到了网络异常等情况，就会反复执行该操作直到 Confirm 阶段完成。

4）如果事务管理器无法顺利通过 Try 阶段，比如遇到了网络异常情况，或者业务操作本身违反了业务数据的一致性，或者资源锁定不成功，则会进入 Cancel 阶段。对于 A 账户，会返回其 100 元，取消业务操作并解除锁定事务对其资源的锁定，B 账户取消业务操作。

在业务操作调用时，在 Try 阶段先不完成业务逻辑，而是观察各个服务能不能基本正常运转，能不能先冻结需要的资源。如果 Try 阶段能够顺利完成，也就是说底层的数据库、缓存资源、消息队列等都是可以写入数据的，并且预留好了需要使用的一些资源（比如冻结了一部分余额）。接着，再执行各个服务的 Confirm 阶段。因为 Try 阶段的保证，Confirm 阶段可以很大概率地保证一个分布式事务的完成。如果 Try 阶段某个服务就失败了，比如底层的数据库或者 Redis 崩溃等，此时就自动执行各个服务的 Cancel 逻辑，回滚之前 Try 阶段执行的操作，保证大家要么一起成功，要么一起失败。如果发生了一些意外的情况，比如某个服务突然崩溃，然后再次重启，那么 TCC 分布式事务框架是如何保证之前没执行完的分布式事务继续执行的？TCC 事务框架一般都有日志模块，主要用来记录一些分布式事务的活动日志，可以在磁盘上的日志文件里记录，也可以在数据库里记录，来保存分布式事务运行的各个阶段的状态和相关数据，如果由于其他原因导致了服务出现问题，这时日志就会起作用了。

TCC 的过程确实和 2PC 协议非常相似，但从上面的描述也可以看到，TCC 内不再是抽象的事务操作，而是深入到具体的业务层面，可以根据需求调整资源锁定的力度。一般都会基于现有框架，比如 ByteTCC、TCC-TRANSACTION，使用 TCC 事务。

4.2.5　SAGA 事务

虽然 TCC 事务被业内广泛使用，但因为 TCC 事务对业务代码侵入性较高，对于某些分布式事务场景，流程多、时间长，还可能要调用其他公司的服务，特别是对于不可控的服务（其他公司的服务），这些服务无法遵循 TCC 开发模式，很可能 TCC 事务的第一阶段就无法顺利完成。鉴于此类业务场景的分布式事务处理，人们提出了 SAGA 事务。

SAGA 事务最初在 1987 年 Hector Garcaa-Molrna 与 Kenneth Salem 发表的论文中被提出，该论文中提出了改善"长事务"（Long Lived Transaction）运行效率的方法（长事务会在相对较长的时间内占用数据库资源，阻碍了其他事务的完成），长事务由多个短事务组成，可以被认为是多个可以交错运行的短事务的集合。SAGA 每个子短事务都是一个真正的事务，每个事务都彼此相关，都要作为一个整体单元去执行：如果 SAGA 中任意一个子事务无法正常运行，那么一定要执行补偿操作。

所谓补偿操作就是每个短事务都有相应的补偿事务，这个补偿事务类似于 TCC 事务中的 Cancel 阶段的操作，比如扣减库存是一个短事务，那么恢复库存就是该短事务的补偿事务。将一个长事务 T 分解为多个短事务 $T_1, T_2, \cdots, T_n$，每个短事务都有相应的补偿事务 $C_1, C_2, \cdots, C_n$，SAGA 事务管理器会根据程序的执行过程生成一个有向无环图，如果需要执行回滚操作，那么就可以根据有向无环图按照相反的顺序调用补偿事务。

- 子事务 T_i 及其补偿事务 C_i 应具备幂等性，即反复执行多次和只执行一次的结果是一样的。
- 分布式事务 T 正常提交的结果应该是和其子事务 T_i 全部成功提交的结果保持一致。

SAGA 事务有两种执行路径，一是顺序执行 $T_1, T_2, \cdots, T_n$，此时 T 成功提交，二是顺序执行子事务过程中发生了错误，按子事务的相反顺序执行其补偿事务 $T_1, T_2, \cdots, T_n$，$C_n, \cdots, C_2, C_1$，此时 T 取消提交，两种执行过程如图 4-22 所示。

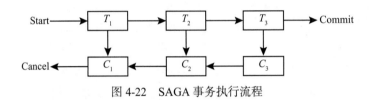

图 4-22　SAGA 事务执行流程

如果所有子事务都可以提交，那么就是事务 T 成功提交。否则，就需要执行补偿操作，SAGA 事务中的补偿方案主要有两种：前向恢复（Forward Recovery）和后向恢复（Backward Recovery）。

- 前向恢复：对于前向恢复，SAGA 事务执行组件要求所有缺失的事务都有可靠的代码副本和一个保存点。这个保存点会被用于应用程序或者系统，具体取决于是哪个中止了 SAGA 事务的执行。在一个系统崩溃的情况中，恢复组件可以为每个 SAGA 事务指定最近期的保存点。如果事务执行失败，会一直对该事务执行重试操作，直到该事务可以正常执行，这和我们前面提到的最大努力一阶段提交有点类似。向前恢复没有必要提供补偿事务，如果实际业务中，子事务（最终）总会成功，或补偿事务难以定义或不可能，向前恢复会更符合业务的需求。前向恢复事务执行序列为：$T_1, T_2, \cdots, T_j(fail), T_j(redo), \cdots, T_n$，该情况不需要补偿事务的参与。
- 后向恢复：补偿所有已完成的事务，如果任一子事务失败。即上面提到的 $T_1, T_2, \cdots, T_j, C_j, \cdots, C_2, C_1$ 顺序，其中 T_j 是发生错误的子事务，这种做法的效果是撤销掉之前所有成功的 sub-transaction，使得整个 SAGA 的执行结果撤销。理论上补偿事务永不失败，然而，在分布式世界中，服务器可能会宕机，网络可能会失败，甚至数据中心也可能会停电。在这种情况下我们能做些什么？最后的手段是提供回退措施，比如人工干预。

对于服务来说，实现 SAGA 有以下要求。

- T_i 和 C_i 是幂等的。
- C_i 必须是能够成功的，如果无法成功则需要人工介入。
- T_i - C_i 和 C_i - T_i 的执行结果必须是一样的：子事务回滚。

第一个要求是 T_i 和 C_i 是幂等的，举个例子，假设在执行 T_i 的时候超时了，此时我们不知道执行结果，如果采用 forward recovery 策略就会再次发送 T_i，那么就有可能出现 T_i 被执行了两次，所以要求 T_i 幂等。如果采用 backward recovery 策略就会发送 C_i，而如果 C_i 也超时了，就会尝试再次发送 C_i，那么就有可能出现 C_i 被执行两次，所以要求 C_i 幂等。

第二个要求是 C_i 必须能够成功，这很好理解，因为如果 C_i 不能执行成功就意味着整个 SAGA 无法完全撤销，这是不允许的。但总会出现一些特殊情况，比如 C_i 的代码有 bug、服务长时间崩溃等，这个时候就需要人工介入了。

第三个要求乍看起来比较奇怪，举例说明，还是考虑 T_i 执行超时的场景，我们采用了后向恢复，发送一个 C_i，那么会有以下三种情况。

- T_i 的请求丢失了，服务之前没有、之后也不会执行 T_i。
- T_i 在 C_i 之前执行。
- C_i 在 T_i 之前执行。

对于第 1 种情况，容易处理。对于第 2、3 种情况，则要求 T_i 和 C_i 是可交换的，并且其最终结果都是子事务被撤销。

SAGA 事务的执行过程和 TCC 事务的执行过程有明显的区别，它没有资源锁定或者预留操作。没有资源预留操作的好处很明显，有些业务很简单，套用 TCC 需要修改原来的业务逻辑，而 SAGA 只需要添加一个补偿动作就行了；并且没有预留操作就意味着不必担心资源释放的问题，异常处理起来也更简单。

TCC 的定位是一致性要求较高的短事务。一致性要求较高的事务一般都是短事务（一个事务长时间未完成，在用户看来一致性是比较差的，一般没有必要采用 TCC 这种高一致性的设计），因此 TCC 的事务分支编排放在了程序代码里，由用户灵活调用。这样用户可以根据每个分支的结果进行灵活的判断与执行。SAGA 的定位是一致性要求较低的长事务 / 短事务。对于类似订机票这样的场景，可能持续几分钟到一两天，就需要把整个事务的编排保存到服务器，避免发起全局事务的应用程序因为升级、故障等原因导致事务编排信息丢失。

4.3 并发控制协议

并发控制协议是为了解决多个事务并发造成的数据异常问题而提出的，主要用于维持事务的隔离性。本节将介绍三种并发控制协议，即悲观并发控制协议、乐观并发控制协议以及多版本并发控制协议，没有哪一种并发控制协议是最好的，每种并发控制协议都有各自的优缺点。

4.3.1 悲观并发控制协议

悲观并发控制（Pessimistic Concurrency Control，PCC）协议中的"悲观"二字代表了一种保守的思想：如果某些操作可能和其他操作发生冲突，那么直接放弃执行该操作，待到完全不可能发生冲突的时候再执行该操作。类似于并发编程中锁的思想，在实际方案中，悲观并发控制也使用锁、时间戳的方式控制事务执行顺序，因此必然会产生额外的开销。本节从锁和时间戳两个角度介绍悲观并发控制协议。

在数据库事务并发控制机制中，锁主要有两种：一种是写锁（X-Lock），也被称为排他锁、互斥锁；另一种是读锁（S-Lock），也被称为共享锁。被互斥锁占用的数据资源无法与其他事务共享，但共享锁可以与另一个使用共享锁的事务共享临界资源，共享锁和互斥锁访问资源情况如表 4-7 所示。

常见的锁算法的运行过程大致如下。

1）事务在使用数据项 x 之前，需要先从锁管理器处请求锁。

2）如果 x 已经被锁住，并且现在的锁和请求的锁不兼容，事务就会延迟执行，等待锁被释放。

3）否则，锁管理器会授予该事务锁。

图 4-23 展示了两个访问同一数据项的事务的执行过程。

可以看到如果仅是基于互斥锁与共享锁无法实现事务的隔离性，导致事务调度的结果不具备一致性（随机执行多次这两个事务，事务 T_1 最终读取 A 的值不能保持一致）。

两阶段锁（Two-Phase Locking, 2PL）协议是在数据库中被广泛使用的协议，它规定了一个事务在运行的过程中如何跟其他事务之间协调锁，从而实现可串行化隔离级别。如果有两个事务同时尝试对同一条数据执行写操作，你可以很直接地想到用加锁的方式实行并发控制，2PL 与这种朴素的使用锁的方法类似，但会复杂一些。如图 4-24 所示，2PL 分为两个阶段：加锁阶段和解锁阶段。加锁阶段只能一直获得锁，不能解锁；解锁阶段只能一直解锁，不能再获得锁。

表 4-7 共享锁和互斥锁访问资源情况

	X-Lock	S-Lock
X-Lock	冲突	冲突
S-Lock	冲突	无冲突

T_1	T_2
BEGIN	
X-Lock(A)	
Read(A)	
Write(A)	
UnLock(A)	
	BEGIN
	X-Lock(A)
	Write(A)
	UnLock(A)
R-Lock(A)	
Read(A)	
UnLock(A)	
COMMIT	
	COMMIT

图 4-23 基于 X-Lock 和 S-Lock 的事务调度方案

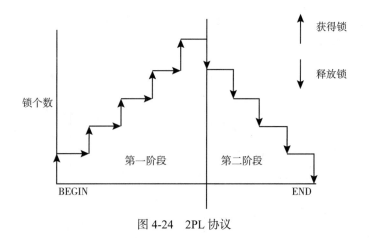

图 4-24　2PL 协议

由于这两个阶段的存在，图 4-23 中两个事务交叉执行的情况再也不会出现。在 2PL 协议下，T_1 在执行完 Write(A) 操作之后，并不会释放锁，因为 2PL 要求获取锁的操作聚集在一个阶段，最后再统一释放锁，直到最后 T_1 执行完 Read(A) 之后才会释放锁，在释放锁之前，事务 T_2 自然也就不能拿到锁执行事务操作。

2PL 可以保证事务的隔离性并保证可串行化的隔离级别，但是从上面的描述可以看出，2PL 的事务吞吐量和响应时间相比于其他的弱隔离级别算法要下降许多。这是一种典型的"悲观思想"，即两个并发事务所做的任何可能会导致数据竞争的操作都会被禁止，其中一个事务必须要等待对方完成才能开始。但是如果不考虑性能问题，2PL 依然不能让人们满意，因为它可能会导致级联回滚（Cascading Abort）问题，如图 4-25 所示。

事务 T_1 获取锁的步骤全部完成，执行完 Write(A) 之后就进入 2PL 中释放锁的阶段，此时事务 T_2 可以获得数据 A 的相关锁，如果事务 T_1 可以提交就不会产生之后的问题，可是事务 T_1 在执行后面的操作时

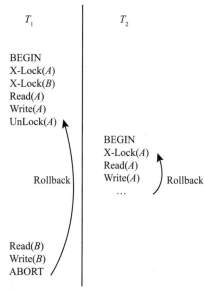

图 4-25　2PL 无法避免级联回滚问题

发生了错误，需要回滚之前的操作，但此时事务 T_2 已经对数据 A 执行了操作，所以事务 T_2 也要执行相应的回滚操作，这就是级联回滚问题。其中事务 T_2 执行的读操作也被称为脏读，即事务读到了另一个事务未提交的操作结果。

严格两阶段锁协议（Strict 2PL，S2PL）可以解决级联回滚的问题。在 S2PL 中事务一直持有已经获得的写锁，直到事务终止，如图 4-26 所示。

在上面提到的场景中，如果将并发控制协议替换为 S2PL，那么事务 T_2 在事务 T_1 之

前无法得到数据 A 的互斥锁或者共享锁，所以只能延迟操作，不会出现级联回滚的现象，同时也避免了脏读现象。

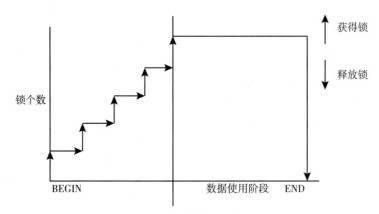

图 4-26　S2PL 协议中写锁数量的变化

除了 S2PL 之外，还有强严格两阶段锁协议（Strong Strict 2PL，SS2PL），该协议不仅会一直保留写锁，同时还会保留读锁直到事务结束。既然上面介绍的并发控制协议都基于锁，那自然就要考虑死锁问题，很不幸的是，2PL 协议及其衍生协议无法避免死锁的情况。考虑如图 4-27 所示的场景。

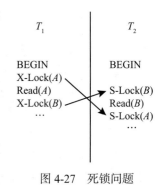

图 4-27　死锁问题

事务 T_1 先获取 A 的互斥锁操作，再尝试获取 B 的互斥锁，与此同时，事务 T_2 先获取了 B 的共享锁，再尝试获取 A 的共享锁，死锁就在此时发生了：事务 T_1 需要获取 B 的互斥锁才能继续往下执行，但是由于事务 T_2 此时已经占有了 B 的共享锁，所以事务 T_1 不能获取 B 的互斥锁；同理，事务 T_2 也无法获得 A 的共享锁。

为了解决死锁问题，数据库系统往往有以下两种方案。

- 死锁检测：数据库内部会维护一个表示各个事务请求锁的状态的有向图，我们称其为"锁等待图"。图中每一个节点表示一个事务，每一条有向边表示锁的等待关系，节点 A 指向节点 B 的边的含义就是事务 A 等待事务 B 释放锁。数据库会周期性地检查锁等待图，如果发现图中存在环，就会通过回滚相关事务的方式把这个环解开。
- 死锁预防：根据时间戳为每个事务赋予优先级，一般时间戳越小的事务优先级越高。一般有以下两种方案。
  - 高优先级礼让低优先级（Wait-Die）：低优先级的事务如果想从更高优先级的事务中获取锁，可以直接让高优先级事务回滚释放锁；而高优先级事务如果想从低优先级事务中获取锁，就只能等待低优先级事务自行释放锁。
  - 低优先级礼让高优先级（Wound-Wait）：高优先级的事务从低优先级事务获取锁，

低优先级事务直接回滚释放锁；反之则低优先级事务等待高优先级事务自行释放锁。

在 2PL 及其衍生协议下，如果事务发生得非常频繁，那么死锁也可能发生得非常频繁，从而会导致严重的性能问题。若是采用死锁检测解决死锁问题，还要考虑检查锁等待图的周期是多少比较合适，如果检查频率较高，则会影响性能；如果检查频率较低，那么会导致死锁的持续时间过久，这依然会影响性能。死锁预防同样有类似的问题，比如回滚事务的选择问题，如果只根据事务的时间戳大小来回滚，实际上是不太合适的，因为有些事务可能执行的时间已经非常长，此时让该事务回滚，显然是不太合适的，所以判断优先级的基准也是一个需要考虑的问题。

总结一下，2PL 协议分为加锁阶段和解锁阶段，每个阶段只能执行该阶段规定的步骤。我们介绍了两种 2PL 的变体，即 S2PL 和 SS2PL，S2PL 中事务会一直持有写锁直到事务中止，SS2PL 中事务会一直持有读锁和写锁。除了这两种变体外，实际上 2PL 还有保守两阶段锁（Conservative 2PL，C2PL）协议变体，事务会在开始时设置它所需要的所有锁。

其实在介绍分布式事务模型时，有些分布式事务解决方式就体现了这些并发控制协议的思想，比如 2PC 的改进协议 Percolator，它规定在多行事务中的主锁（Primary Lock）释放之前，所有的从锁（Secondary Lock）均不会被释放，主锁释放之后，从锁也会被释放，这正好与 S2PL 协议相符合。分布式数据库基本上都采用 S2PL 或者 SS2PL 来实现可串行化隔离级别，但是这两种协议都要求事务长时间地持有锁，尤其是长事务执行时，会严重影响事务并发性能，所以大多数数据库用户并不会配置隔离级别至可串行化隔离级别。

串行化图检测（Serialization Graph Testing，SGT）并发控制协议基于文献［2］提出的多版本串行化历史图（Multi-Version Serialization Graph，MVSG），常被简称为串行化图（Serialization Graph），该图用于分析数据库中事务操作的冲突情况，每个事务在图中被表示为一个顶点，而事务之间的关系在图中被表示为一条边，事务作为顶点，当事务中的操作与另一个事务中的操作发生冲突时，这两个事务顶点之间就可以画一条有向边。从事务 T_1 到事务 T_2 的边（要求 T_1 必须在明显的执行顺序中先于 T_2）可以由以下三种类型的依赖关系创建。

- 写读依赖（wr-dependency）：如果 T_1 写入某个对象的版本，T_2 读取该版本，则 T_1 似乎在 T_2 之前执行。
- 写写依赖（ww-dependency）：如果 T_1 写入某个对象的版本，T_2 用下一个版本替换该版本，则 T_1 似乎在 T_2 之前执行。
- 读写依赖（rw-dependency）：如果 T_1 写入某个对象的版本，而 T_2 读取该对象的前一版本，则 T_1 似乎在 T_2 之后执行，因为 T_2 没有看到 T_1 的更新。有时也把它们称为读写冲突（rw-conflict）。

如果以这三种依赖关系创建的图中存在环，则执行不符合任何序列顺序，即快照隔离异常导致了可串行化冲突。图 4-28 是三个事务串行化执行的时序图。

图 4-28 中的三个事务先后执行，事务 T_1 先执行 W(A)，T_2 再执行 R(A)，所以事务 T_1 与事务 T_2 之间存在写读依赖，因此形成了一条从事务 T_1 指向事务 T_2 的边；同理，事务 T_2 的 W(B) 操作与事务 T_3 的 R(B) 操作也存在读写依赖，事务 T_1 的 W(A) 操作与事务 T_3 的 R(A) 操作之间也是读写依赖，这样就又形成两条有向边，分别是 T_2 顶点指向 T_3 顶点和 T_1 顶点指向 T_3 顶点，产生的串行化图如图 4-29 所示。

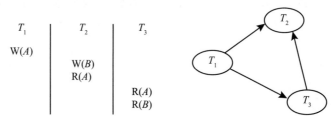

图 4-28　事务串行化执行时序图　　　图 4-29　事务串行化图

图 4-29 显然是一个无环图，所以说明以上三个事务的执行可以实现可串行化调度。如果构造两个会发生死锁的事务执行的时序图，如图 4-30 所示，它们对应的串行化图是什么样的呢？

图 4-30 中事务 T_1 和 T_2 互相执行不同数据项的写操作，然后都会向对方事务索要锁，产生死锁现象，其对应的串行化图如图 4-31 所示。

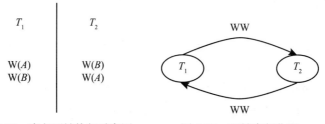

图 4-30　事务死锁执行时序图　　　图 4-31　死锁串行化图

前面介绍的写读依赖和写写依赖都与我们对事务间依赖的直觉相符，但是可能读写依赖就不那么直观了。文献［101］中描述了三个事务之间读写依赖问题的场景：存在两张数据表，一张收据表（receipts）记录当日收入的情况，每行数据中会记录一个批次号（batch）；另一张数据表为控制表（control），控制表仅保持当前的批次号（current_batch）。存在以下三种事务情况。

- T_2 NEW-RECEIPT：从控制表中读取当前批次号，然后在标有该批次号的收据表中插入一个新条目。
- T_3 CLOSE-BATCH：关闭当前批次，操作是递增控制表中的当前批次号，后续发生的交易会划归到下一个批次。

- T_1 REPORT：从控制表中读取当前批次号，然后从收据表中读取带有前一批次号的所有条目（即显示前一天的总收据）。

在 T_1 REPORT 事务显示了特定批次的总数之后，后续事务无法更改该批次总数。这是因为 T_1 REPORT 显示了前一批的事务，因此它必须遵循 CLOSE-BATCH 事务。每个 T_2 NEW-RECEIPT 事务必须先于两个事务，使其对 T_1 REPORT 事务可见，或者遵循 T_3 CLOSE-BATCH 事务，在这种情况下，它将被分配下一个批次号。T_1 需要在 T_3 之后执行，T_2 需要在 T_3 之前执行，这样才可以让收据出现在当前批次的报表之中。异常执行的时序图如图 4-32 所示。

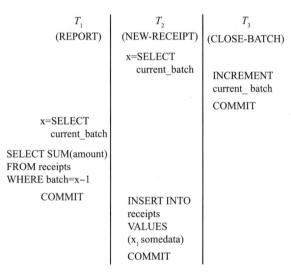

图 4-32　读写依赖异常时序图

1）T_2 率先执行处理新收据，先从控制表中获取当前批次号 x。

2）T_3 随后执行，批次号更新之后，之前 T_2 获得的批次号已经属于过期数据，但是 T_2 还在使用 x 记录这笔收据。

3）T_1 在 T_3 之后执行，但是 T_2 的事务尚未提交，所以 T_1 的报告中遗漏了 T_2 的收据。在之后的报告中也不会包含 x 批次的收据，所以这笔收据就没有存在的依据了。

接下来使用串行化图的方式展示这个异常现象，首先确定每个事务对哪些数据项做了什么操作：T_1 先对控制表的批次号执行读取操作，再向收据表执行读取操作，即 R(control)、R(receipts)；T_2 先对控制表的批次号执行读取操作，再向收据表执行写入操作，即 R(control)、W(receipts)；T_3 对控制表的批次号执行写入操作，即 W(control)。显然，顶点 T_2 和顶点 T_3 会以 control 形成读写依赖的边，T_3 和 T_1 会以 receipts 形成写读依赖的有向边，顶点 T_1 和顶点 T_2 会以 receipts 形成读写依赖的有向边，串行化图如图 4-33 所示。所以上面所说的三个事务无法以串行化隔离级别执行，T_1 虽然是一个只读事务，但是导致三个事务形成了环，这可以说明一个观点：人们直觉上认为只读事务不会影响事务的并发执行是不对的。

时间戳排序协议（Timestamp-ordering Protocol）通过事先规定事务之间的一种次序，来避免使用锁造成的开销。可以将事务的时间戳理解为事务的 ID，时间戳可能源于真正的物理时间，也可能源于逻辑计数器。事务 T_i 会被分配一个全局唯一的时间戳 $TS(T_i)$，时间戳就是一个时间标志，该时间标志是在事务 T 开始执行前由 DBMS 的并发控制管理器赋予的，时间戳有先后之分：如果事务 T_i 先于事务 T_j 进入数据库管理系统，那么 $TS(T_i) < TS(T_j)$。该协议的主要思想是

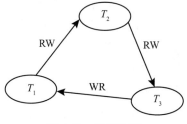

图 4-33　串行化图

根据时间戳对事务进行排序。事务的调度是可串行化的，并且唯一允许的等价串行计划按其时间戳值的顺序拥有事务。简单地说，事务的调度相当于特定的串行顺序，对应于事务时间戳的顺序。时间戳排序协议必须确保，对于调度中冲突操作访问的每个数据项，访问数据项的顺序不会违反时间戳顺序。为了确保这一点，使用与每个数据项 X 相关的两个时间戳。

- $W\_TS(X)$：成功执行 write(X) 的任何事务的最大时间戳。
- $R\_TS(X)$：成功执行 read(X) 的任何事务的最大时间戳。

该协议管理并发执行，以时间戳确定可串行化顺序。时间戳排序协议确保任何冲突的读写操作都按照时间戳顺序执行。每当某个事务 T 试图发出 R_item(X) 或 W_item(X) 时，基本时间戳排序协议将 T 的时间戳与 $R\_TS(X)$ 和 $W\_TS(X)$ 进行比较，以确保时间戳顺序不被违反。这里描述了以下两种情况的基本时间戳排序协议。

- 每当事务 T 发出 W_item(X) 操作时，会发生以下情况：如果 $R\_TS(X) > TS(T)$ 或 $W\_TS(X) > TS(T)$，则中止和回滚事务 T 并拒绝操作；否则执行 T 的 W_item(X) 操作，设置 $W\_TS(X)$ 为 $TS(T)$。
- 每当事务 T 发出 R_item(X) 操作时，会发生以下情况：如果 $W\_TS(X) > TS(T)$，则中止执行事务 T 并拒绝操作；否则如果 $W\_TS(X) \leq TS(T)$，则执行 T 的 R_item(X) 操作，并将 $R\_TS(X)$ 设置为 $TS(T)$ 和当前 $R\_TS(X)$ 中的较大值。

基于时间戳排序协议的事务并发执行成功提交的示例如图 4-34 所示。

数据项 A、B 的初始状态读时间戳 R_TS 和写时间戳 W_TS 都为 0。事务 T_1 率先开始执行，时间戳 TS 为 1，T_1 先执行了读取数据项 B 操作，根据时间戳排序协议：$W\_TS(B) \leq TS(T_1)$，可执行该操作，并将 B 的读时间戳 $R\_TS(B)$ 设置为 $TS(T_1)$ 和当前 $R\_TS(B)$ 中的较大值，也就是 $TS(T_1)$，$R\_TS(B)=TS(T_1)=1$。

事务 T_2 开始执行，其时间戳 TS 为 2，T_2 执行读取数据项 B 操作，依然同 T_1 的读取操作类似，会和 $W\_TS(B)$ 进行比较，满足条件，设置 $R\_TS(B)$ 为 2。T_2 继续往下执行更新数据项 B 的操作，根据时间戳排序协议：$R\_TS(B)=TS(T_2)$ 且 $W\_TS(B) < TS(T_2)$，该操作可以执行，并且设置数据项 B 的写时间戳 W_TS 为 2。T_1、T_2 继续向下执行，对数据项 A 执行类似的操作，未发生读写冲突，两个事务都可以成功提交。

基于时间戳排序协议的事务执行失败的示例如图 4-35 所示。

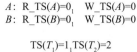

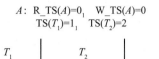

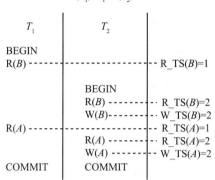

图 4-34 时间戳排序协议事务执行成功

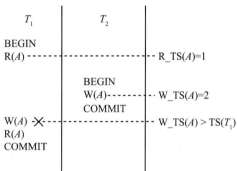

图 4-35 时间戳排序协议事务执行失败

数据项 A 的初始状态依然是读时间戳 R_TS 为 0，写时间戳 W_TS 也为 0。事务 T_1 率先开始执行，时间戳 TS 为 1，T_1 先执行了读取数据项 A 操作，根据时间戳排序协议：$W\_TS(A) \leqslant TS(T_1)$，可执行该操作，并将 A 的读时间戳 $R\_TS(A)$ 设置为 $TS(T_1)$ 和当前 $R\_TS(A)$ 中的较大值，也就是 $TS(T_1)$，$R\_TS(A)=TS(T_1)=1$。

事务 T_2 开始执行，其时间戳 TS 为 2，T_2 执行更新数据项 A 操作，根据时间戳排序协议：$R\_TS(A)=TS(T_2)$ 且 $W\_TS(A) < TS(T_2)$，该操作可以执行，并且设置数据项 A 的写时间戳 W_TS 为 2，事务 T_2 完成操作提交。T_1 继续向下执行，执行更新数据项 A 的操作，根据时间戳排序协议：因为 $W\_TS(A) < TS(T_1)$，所以 T_1 无法完成该操作，事务 T_1 被终止。虽然按照时间戳排序协议的要求 T_1 应该回滚，但实际上没有必要。为什么呢？因为 T_2 已经写入了 A，而 T_1 想要写入的 A 值将永远不会被读到。原因如下：

- 满足 $TS(T_i) < W\_TS(A)=TS(T_2)$ 的任何事务 T_i 试图进行 read(A) 操作时被回滚，因为不符合时间戳排序协议。
- 满足 $TS(T_j) > W\_TS(A)=TS(T_2)$ 的任何事务 T_j 必须读入由 T_2 而不是 T_1 写入的 Q 值。

因此，结论是：T_3 的 write(Q) 操作已过时，可以忽略。执行结果等价于串行执行 T_1、T_2 的效果。为了降低事务冲突率，T_1 在某些情况下可以不中止，只要不执行此次操作即可，因为只要对于数据库而言最终的状态是相同的就行。若 X 已经被未来的事务读取，那么 T_1 必须回滚，因为未来事务读到的是错误的值；若 X 已经被未来的事务写，那么数据库只需忽略此次 T_1 的写即可。

托马斯写规则是指，当事务 T_i 发出写操作 W(A) 时：

- 若 $TS(T_i) < R\_TS(A)$，则 T_i 产生的 A 值是先前所需要的，但系统已假定该值不会被产生。因此写操作被拒绝，T_i 回滚。
- 若 $TS(T_i) < W\_TS(A)$，则 T_i 试图写入的 A 值已经过时。因此该写操作可被忽略。

托马斯写规则通过删除事务发出的过时的写操作来实现可串行化隔离级别。每当时间戳排序协议检测到两个以错误顺序发生的冲突操作时，它会通过中止发出该操作的事务来拒绝后一个操作。由时间戳排序协议生成的事务调度保证是可串行化的，满足该协议的调度无死锁，因为冲突的事务被回滚重启并赋予新的时间戳，而不是等待执行。但该协议不保证所产生的调度都是可恢复的，所以该协议在保证调度可恢复且无级联这方面还需要加强。基本时间戳排序协议可能会出现级联回滚的问题。假设有一个事务 T_1，T_2 使用了由 T_1 写入的值，如果 T_1 被中止并重新提交给系统，那么 T_2 也必须中止并回滚。

时间戳排序协议的总结如下。

- 时间戳排序协议确保了可串行化隔离级别。
- 时间戳协议确保没有死锁，没有事务等待。
- 调度可能不是无级联的，甚至可能不是可恢复的。

基本时间戳排序协议的一个变体称为严格时间戳排序（Strict Timestamp Ordering）协议，它确保调度严格冲突可串行化。在此变体协议中，发出 R(X) 或 W(X) 的事务 T_2 会让 $TS(T_2) > W\_TS(X)$ 的读或写操作被延迟，直到写入 X 值的事务 T_1 提交或中止。

4.3.2　乐观并发控制协议

前面介绍了悲观并发控制协议，它依靠锁或时间戳的方式实现事务的并发控制。悲观并发控制为了避免小概率坏事件的发生而导致整体效率变低，所以为了解决悲观并发控制效率低的问题，来自卡内基梅隆大学 H.T. KUNG 教授在其论文提出了乐观并发控制（Optimistic Concurrency Control，OCC）协议，在发表这篇论文的时候，主流研究的并发控制协议主要是基于锁的 2PL 协议，论文作者针对基于锁机制的并发控制协议提出了以下五个缺点。

- 锁的管理开销大，主要体现在只读操作也要加锁以及为了解决死锁问题的检测开销。
- 没有一个普适的无死锁协议，所以为了避免死锁问题，需要针对各种情况定制复杂的锁协议。
- 数据对象加锁之后，会等待磁盘 I/O 操作，大幅降低了系统的并发吞吐量。
- 释放锁不能随时释放，只能在事务结束时释放，这也降低了并发吞吐量。
- 锁是为了解决小概率的坏情况，不应该成为一种常态。

乐观并发控制协议要求事务在私有工作区中操作，因此在提交之前，其他人看不到它们的修改。当事务准备提交时，将对所有涉及的数据项进行验证，以查看数据是否与其他事务的操作冲突。如果验证失败，则必须中止事务并稍后重新启动。乐观并发控制协议明显克服了死锁问题。

与悲观并发控制协议相比，乐观并发控制协议具有以下优点：没有死锁，避免了任何耗时的节点锁定场景；这种方法在某种意义上是通用的，如果事务以查询（读操作）为主，那么乐观并发控制开销几乎可以忽略不计；读取操作完全不受限制，而事务的写入操作则受到严格限制。

乐观并发控制协议中事务的处理由以下三个阶段组成。

- 读阶段：事务会维护读集和写集，读集记录读操作涉及的数据，写集记录写操作读取到的数据。所有读取操作先访问事务本地内存空间，若不存在则从数据库中读取数据并将其缓存在事务私有内存空间中。所有写操作的缓存都保留在只面向本事务的私有空间，不对其他事务暴露。

- 验证阶段：事务调度器将对上面的操作进行验证，检测其是否满足某种可串行化标准，该结果是否可以复制至数据库中，如果验证不通过则会终止事务，否则会进入下一阶段。

- 写阶段（可选）：将事务私有空间中缓存写入数据库中使其全局可见。

在验证阶段使用串行化等效性验证以检测事务执行是否满足可串行化标准。在验证阶段，每个事务会被分配事务编号 T_i，在 READ 阶段结束时，事务编号按顺序分配。如果事务经过验证阶段并成功完成，它将保留此编号，但如果验证阶段检查失败并导致事务中止或者如果事务是只读事务，该事务会释放此编号以重新分配。事务编号是按升序分配的整数。事务编号定义了其在时间上的位置，T_{id} 满足以下属性：若 $T_i < T_j$，事务 T_i 发生得更早，检测 T_j 是否满足可串行化隔离级别（即 T_i 在 T_j 之前完成），操作符合以下三个验证条件之一：

- T_i 在 T_j 开始读取阶段前完成写入阶段，此时两个事务的执行时间段没有交集，T_i 在 T_j 之前提交，必然可以保证数据的完整性，如图 4-36 所示。

图 4-36 T_2 读阶段在 T_1 写阶段完成之后

- T_i 的写集与 T_j 的读集不相交，且 T_i 在 T_j 开始写入阶段前完成写入阶段，如图 4-37 所示。

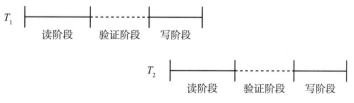

图 4-37 T_1 的写阶段和 T_2 的读阶段有重合

- T_i 的写集与 T_j 的读集和写集都不相交，且 T_i 在 T_j 完成读取阶段前完成读取阶段，如图 4-38 所示。

在验证阶段，验证的方法有两种，即前向验证（Backward Validation）以及后向验证（Forward Validation），但所有事务必须使用同一种验证策略。前向验证是指与之前已经提交的事务进行比较。后向验证是指与当前事务并发执行但还未提交的事务。

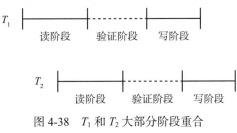

图 4-38　T_1 和 T_2 大部分阶段重合

乐观冲并发控制协议在事务冲突发生的次数较少的情况下，避免了使用锁的开销，所以可以为数据库事务执行带来更好的性能。但是，当事务冲突发生较多时，则会导致事务的频繁回滚，反而会降低效率。

4.3.3　多版本并发控制协议

多版本并发控制（Multi-Version Concurrency Control，MVCC）协议对每一个数据保存多个版本，一个事务对数据进行更新时，不去修改之前版本的数据，而是产生一个新版本的数据。MVCC 的概念最早在 1978 年的论文中提出，1981 年发表的论文 MVCC 做出详细介绍。多版本并发控制协议的优势如下。

- 写操作不会阻塞读操作，读操作也不会阻塞写操作。
- 不需要锁。
- 支持时间回溯（Time-Travel）查询。

多版本并发控制协议不属于前面提到的乐观并发控制协议或悲观并发控制协议，它可以与这两种并发控制协议相结合。多版本并发控制协议可以拆解为以下部分。

- 并发控制协议，可以是悲观并发控制协议，也可以是乐观并发控制协议。
- 数据版本存储。
- 垃圾回收，将长期不用的数据版本丢弃。

数据版本存储

在多版本并发控制协议中，一个数据项会有多个版本，数据库管理系统通常会使用版本链（Version Chain）的方式管理多个版本的数据，顾名思义，就是同项数据的多个版本形成链，版本链有以下三种存储方式。

- Append-Only Storage：所有版本的数据都存储在同一张表中，新的数据直接追加在链表的最后，如图 4-39 所示。

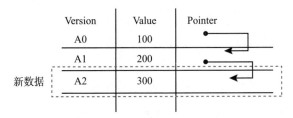

图 4-39　Append-Only Storage

- Time-Travel Storage：将最新的数据版本和历史数据版本分开存储，最新的数据版本会有指针链接至历史数据版本的表。如图 4-40 所示，Main Table 中存储最新版本的数据，Time-Travel Table 会按时间顺序存储历史版本的数据，最新版本数据会有指针连接至历史版本数据。

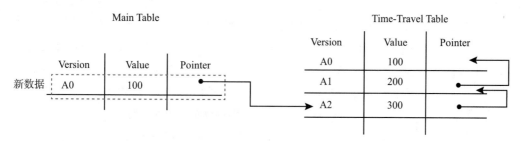

图 4-40　Time-Travel Storage

- Delta Storage：每次进行版本更新时，只会将产生变化的字段信息存储到 Delta Table 中，不会存储没有变化的字段。如图 4-41 所示，链表的结构和 Time-Travel Storage 非常类似，都是使用 Main Table，但是在 Delta Table 中不会存储旧版本数据的所有字段信息。

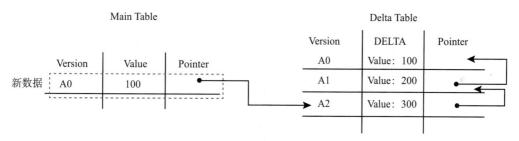

图 4-41　Delta Storage

垃圾回收

随着时间的推移，数据的版本会越来越多，所以需要垃圾回收策略来清除已经过时的数据，比如一些版本不会被活跃的事务观察到，或者一些版本的数据本身就是有问题的（由中止的事务创建的数据版本）。

- 根据时间戳清除。一般来说会有一个守护线程周期性地检查每个数据的版本，如果该版本的时间戳小于当前活跃事物的最小时间戳，它就会被删除。该方法也有一种优化版本，即通过一张额外的位图记录被更改的数据，守护线程可以只检查被修改过的数据，提高垃圾回收效率。
- 根据事务读写集合清除。每个事务拥有该事务的读写数据集合，数据库决定该事务创建的各版本数据可以被清除时，就根据读写集合内的数据版本清除。

4.4　本章小结

本章主要对分布式环境下的事务处理进行介绍，通过人们生活中常见的跨地理分布的银行业务处理案例引出事务在分布式数据服务中扮演的重要角色。我们从数据服务调用不同数据源的角度出发，对三种不同类型的事务即本地事务、全局事务以及分布式事务进行介绍。在本地事务中，我们详细介绍了事务的 ACID 属性、事务状态及其变化过程以及事务隔离级别。其中事务隔离级别是事务中非常重要的概念，人们经常以不同的事务隔离级别确定数据服务的数据质量。我们在介绍事务隔离级别的同时，也对数据异常现象（脏读、脏写、幻读等）进行了介绍，这些数据异常现象都是在实际的数据服务调用中可能发生的，只有使用更高的事务隔离级别才能避免这些数据异常的发生。可以将全局事务和分布式事务理解为单或多数据服务对多个数据源的事务机制，我们还介绍了 X/Open DTP 模型，这是目前分布式事务处理的工业标准，之后对分布式事务环境下的事务解决方案进行介绍。

在分布式事务解决方案章节中，我们对分布式环境中底层架构常用的原子提交协议，如 2PC 协议、3PC 协议等进行了介绍，并且指出了这些底层原子提交协议的优缺点。然后对分布式系统架构中相对原子提交协议更高层的分布式事务解决方案进行了介绍，如 TCC 事务、SAGA 事务等，这些事务为分布式事务的回滚、容错提供了不同的解决方案，以更好地保证分布式事务的 ACID 属性。

并发控制协议是对事务隔离性的维护，我们从三个类别分别对并发控制协议进行介绍，即悲观并发控制协议、乐观并发控制协议以及多版本并发控制协议。悲观并发控制协议蕴含着一种保守的思想，即默认操作会发生冲突，所以该协议从始至终都严格遵循某种规范，否则不允许可能发生冲突的操作执行，其中介绍了两阶段锁协议、严格两阶段锁协议等悲观并发控制协议；乐观并发控制协议和悲观相对，它秉持着犯错了就改正的理念执行事务，其主要分为三个阶段，即读阶段、验证阶段以及写阶段，根据不同事物在各阶段的重叠程度确定事务执行是否满足可串行化隔离级别；多版本并发控制协议可以与悲观并发控制协议或乐观并发控制协议相结合，并引入数据版本存储的机制，可以存储同一数据项的多个版本，所以能够支持数据的时间回溯，这是目前实际数据服务中使用较多的并发控制协议。

CHAPTER5

第 **5** 章

分布式数据服务一致性

本章将介绍分布式数据服务的一致性，数据一致性是分布式数据服务中最重要的概念之一。在分布式数据服务中，客户端位于不同的地理位置，如果数据源只有一个，那么单点负载压力和长距离通信开销都是无法忍受的。所以人们自然而然就想到了使用多个数据源和负载均衡机制解决这些问题，但是这又带来了新的问题，多个数据源之间由于"复制滞后"的问题会导致数据不一致，这是因为客户端的一个写请求无法同时到达不同位置的数据源，即使可以同时到达不同的数据源，也无法保证所有数据源都能成功执行写请求。所以用户可能会遇到这种情况：客户端 C_1 向数据服务请求将 V_1 更新为 V_2，但位于不同地理位置上的另一个客户端 C_2 查看的值依然为 V_1，虽然客户端之间因为不会直接进行交流导致客户端不会发现这种数据异常，但是这确实发生了，并且会严重影响数据服务质量。本章将介绍一些数据同步方法、分布式数据一致性级别、分布式数据一致性 / 共识算法，看看分布式系统是如何解决以上问题的。

5.1 数据同步方法

维持数据一致性的基础为数据同步方法，实现数据库层面上的数据操作和状态同步，以达到数据一致的目的。接下来的章节会介绍三种常见的数据同步方法：主从复制、多主复制以及无主复制。

5.1.1 主从复制

主从架构是分布式系统架构中使用最广泛的一种架构，"主从"的含义就是在分布式系统中，每个节点所代表的角色地位是不平等的，如果 A 节点向 B 节点分发命令，指示 B 节点之后的操作，那么 A 节点就是主节点，而 B 节点就是从节点。在主从架构中，一般指代的是一主多从，以便和多主架构进行区分。常见的客户端 / 服务器架构也属于主 / 从架构。

主从复制方法基于主从架构，主从复制允许将一个数据库服务器（主服务器）的数据复制到一个或多个其他数据库服务器（从服务器）。主服务器记录写操作的更新，然后再将该操作传递到其他所有从服务器。主从复制的运行机制如下。

- 主节点接收客户端的写请求,在本地执行完毕之后,向其他节点发送该操作指令。只能向主节点发送写操作请求,否则无法实现数据一致性。
- 从节点收到来自主节点的写操作指令,执行该操作,并且保证按照与主节点相同的顺序执行写操作。
- 主从节点都可以接收执行读操作指令。

主从复制既可以是同步复制,也可以是异步复制,区别仅仅在于变更传播的时间。如果在主服务器收到了客户端的写操作的同时,等待其他从服务器执行自己发送的指令进行更新操作,待到所有数据都同步完成之后才向客户端返回写操作结果,则是同步复制。如果主节点不等待从节点写操作执行完成就向客户端返回执行结果,则它是异步的。基于主从架构的同步复制和异步复制执行过程分别如图 5-1 和图 5-2 所示。

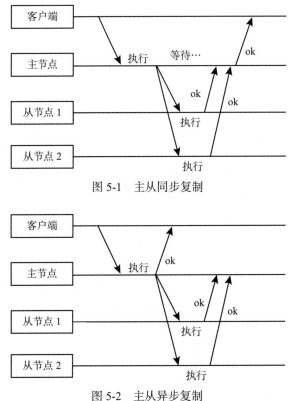

图 5-1 主从同步复制

图 5-2 主从异步复制

同步复制可以保证客户端访问的数据始终是最新版本,但是显然它比异步复制的吞吐量更低,因为客户端单次写操作所花费的时间更久。由于需要等待从节点的执行结果,因此会存在因为单个从节点执行速度慢导致客户端、主节点都在等待,影响整体的效率。异步复制的优势是数据服务的效率更高,但是会存在数据不一致的窗口期。

因为同步复制和异步复制都有各自的优缺点,所以 Facebook(现已更名为 Meta)

提出了"半同步复制"，集群中某个从节点使用同步，而其他从节点是异步，也就是说主节点只需要等待那个使用同步复制的从节点的执行结果就可以向客户端返回。

5.1.2　多主复制

上面提到在主从复制架构中，只有主节点才可以处理客户端的写操作请求，单主多从的性质导致分布式系统处理写请求的并发量无法随着集群的扩容而增加。整个集群受限于主节点的性能，并且如果主节点与从节点之间存在网络中断的情况，主从复制就会影响客户端的写入操作。

在多主复制架构中，相比于上面提到的主从复制模式，分布式系统拥有更多的主节点处理客户端的写操作请求，处理写请求的每个主节点都要把写请求指令传送到其他所有的节点，在每个主节点处理写操作请求的视角中，其他所有节点都是自己的从节点，同时自己也是其他主节点的从节点。

多主复制的使用场景一般是异地分布的多数据中心数据服务系统，多主复制集群结构如图 5-3 所示。

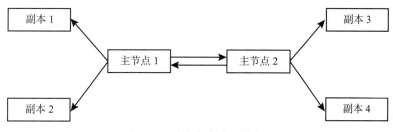

图 5-3　多主复制集群结构

在每个数据中心内部采用主从复制模式，即每个数据中心内部都有一个主节点处理本数据中心负责的客户端写请求，然后按照主从复制模式运行。在多个异地数据中心内部，由主节点负责更新操作的交换，实现异地数据中心的同步。

多主复制模式的优势如下。

- 负载均衡。使用多主复制的最常见原因是允许数据库集群处理比单个节点更多的写流量。要真正扩展数据库集群，我们必须通过添加读副本和使用多台机器处理写操作来扩展读操作。因此，当数据库集群上的写操作成为瓶颈时，应该使用多个主节点而不是单个主节点来接收传入的写操作，从而使集群能够分担负载并处理多个写请求。通常，客户端会从多个主节点中选择一个来发送写请求，然后将这些更新异步地传播到其他主节点，使它们与更改保持同步，并使系统最终保持一致。
- 避免单点故障。与数据库集群中的任何其他节点一样，主节点也可能崩溃。如果集群中只有一个主节点，这个唯一主节点处理所有的写请求，主节点崩溃会导致整个分布式系统无法提供数据服务，最终导致长时间的停机。这是主节点成为单点故障的典型情况。既然节点崩溃是不可避免的，那么在一个集群中运行多个主节点并让

所有主节点处理写请求是有意义的。采用这种方案，如果一个主节点崩溃，另一个
主节点可以继续无缝地处理写请求，集群可以继续工作。

- 跨地理分布数据服务的低时延。分布式系统和单机系统最显著的区别就是地理上的
  分布式，不仅是多个节点，多个节点的物理位置也是跨地理分布的。若使用主从复
  制模式，当数据库的客户端分布在不同的地理位置时，写延迟会急剧增加，因为所
  有地理位置上的客户端的所有写操作都必须到达主节点所在的这个区域。为了将跨
  地理位置的写延迟保持在最小值，可以使用多主复制模式，以便一个主节点驻留在
  离客户端更近的区域。当客户端发出写请求时，请求可以由最近的主节点提供良好
  的数据服务。

多主复制模式虽然有很多的优点，但是也存在不能忽视的问题，其中最需要重视多
主复制的写冲突问题。

在多主复制模式下，如果多个主节点同时处理对同一个数据项的写操作请求，会导
致写冲突操作，如图 5-4 所示。

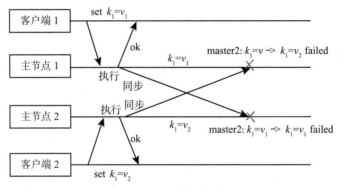

图 5-4　多主复制的写冲突

客户端 1 和主节点 1 同属于一个数据中心，客户端 2 和主节点 2 属于同一个数据中
心，客户端 1、客户端 2 同时向各自数据中心的主节点发送对同一个数据项 k_1 的更新操作
请求，k_1 的初始值为 v_0，客户端 1 的更新操作为将 v_0 更新为 v_1，客户端 2 的更新操作为将
v_0 更新为 v_2，各自数据中心的主节点都完成来自客户端的写操作请求，然后向对方数据中
心的主节点发送写请求以期望数据同步，但冲突在此时发生：主节点 1 无法执行来自主节
点 2 的指令，即 k_1 的值从 v_0 修改为 v_2，因为在主节点 1 上的 k_1 的值为 v_1；同理主节点 2
也无法执行来自主节点 1 的写操作请求。一般来说，多主复制写冲突的问题主要从两个角
度来解决。

- 从根源上杜绝冲突的发生。这种冲突解决策略的主要思路是按数据特性对数据分
  区，将不同区域的数据存储到不同的数据中心，所以不同数据中心的数据也就不需
  要同步，但是也能利用多主复制的优点优化分布式数据服务。比如将不同用户的数
  据放在不同的数据中心，对 A 用户数据的写请求会路由至存储 A 用户的数据中心

的主节点，B 用户数据的写请求会路由至存储 B 用户的数据中心的主节点，对于
客户端来说，这种策略基本等价于主从复制模型。该策略无法解决数据中心失效的
问题，此时需要引入新的冲突解决策略。

- 冲突发生后使用策略使数据达成一致。从这种角度实现的冲突策略比较多。其中一
  个是 Last-Writer-Win 即"最后写入者获胜"，在该策略中，每个写操作请求会被分
  配一个全局唯一的可先后排序的 ID 值，一般采用时间戳或者随机数，在冲突发生
  的时候，规定 ID 更大的写操作为获胜者，主节点就会以该操作为准，抛弃 ID 更
  小的写操作，多个主节点都是执行最大的写操作，最后实现数据一致。除了为操作
  赋 ID 之外，也可以为节点赋 ID，规定冲突发生时，始终以来自 ID 值更高的节点
  的操作为准即可解决冲突。

5.1.3 无主复制

无主复制与上面提到的两种复制方案（主从复制和多主复制）最大的区别就是在无
主复制方案中，分布式集群中所有节点的角色级别都是相同的，不存在主节点和从节点
的区别，所以无主复制也被称为 P2P 复制（Peer-to-Peer Replication）。无主复制模式的兴
起主要源自 Amazon Dynamo 数据库，在 Dynamo 之前，人们的研究热点大多集中在中心
化复制，即上面提到的主从复制或者多主复制，Dynamo 论文发表之后，诞生了许多受
Dynamo 启发的基于无主复制的数据库，如 Riak、Cassandra 等。

在分布式环境下，人们常常需要考虑一个问题：什么时候解决数据冲突（数据不一致）
的情况？之前提到的主从复制模式和多主复制模式都是在处理写请求时就解决了数据冲
突问题，也就是在问题产生的根源上解决问题。比如在主从同步复制方案中，为了不出现
数据冲突的情况，主节点会一直等待从节点完成写请求的确认帧，如果主从节点存在网络
分区的情况，则写请求很有可能会失败，多主复制也类似。这就造成了如下问题：用户获
得的数据服务质量会非常差，并不是指数据正确性很低，相反采用这种方案，即在处理写
请求的时候解决数据冲突的方案，提供的数据正确性是非常高的，这里所说的数据服务质
量差是指用户等待系统响应的时间非常久。客户端和服务端会定义服务级别协议（Service-
Level Agreement, SLA），即服务提供商对受服务用户能提供的服务质量的承诺，反映在数
据服务系统中，服务质量可以被理解为一个应用在一些条件下完成用户请求所花时间的上
限，比如：某个服务向客户端保证，在 500 QPS 的负载下，它处理 99.9% 的请求所花的时
间都在 300ms 以内。不同类型的数据服务系统的 SLA 可能差异巨大，有些系统可能更加
注重数据的正确性，而有些系统可以允许数据出现短时间的错误，但更加重视数据服务效
率。上面提到的主从同步复制模式就常被用于更重视数据正确性的系统，但是大多数系统
不需要如此高的数据正确性，使用它们的用户更在乎自己的使用体验。

让我们回到那个问题：什么时候解决数据冲突的情况？既然在处理写请求的时候解
决数据冲突方案会影响用户写操作请求的体验，那么在处理读请求的时候解决数据冲突
呢？无主复制模式就是这种方案。在无主复制模式下，没有一个类似主节点的角色对客

户端写请求操作进行协调，无主复制处理读写请求时会采用 Quorum 协议。

- Quorum 协议会有两个配置参数：执行一次读操作所需的最少参与者 *R*，以及执行一次写操作所需的最少参与者 *W*。集群系统中的节点数为 *N*。
- Quorum 协议要求：$R+W > N$。

在分布式系统中，*N* 一般是指用于数据备份的节点总数，一般不会太大，通常为一个奇数，比如 3 或 5。无主复制方案一般会要求参与写请求的节点数和参与读请求的节点数 $W=R=(N/2)+1$（向上取整），此时处理写请求的时间就会被压缩至只需要等待过半数节点的确认，把一部分等待开销转移至处理读请求的时间中。无主复制的 Quorum 协议运行过程如图 5-5 所示。

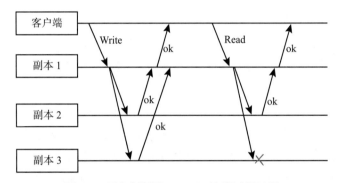

图 5-5　无主复制的 Quorum 协议运行过程

在图 5-5 中，客户端向副本 1 发送写请求，副本 1 向另外两个副本发送同步请求，副本 2 回复 ok，此时副本 1 不需要再等待副本 3 的回应即可向客户端响应写请求处理完成。副本 1 处理读请求时，与处理写请求的过程一样，即使副本 3 此时崩溃，也依然可以对客户端的读请求进行响应。此时 *R*=2、*W*=2、*N*=3，$R+W > N$，满足 Quorum 协议运行要求。

5.2　分布式数据一致性级别

在 5.1 节中，我们介绍了几种数据同步方法，这几种数据同步方法都有各自的优缺点，它们最直观的区别就是数据不一致的窗口时间和提供数据服务的读写效率差异。造成这些差异的根本原因其实就是在这些数据同步方法中分别应用了不同级别的数据一致性，不同级别的数据一致性会体现出不同的数据服务差异，有些级别的数据一致性更讲究读写服务的效率而不重视数据新旧程度，而有些级别的数据一致性更强调"在任何地方"获得的数据都是一致的，但是读写效率的优先级可能更低。不同背景的业务系统会使用相对应的数据一致性级别，本节将会对数据一致性级别进行整体性的介绍，让读者对数据一致性级别有相对明确的认识。

5.2.1 线性一致性

线性一致性（linearizability）在所有数据一致性中拥有最高的地位，有时也被称为严格一致性、原子一致性、强一致性。在线性一致性中，所有客户端对数据服务系统的访问都会得到统一的结果，不会出现数据复制滞后的问题。线性一致性中的每个操作都以类似原子的方式发生，与这些操作的实时顺序一致。例如，如果操作 A 在操作 B 开始之前完成，那么 B 在逻辑上应该在 A 之后生效。线性一致性模型是一个单数据对象的模型，但"一个对象"的范围是不同的。有些系统提供键值存储中单个键的线性；其他可能提供对表中的多个键或数据库中的多个表的可线性操作，但不会分别在不同的表或数据库之间提供线性操作。一种对线性一致性的通俗且普遍的说明是：整个分布式系统对外展示的效果好像只有一个数据副本，所有操作都是原子的。

线性一致性最早在文献 [53] 中被提出，整篇论文比较抽象难懂，但是我们引用该论文中提出的几个概念尽可能地说明线性一致性。首先论文中引入了历史（history，H）的概念，历史是由调用（invocation）和响应（response）组成的有限序列，H 中的子历史（subhistory）是 H 中所有时间的一个子序列。

- 调用：记为 $< x\ op(args*)\ A >$，其中 x 是对象名称，op 是操作名称，args* 表示参数值，A 是进程名。
- 响应：记为 $< x\ term(res*)\ A >$，其中，term（termination）表示结束条件，res* 是返回结果。

如果历史 H 是有序的，那么 H 就有以下性质。

- H 中第一个事件是第一个调用。
- 每个调用，除最后一个之外，后面都紧接着一个配对的响应。每个响应也都紧接着一个调用。

如果一个历史不是有序的，那么该历史就是并发的。历史中存在着操作上的非自反的偏序关系 $<_H$：$e_0 <_H e_1$ if res (e_0) precedes inv (e_1) in H，其中 res 表示 response，inv 表示 invocation，翻译成中文就是 H 中如果 e_0 的响应发生在 e_1 的调用之前，那么就可以说 $e_0 <_H e_1$。可能有些读者已经想到了 happens-before 关系，该关系源自 Leslie Lamport 发表的论文 "Time, Clocks, and the Ordering of Events in a Distributed System"。

如果一个事件发生在另一个事件之前，结果中必须体现这种关系。如果事件 a 影响了事件 b，a 发生在 b 之前，或者说 b 依赖于 a，我们就定义 $a \to b$。happens-before 是可传递的，如果 $a \to b \wedge b \to c$，那么 $a \to c$。同一个进程中先后发生的事件存在这个关系，同一个消息的发送和接收事件存在这个关系。

该偏序关系 $<_H$ 其实就是 happens-before 关系。如果历史 H 可以通过增加响应事件被延长为 H' 并且满足以下两个条件，则这个历史是线性化（linearizable）的。

- L_1：complete(H') 等同于某个合法的顺序历史 S。
- L_2：$<_H \subseteq <_S$。

其中 complete(H') 表示进程以完整的操作进行交互，L_2 表示如果操作 1 在 H 中先于操作 2 存在（注意这里的先于强调实时发生的顺序），那么在 S 中也是这样。我们把 S 称为 H 的线性化点（linearization）。线性一致性有如下特点。

- 局部性：如果一个并发系统中的每个对象都满足属性 P，则该并发系统也满足属性 P，这个属性 P 就是一个局部属性。线性一致性就是一个局部属性：当且仅当 H 中的每个对象 x 都是线性化的，才能保证 H 是线性化的。
- 非阻塞：一个完全操作的尚未结束的调用不必等待另外一个尚未结束的调用完成，invocation 事件不用等待对应的 response 事件。

线性化历史 H 具有一个等价的顺序历史 S，并且 H 中操作的实时顺序与 S 中的顺序保持一致，还保留了单线程内部的语义。

Sebastian Burckhardt 等人在 2014 年发表的论文中将线性一致性拆解为以下三个属性。

- SingleOrder：分布式系统中存在一种全局顺序。
- RealTime：约束全局顺序遵循物理时间上的操作发生顺序。
- RVal：约束返回值的一致性。

让我们通过一个例子来说明线性一致性，图 5-6 是模拟四个客户端进程对同一数据项的访问，从左至右表示时间的消逝，所有操作到达副本的时间都是不同的，P_1 进程将数据项 x 更新为 a，随后 P_2 进程将数据项 x 更新为 b，那么 P_3 和 P_4 获取到的数据应该是什么样的？

在线性一致性下，任何操作的执行都与所有读/写操作的发起相同，按照物理时间的顺序执行，所以读取到的值是最新的，所有副本都遵循物理时钟的写操作顺序，所以在线性一致性级别下，上面执行的实际情况应该如图 5-7 所示。

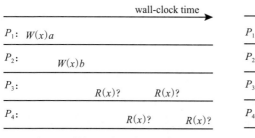

图 5-6 数据一致性执行时序图 图 5-7 线性一致性执行时序图

P_3 和 P_4 的执行结果符合 P_1、P_2 的写入操作的执行顺序，即最新的写操作结果。

以下是对线性一致性的特点总结。

- 存在一个合法的操作总顺序。**合法是指读操作总能看到最近的一次写操作。**
- 所有操作都遵循实时的顺序，操作 A 在操作 B 开始之前完成，则在总顺序中，A 一定在 B 之前。
- 一次已完成的写操作将会被之后发生的所有读操作观察到。
- 一旦某个读操作看到了一个值，所有在该读操作之后的其他读操作也必须返回相同的值（直到有新的写操作发生）。

线性一致性的优点是保证了读取数据的正确性，避免出现数据异常现象，线性一致性的时间界限保证了操作完成后，所有变更都对其他参与者可见。于是线性一致性禁止了过时读，每次读都会读到某一介于调用时间与完成时间之间的状态，但永远不会读到读请求调用之前的状态。线性一致性同样禁止了非单调的读，比如一个读请求先读到了一个新值，后读到一个旧值。很多并发编程模型在构建的时候都选择线性一致性作为基础。JavaScript 中的所有变量都是可线性化的，其他还有 Java 中的 volatile 变量、Clojure 中的 atoms、Erlang 中独立的 process。大多数编程语言都实现了互斥量和信号量，它们也是可线性化的。强约束的假设通常会产生强约束的保证。

线性一致性的缺点也非常明显，要实现这些强约束的假设并不容易，明显的代价就是数据服务读写延迟高。Seth Gilbert 与 Nancy Lynch 在 2002 年发表的论文正式证明了 CAP 理论，即 CAP 理论中所说的强一致性和高可用性之间关系被证实：在存在网络分区的情况下，分布式存储系统必须牺牲可用性或线性化功能。所以在很多的数据服务系统中都会使用之后要介绍的几种相较于线性一致性更弱的一致性级别。

5.2.2　顺序一致性和 PRAM 一致性

在介绍顺序一致性之前，先介绍一下 PRAM 一致性。PRAM 是 Pipeline Random Access Memory 的缩写，最早在 1988 年的学术报告中被提出，其要求所有进程看到给定进程发出的写入操作的顺序与该进程调用的顺序相同。另一方面，进程可能会观察到不同进程以不同顺序发出的写入。因此，PRAM 一致性不需要全局顺序。然而，来自任何给定进程（会话）的写入都必须按顺序序列化，就像它们在管道中一样。

Jerzy Brzezinski 等人在 2003 年发表的论文中证明了 PRAM 一致性等价于同时实现 read your writes、monotonic writes 以及 monotonic reads 三种一致性级别，这三种一致性级别非常好理解。

- read your writes 表示如果一个进程执行了一个写操作 w，然后该进程执行了一个后续的读操作 r，那么 r 必须观察 w 的效果。
- monotonic writes 表示如果一个进程执行写操作 $w1$，然后执行写操作 $w2$，那么所有进程都在 $w2$ 之前观察到 $w1$。
- monotonic reads 表示如果进程执行读操作 $r1$，然后执行读操作 $r2$，那么 $r2$ 不能观察到在 $r1$ 中反映的写操作之前的状态；直观地说，读操作是不能倒退的。

顺序一致性其实就是具有全局顺序的 PRAM 一致性。在实现顺序一致性的存储系统中，所有操作在所有副本上都以相同的顺序进行序列化，并且保留每个进程确定的操作顺序。仿照对线性一致性的属性拆解，我们可以将顺序一致性拆解为以下几个属性。

- SingleOrder：分布式系统中存在一种全局顺序。
- PRAM：保留由同一进程调用的操作的实时排序。
- RVal：约束返回值的一致性。

通过与线性一致性的拆解属性进行对比，我们可以发现顺序一致性与线性一致性的主要区别是将 RealTime 属性退化为 PRAM 一致性，即顺序一致性不保证跨进程（跨会话）的全局顺序，只保证单个进程（单个会话）内的顺序。

顺序一致性最早可以追溯到 Leslie Lamport 在 1979 年发表的论文，Leslie Lamport 在该论文中提出的顺序一致性是基于共享内存多处理器系统的，顺序一致性对这种系统提出了访问共享对象时的两个约束。

- 从单个处理器（线程或者进程）的角度看，其指令的执行顺序以编程中的顺序为准。
- 从所有处理器（线程或者进程）的角度看，指令的执行保持一个单一的顺序。

如果系统满足了这两个约束，那么这个多处理器系统就满足顺序一致性。我们可以将这种系统理解成一个同步分布式模型，从而扩展该定义到分布式系统领域。下面通过一个示例来说明顺序一致性和线性一致性的区别，如图 5-8 所示。

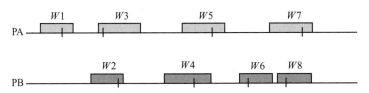

图 5-8 进程对共享数据对象执行写操作，其中竖线表示选定的线性化点

图 5-8 展示了一个执行过程，其中有两个进程对共享对象执行写操作。假设这两个进程也连续执行读取操作，每个进程将观察写入操作的特定顺序。如果假设系统遵循 PRAM 一致性，那么这两个进程可能会观察到以下两个写操作的执行顺序：

- S_{PA}：$W1$　$W2$　$W3$　$W5$　$W4$　$W7$　$W6$　$W8$。
- S_{PB}：$W1$　$W3$　$W5$　$W7$　$W2$　$W4$　$W6$　$W8$。

PRAM 一致性要求在每个进程内部，该进程观察到的顺序只要保证本进程的写操作按顺序执行即可。上面说到顺序一致性包含 PRAM 一致性，并且拥有唯一的全局顺序。如果系统进一步遵循顺序一致性，那么 S_{PA} 将会等于 S_{PB}，所以 S_{PA} 或者 S_{PB} 对于顺序一致性来说都是可以接受的，但是要保证整个系统采用统一的顺序，不能在不同进程内部观察到不同的执行顺序。

如果进一步对系统提出更高要求：满足线性一致性。按照图 5-8 中分配的线性化点，系统中操作的执行只能遵循如下的顺序：

$S_{Linearizability}$：$W1$　$W3$　$W2$　$W4$　$W5$　$W6$　$W8$　$W7$

顺序一致性不如线性一致性那么严格，相比线性一致性更容易实现。顺序一致性虽然存在全局顺序，但是本地节点执行顺序未必一定要严格遵守全局的时间顺序，并不要求操作的执行顺序严格按照真实的时间顺序。并且，顺序一致性对不同进程（节点）的操作并不规定其先后执行顺序，比如 PA 的 $W3$ 操作和 PB 的 $W2$ 操作，在 S_{PA} 和 S_{PB} 中分别以相反的顺序去执行，顺序一致性不会规定哪种顺序是正确的，只要保证所有进程（节点）执行顺序统一即可。一般来说，顺序一致性要求单进程内操作执行顺序遵循编程顺序，不同进程读写顺序无要求。

5.2.3　因果一致性

因果一致性会捕获操作之间潜在的因果关系，与因果关系相关的操作应该在所有流程中以相同的顺序出现，但是没有因果关系的操作的顺序可能并不会统一。5.2.2 节谈到了 PRAM 一致性，PRAM 一致性模型只能用于一致性要求比较弱并且进程间不存在因果关系的场景。但是如果我们仔细考虑实际生活场景和分布式系统的业务场景，实际上很多不同进程的操作之间确实存在因果关系，或者说是由系统赋予这些操作因果关系，才能让整个系统的运行更加正常，不会让用户感到困惑。

例如社交网络场景。用户 A 更新她的照片访问权限，禁止用户 B 查看她的照片，然后发布一张取笑用户 B 的照片。当 B 查看 A 的朋友圈动态时，他请求访问用户 A 的权限的缓存可能还没有反映 A 最近的更新（禁止用户 B 查看 A 的照片），但为获取动态而访问的缓存可能已经更新，所以动态中会包含用户 A 发布的照片。身份验证组件错误地允许用户 B 查看用户 A 发表的照片，从而造成数据一致性的异常。用户 A 的操作存在着因果关系：更新访问权限操作是更新相册内容的因。更新访问权限操作和更新相册内容操作在执行时大概率不会在同一个进程之中，如果该系统使用 PRAM 一致性，则不会满足这种因果关系，最终让用户 B 查看到了用户 A 发布的照片，导致用户体验非常差。

我们在介绍线性一致性时谈到了 happens-before 关系，因果一致性的核心思想正是 happens-before 关系，不过 Leslie Lamport 并没有根据 happens-before 关系提出对应的一致性模型，只是说明如何根据潜在的因果关系得到偏序集合。因果一致性最早出现在 1995 年发表的论文 "Causal memory: Definitions, implementation, and programming" 中，在这篇论文中，作者首先对顺序一致性模型和 PRAM 一致性模型进行了回顾，然后在两者之间提出了因果一致性模型，对因果一致性模型的定义如下。

- L_i：进程 P_i 的本地执行历史。
- $O_1 > O_2$：进程 P_i 上的操作 O_1 在对应一致性模型中的偏序关系中先于 O_2 执行。
- H：各个进程本地执行历史的集合 $L_1, L_2, \cdots, L_n$。

对于线性一致性和顺序一致性来说，因为它们具有 SingleOrder 属性，所以所有的进程都可以看到统一的执行顺序历史，也就是全局顺序，并且该顺序是满足线性一致性或者顺序一致性要求的顺序（比如线性一致性要求 RealTime，而顺序一致性要求 PRAM 顺序）。

对于 PRAM 一致性模型，每个进程内部拥有自己的执行顺序历史，该历史在所有进程之间不会统一，并且 PRAM 中不同进程中具有潜在因果关系的操作也不会有全局顺序，只在单个进程内部有全局顺序关系。

对于因果一致性模型，和 PRAM 一致性模型一样，每个进程内部拥有自己的执行顺序历史，该历史在所有进程之间不会统一，但是所有具有潜在因果关系的操作一定是具有全局顺序的，这些操作的执行顺序在所有进程的角度看都是一样的。本节多次提到潜在因果关系，但是在实际的系统中，潜在因果关系的定义会根据不同的业务系统做出调整，在本节所做的对因果一致性的抽象介绍中，潜在因果关系除了有具体说明的情况，大致可以确定为：不同进程对同一数据项的读写操作存在因果关系，同一进程对同一个数据项执行的读写操作也存在因果关系。这并不能包含所有的情况，比如有些业务系统中，修改数据项 Y 的操作会因为前一个读取数据项 X 的操作而变化，这也是因果关系，这里只是举例说明因果一致性，并不会代入实际的业务系统场景。

接下来以不同进程（节点）的读写操作对因果一致性模型进行举例说明，如图 5-9 所示，其中虚线表示操作之前的因果关系。

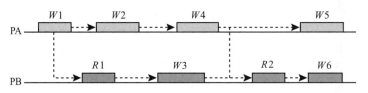

图 5-9 不同进程对共享数据项执行读写操作的过程

首先假设操作的执行遵循 PRAM 一致性，但不遵循因果一致性，则在每个进程（节点）内部的执行顺序可能是不一致的，如下：

- S_{PA}：$W1$ $W2$ $W4$ $W5$ $W3$ $W6$。
- S_{PB}：$W3$ $W6$ $W1$ $W2$ $W4$ $W5$。

可以发现，PRAM 一致性下的操作执行顺序不仅在各个进程内不一致，也不遵循因果关系。例如在 S_{PB} 中，$W3$ 在 $W1$ 之前执行，显然违反了实际的因果关系，最终结果必然是破坏系统的约束。

那么因果一致性下的执行顺序呢？如果该系统遵循因果一致性（因果一致性必然包含 PRAM 一致性），那么可能会得到如下的执行顺序：

- S_{PA}：$W1$ $W3$ $W2$ $W4$ $W5$ $W6$。
- S_{PB}：$W1$ $W2$ $W3$ $W4$ $W5$ $W6$。

在因果一致性级别下，不同进程内看到的操作顺序是不一致的，为什么会这样？因为因果一致性只在 PRAM 一致性的基础上保证了具有因果关系的操作具有全局统一的顺序，而对于不同进程内不具有因果关系的操作也无法做到统一的顺序。例如，在上面的例子中，可以确定以下操作具有因果关系：$W1 \rightarrow W3 \rightarrow W6$，$W1 \rightarrow W2 \rightarrow W4 \rightarrow W5$，$W1 \rightarrow W2 \rightarrow W4 \rightarrow W6$。可以看到上面得到的执行顺序 S_{PA} 和 S_{PB} 都满足这些因果关系，造成不同执行顺序的原因就是缺乏一个收敛的方式统一执行顺序，比如 W_2 和 W_3 是并发的操作，不存在因果关系，所以各个进程看到这两个操作的顺序是乱的，那我们就需要一个全局统一的裁决手段来让这些执行顺序统一。

因果＋一致性（Causal+ Consistency, CC+）是比因果一致性更严格的版本，也被称为收敛因果一致性，在 2011 年发表的论文 "Don't settle for eventual: Scalable causal consistency for wide-area storage with COPS" 中被提出。CC+ 一致性包含两个属性：因果一致性与收敛策略。对于并发的操作，两个操作之间并不存在因果关系，因此两个操作在不同节点的执行下可能存在乱序的情况。因此 CC+ 一致性在因果一致性的基础上额外增加了收敛策略。通过收敛策略可以避免数据出现不一致的情况。冲突收敛策略可以根据不同的业务系统进行定制，也有一些简单的冲突解决策略，比如 Last-Write-Win：对同一个数据项进行并发写入，都携带应保留的信息，检查操作版本号，将版本号低的抛弃。版本号一般会产生以下两个问题。

- 如果使用物理时间作为版本号，那么同一时间很可能会有多个操作的版本号相同。解决方法就是版本号在时间戳上再添加 ID 之类的唯一数值 < time, ID >，消除歧义。
- 分布式系统中每个数据中心的时间很难实现精准地同步，所以常见的解决方式是使用 lamport clock：
  - 每个服务器会保存一个 Tmax：这是每个服务器目前从所有地方看到的最高版本号。
  - 当它需要使用版本号时，它会根据 max(Tmax+1, real time) 的方式计算版本号。

每个新版本号都会比该节点在之前所看到的最高版本号更高。

在 COPS 中，使用依赖集和版本号的机制实现因果一致性，只有在某个操作的依赖操作完成之后，才会执行该操作。COPS 的上下文维护了一个 (key, version, deps) 表。读取时，客户端将读取到的键和对应的依赖添加到上下文中；写入时，客户端先从对应键最近的一项取出依赖，计算出新的依赖，然后发送给服务端，成功后，返回版本号，然后将新的版本号和新的依赖连同键一起添加到上下文中。

图 5-10 对应的依赖情况如图 5-11 所示，其中包含最近依赖（Nearest Deps）和所有依赖（All Deps）。

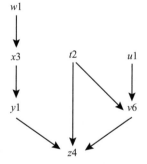

图 5-10 操作之间的依赖关系

值	最近依赖	所有依赖
t2	–	–
u1	–	–
v6	t2, u1	t2, u1
w1	–	–
x3	w1	w1
y1	x3	x3
z4	y1, v6	t2, u1, v6, w1, x3, y1

图 5-11 依赖集

最近依赖只会保存最近的依赖操作，而实际上，它不需要存依赖，因为获取到的值比其他所有依赖更近。因此上下文只存储 (key, version) 表，它就代表了最近依赖：读取时，获得到的键和版本号被添加到上下文中；写入时，使用当前上下文作为最近的依赖，然后清除上下文，仅用本次的写入结果来填充上下文。最近依赖一般用来处理不涉及事务的因果一致性。

之前我们用相册访问权限说明因果一致性，实际的操作一般是先执行 get(ACL)，获取相册权限列表，再执行 get(album)，获取相册内的数据。一般来说，造成冲突的原因可能是客户端 C1 在执行这两步的过程中，相册主人客户端 C2 插入了操作，更新了相册权限或者照片，导致客户端 C1 获取的数据造成了冲突。在 COPS 的事务处理中，客户端会获得一组完整的依赖集。对于每次 get 操作都会有一个依赖列表，C2 的中间插入操作会修改 get 的依赖项，所以 C1 的第二个 get 操作就不会满足依赖，会被重新执行之前的操作，避免出现数据冲突的问题。伪代码如程序清单 5.1 所示。

程序清单 5.1　用户操作伪代码

```
1  C1: get_trans(ACL, list)
2  C1: get(ACL) -> v1, no deps
3   // 中间插入操作
4     C2：put(ACL, v2)
5     C2：put(list, v2, deps=ACL/v2)
6  C1: get(list) -> v2, deps: ACL/v2
7  (C1 checks dependencies against value versions)
8  C1: get(ACL) -> v2
9  (now C1 has a causally consistent pair of get() results)
```

可以看到 C1 在 C2 插入操作之后，可以知道自己的依赖更新了（ACL/v2），但是此时自己又没有该依赖，就会重新 get(ACL)。跟踪因果关系的开销非常大，所以基于依赖集来构建因果一致性的方式在实际工业界的使用并不多。

5.2.4　最终一致性和弱一致性

我们介绍了几种数据一致性级别，但是现在很多实际的分布式系统中并不一定对数据一致性级别有要求，人们对这些近乎对一致性没有要求的级别也进行了定义：最终一致性和弱一致性。弱一致性最早的定义是，任何弱于顺序一致性的一致性模型都可以被认为是弱一致性，弱一致性系统不能保证读取返回最近写入的值，并且必须满足若干要求（通常未指定）才能返回值。实际上，弱一致性不能提供排序保证，因此不需要同步协议。尽管这个一致性模型的可用性似乎有限，但实际上它是在同步协议成本太高的情况下提出的，副本之间的数据偶然交换就足够了，不需要复杂的同步协议。例如，弱一致性的典型用例是可以跨 Web 应用程序的各个层应用的宽松缓存策略，甚至是在 Web 浏览器中实现的缓存。

最终一致性的含义是如果没有对给定数据项进行新的更新，则最终对该数据项的所有访问都将返回最后更新的值，该一致性级别不保证在任何时刻、任何节点上的同一份数据是相同的，但是随着时间的推移，不同节点上的同一项数据会向着一致的状态变化。最终一致性最早在 1994 年发表的论文中被提出，作者在该论文中提出了四种会话保证（session guarantee），其实我们之前已经介绍了部分：

- "read your writes" 表示如果一个进程执行了一个写操作 w，然后该进程执行了一个后续的读操作 r，那么 r 必须观察 w 的效果。
- "monotonic writes" 表示如果一个进程执行写操作 $w1$，然后执行写操作 $w2$，那么

所有进程都在 *w2* 之前观察到 *w1*。

- "monotonic reads" 表示如果进程执行读操作 *r1*，然后执行读操作 *r2*，那么 *r2* 不能观察到在 *r1* 中反映的写操作之前的状态；直观地说，读操作是不能倒退的。
- "writes follow reads"：写操作会在它所依赖的读操作之后传播。

也许很多人认为最终一致性这种完全不负责的数据一致性保证根本不能算真正的一致性，但实际上从一致性狭义的角度看，除了线性一致性做到了真正对数据一致性的保证，其他一致性级别，如因果一致性等不是正好符合最终一致性的定义吗？所以因果一致性从某种意义来说也是最终一致性较严格的版本。最终一致性在工业界有非常多的实现，如 Cassandra、DynamoDB，它更算是一种工程实现的模式，更符合 CAP 定理中的 AP 系统。

Marc Shapiro 在 2011 年发表的论文中总结了实现最终一致性的三个重要性质。

- Eventual Delivery：在正确副本上的一次更新最终会被传递到所有的副本上。
- Convergence：传递了相同更新的正确副本最终达到等效状态。
- Termination：所有方法终止执行。

最终一致性系统会执行更新，但是如果与其他副本发生冲突的情况，则会执行回滚操作以解决冲突，这是对资源的浪费，通常需要达成共识，以确保所有副本以相同的方式仲裁冲突。所以该论文的作者提出了强最终一致性，指出强最终一致性比最终一致性多了一个约束：收到了一样的更新列表的正确副本们的状态一致，相比于最终一致性避免了数据冲突回滚的情况。

图 5-12 是 Jepsen 对一致性模型的概括。其中黑色部分表示该一致性级别在某些类型的网络故障期间不可用，为了确保安全，部分或所有节点必须暂停操作；深灰色部分表示该一致性级别在每个非故障节点上都可用，只要客户端只与相同的服务器通信，而不是切换到新的服务器；浅灰色部分表示在每个非故障节点上都可用，即使在网络完全故障时也是如此。由下至上对应一致性级别由低到高。

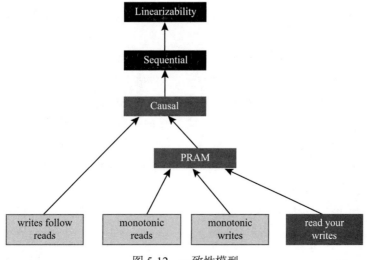

图 5-12　一致性模型

5.3 分布式数据一致性 / 共识算法

很多介绍分布式系统的相关文章常常会将一致性（consistency）和共识（consensus）两个词混用。共识是比一致性更宽泛的概念，不仅专注于数据层面，而且是指分布式系统中多个节点对彼此的状态达成一致结果的过程，比如：

- 节点时间上的共识，以保证事件发生顺序。可以采用逻辑时钟或者容忍物理时钟漂移的方式实现。
- 互斥性的共识，以决定节点对数据的使用权。
- 协调者的共识，以决定哪个节点是领导者。

共识算法更像一个解决分布式系统节点协同问题的普适算法，如果可以实现分布式多节点的共识，那么数据一致性的实现更是轻而易举。共识问题不像数据一致性那样有强弱之分，共识的最终目标，也是其唯一目标，就是所有节点达成一致。

任何形式上的共识算法都必须满足以下所有特征：

- Termination：所有正确的进程（非故障）最终都会决定（decide）某个值。
- Integrity：如果所有正确的进程都提出了（propose）相同的值，那么任何正确的进程都必须决定该值。
- Agreement：所有正确的过程都决定相同的值。

这三个属性看起来非常普通，这也说明共识算法从来不是解决某类特定问题的方法，你可以在任何场景下看到共识的身影：分布式系统中各节点对物理时钟或逻辑时钟的共识、共享文件系统对文件访问权限的分配等。

共识问题的特例：拜占庭将军问题

拜占庭将军问题是讨论分布式共识时绕不开的话题，是共识领域内比较特别的问题。该问题源自 Leslie Lamport 在 1982 年发表的论文 "The Byzantine Generals Problem"。在该文中，Leslie Lamport 将冲突信息被发送到系统的不同组件引发的故障问题抽象为拜占庭将军问题。

假设拜占庭的几个军队准备对某个敌方城市展开进攻，每支军队由该军队的将军指挥进攻，但是由于距离太远，将军之间只能通过使者相互沟通。Leslie Lamport 为了简化问题，将军的策略只能是进攻或者撤退，他们必须要做出统一的决定，如果出现了分歧就会造成灾难性的后果。将军内部存在叛徒，其最终目的是让所有将军的策略无法实现统一。将军需要一个算法来保证：

1）条件 A：所有忠诚的将军都会决定同样的行动计划。忠诚的将军们都会按照算法所说的做，但叛徒们可以做任何他们想做的事。无论叛徒做什么，算法都必须保证条件 A。忠诚的将军不能仅仅达成一致，他们还应该达成一个合理的行动计划。也就是说，实际上我们想保证条件 B。

2）条件 B：少数叛徒不能使忠诚的将军采取坏计划。坏计划很难定义，考虑将军们是如何做出决定的。每个将军都观察敌人，并将观察结果传达给其他人。设 $v(i)$ 为第 i 个将军传达的信息，每个将军使用某种方法将值 $v(1)\cdots v(n)$ 组合成一个行动计划，其中 n 是将军的人数。条件 A 通过让所有将军使用相同的方法组合信息来实现，条件 B 通过使用更稳健的方法来实现。例如，如果唯一要做的决定是进攻或撤退，那么 $v(i)$ 可以是 i 将军对哪一种选择最好的意见，最后的决定可以基于他们中的多数票。只有当忠诚的将军们在这两种可能性之间几乎均等地分配时，少数叛徒才能影响决定，在这种情况下，进攻或者撤退都不能被认为是坏计划。

条件 A 要求条件 C：每个忠诚的将军都要收到相同的 $v(1)\cdots v(n)$ 信息。条件 C 意味着将军不一定使用直接从第 i 将军处获得的 $v(i)$ 值，因为第 i 个将军可能是叛徒，会向不同的将军发送不同的值。对每个 i 都有条件 D：如果第 i 位将军是忠诚的，那么每个忠诚的将军都必须使用他发送的值作为 $v(i)$ 的值。条件 C 修改为条件 C′：任意两个忠诚的将军使用相同的 $v(i)$ 值。总结以下条件：

- 每个忠诚的将军都要收到相同的 $v(1)\cdots v(n)$ 信息。
- 任意两个忠诚的将军使用相同的 $v(i)$ 值。
- 如果第 i 位将军是忠诚的，那么每个忠诚的将军都必须使用他发送的值作为 $v(i)$ 的值。

现在问题被限制在一个将军如何向其他人传递命令的范围内，所以可以重新描述拜占庭将军问题：指挥官必须向他的 $n-1$ 个副官发出命令，问题条件如下：

- 条件 1：所有忠诚的副官都遵守相同的命令。
- 条件 2：如果指挥官是忠诚的，那么每个忠诚的副官必须遵守他发出的命令。

这两个条件称为交互一致性（Interactive Consistency，IC）条件。当指挥官是忠诚的时候，可以由条件 2 推导条件 1，但是指挥官不一定是忠诚的。Leslie Lamport 通过证明得出结论：拜占庭将军问题在忠诚数量不超过三分之二的时候无解。特别是在将军总数为 3 时，没有任何方法可以在出现叛徒的情况下解决这个问题。

当指挥官不忠诚时，执行场景如图 5-13 所示。指挥官是叛徒，他向 1 号副官发出进攻命令，向 2 号副官发送撤退命令。1 号副官不知道叛徒是谁，同时他也不知道指挥官实际上向 2 号副官发出了什么命令。因此，当 1 号副官收到指挥官的进攻击命令时，他必须服从命令。同理，此时 2 号副官收到指挥官的撤退命令，那么因为 IC 条件 2 他必须服从命令，即使 1 号副官可能告诉他指挥官说的命令是进攻。1 号副官执行进攻命令，2 号副官执行撤退命令，违反了 IC 条件 1。

当副官不忠诚时，假设其中一个副官是叛徒，执行情况如图 5-14 所示。指挥官是忠诚的并向两个副官发出进攻命令，但 2 号副官是叛徒，并向 1 号副官报告他收到了撤退命令。为了满足 IC 条件 2，1 号副官必须服从进攻命令。1 号副官执行进攻命令，2 号副官执行撤退命令，违反了 IC 条件 1。

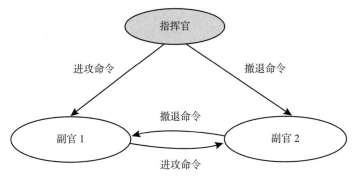

图 5-13　情况 1：指挥官是叛徒

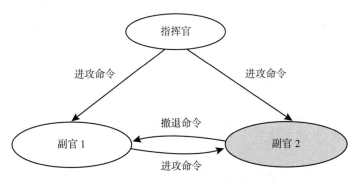

图 5-14　情况 2：副官是叛徒

　　将这个结论推广：如果将军个数为 3n+1，则不能处理出现 n 个叛徒的情况。把拜占庭将军问题的结论放在分布式领域内：在同步式网络中，有 3n+1 个节点，如果故障节点不超过 n 个 [这里所说的故障是指"叛徒"故障，故障节点不会停止运行，而是会传播错误消息，也称拜占庭错误（Byzantine Fault）]，那么这个问题是可解的。但是实际上，分布式同步网络的情况太少，而试图在异步系统中和不可靠的通道达成一致性状态是不可能的，该结论来自 FLP 不可能定理：在异步系统中，如果节点存在可能故障的风险，则不存在能够达成分布式节点共识的稳定算法。FLP 不可能定理中的节点故障的情况指的是 fail-stop，即一旦发生此类故障，节点就会停止运行，并不会出现拜占庭将军问题中的"叛徒"情况，但是其他节点不知道该节点故障，只会认为是消息延迟。

　　既然存在 FLP 不可能定理，那么继续研究共识还有意义吗？有，因为 FLP 不可能定理也有前置条件，该定理基于的异步系统模型非常受限，它要求所有的算法都不能使用任何时钟或者超时机制，以保证分布式系统 safety 和 liveness 两个特性。但是实际的分布式系统中是可以使用超时机制的，也就是降低了 liveness 的要求，所以可以实现稳定的共识算法。

　　safety 和 liveness 两个特性是 Leslie Lamport 在其论文"Proving the Correctness of Multiprocess Programs"中提出的，最早是用于验证多进程程序正确性的两个特性，之后被扩展至分布式系统领域。

- safety：一些"坏情况"永远不会发生。比如多个进程同时访问临界资源，这种操作在分布式系统中一定是被禁止的，因为如果发生了这种情况，那么这个分布式系统一定是没有意义的，高并发会导致最终的节点状态完全不可预料。

- liveness：一些"好情况"最终一定会发生，即使不知道是在什么时候发生。最明显的案例就是之前介绍的"最终一致性"，多个节点的状态一定会同步，只不过我们不知道什么时候才能完成同步。

上面提到了两种故障，一种是故障即宕机，另一种是故障继续运行发送错误消息，根据这两种故障可以将共识算法分为以下两种。

- CFT 共识算法：CFT 是 Crash Fault Tolerance 的缩写，可以处理分布式系统中出现非拜占庭错误的情况，如网络 / 磁盘故障、服务器宕机等，但是如果节点做出篡改数据等违背共识原则的行为，算法将无法保障系统的安全性。比较著名的共识算法如 Paxos、Raft 等都属于 CFT 共识算法。

- BFT 共识算法：BFT 是 Byzantine Fault Tolerance 的缩写，不仅可以处理非拜占庭错误的情况，还可以处理部分节点出现拜占庭错误的情况，常被用于区块链系统。PBFT 算法、PoW 算法等都属于 BFT 共识算法。

本节主要从分布式数据库数据一致性的角度出发介绍算法，包括共识算法和一致性算法，一般来说分布式数据库内常用的共识算法是 CFT 共识算法，BFT 算法常用于区块链领域。出于共识算法介绍的完整性考虑，我们会向读者介绍一种比较重要 BFT 算法，其余算法均是 CFT 共识算法或者专用于实现多数据副本一致的一致性算法。

5.3.1 ViewStamped Replication 算法

ViewStamped Replication 算法，即 VR 算法，最初在 1988 年发表的论文中被提出，该论文作者之一是 Barbara Liskov，她也是之后要介绍的 PBFT 算法的提出者。2012 年，算法作者更新了 VR 算法。作者称 VR 算法不属于共识算法的范畴，只是利用了与 Paxos 算法类似的共识机制来处理副本复制，所以称 VR 算法为一致性算法更贴切。VR 算法在分布式异步网络中工作并处理节点因崩溃而失败的故障。它支持在多个复制节点上运行的复制服务。该复制服务会维护一个状态，并使一组客户端机器可以获取该状态。VR 算法提供复制状态：客户端可以运行常规操作来观察和修改服务状态。因此，该方法适合于实现复制服务，如锁管理器或文件系统。本节介绍的 VR 算法主要来自 2012 年的 VR 算法版本，相比于 1988 年提出的 VR 算法，2012 年的 VR 算法不需要任何 I/O 持久化操作，并提出了重新配置协议以允许副本节点的身份变化。

VR 算法的假设

VR 算法处理的故障是非拜占庭错误，节点失败的唯一结果就是节点崩溃，因此机器要么正常运行，要么完全停止。VR 算法工作在异步网络中，消息未到达并不表示发送者的状态。消息可能会丢失、延迟发送或出现故障，并且可能会多次发送；如果重复发送一条消息，消息最终会被传递至目标节点。

VR 算法可以在 $2f+1$ 个副本组的分布式系统中处理不超过 f 个副本故障的情况，VR 算法架构如图 5-15 所示。图中展示了一些正在使用 VR 算法的客户端，VR 算法在 3 个副本上运行；因此在该示例中 $f=1$。客户端机器在 VR 协议上运行用户代码。用户代码通过对协议进行操作调用与 VR 算法节点通信。

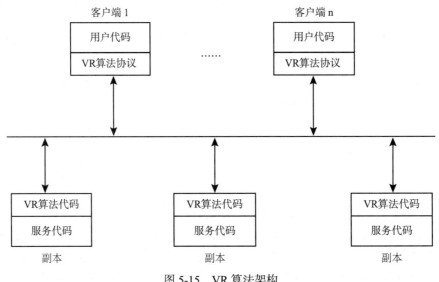

图 5-15 VR 算法架构

复制状态机要求副本节点以相同的初始状态开始，并且操作具有确定性。如果副本执行相同的操作序列，它们将以相同的状态结束这些操作。复制协议面临的挑战是，如何确保在所有副本节点上以相同的顺序执行操作，同时能够容忍客户端的高并发请求以及节点宕机的情况。VR 算法基于数据同步章节中介绍的主从同步方法，主节点用来规定顺序，从节点只能被动接受这些顺序。如果主节点故障，会发生什么？VR 算法对这个问题的解决方案是允许不同的副本在一段时间内承担主节点角色。VR 算法中主节点的周期数（类似于之后会讲到的 Raft 算法中的 Term）称为视图（View），如果主节点更新，则 View 数加 1。在每个视图中，选择一个副本作为主节点。从节点会监视主节点，如果主节点出现故障，则执行视图更改（View Change）协议以选择新的主节点。

如果执行了视图更改协议，那么新的主节点也要以先前主节点选定的的顺序执行客户端操作，VR 算法考虑到了这一点，让主节点在执行客户端请求之前等待至少 $f+1$ 个副本（包括它自己）的恢复，并通过询问至少 $f+1$ 个副本来初始化新视图的状态。因此，每个请求都是多数节点已知的，并且新视图从多数节点开始。VR 算法为未能执行完全并在恢复节点后继续执行的情况提供方法。可以将 VR 算法分成以下三个子协议处理各种情况。

- 无故障下的用户操作处理。
- 执行视图更改协议，选择新的主节点。
- 恢复故障副本，使它能够正常加入 VR 算法集群。

VR 算法中的状态如下。

- configuration：所有副本的 IP 地址集合。
- replica number：某个副本地址的索引。
- current view-number：视图号，初始为 0。
- current status：分为 normal、view-change 和 recovering。
- op-number：最近收到的操作号，初始为 0。
- log：op-number 条目的数组，包含到目前为止按指定顺序收到的请求。
- commit-number：最近提交操作的 op-number。
- client-table：记录每个客户端其最近的请求的数量，如果请求已被执行，则为该请求发送的结果。

无故障下的用户操作处理

主节点正常运行时，副本之间通过携带了视图号信息的消息通信，只有视图号符合要求时才会处理该消息。如果收到的视图号过小，则说明该副本已经过时，会被丢弃；如果视图号过大，则副本执行状态变化：它请求其他副本中自己所缺少的信息，并在处理消息之前使用这些信息更新自己的状态。正常情况下，VR 算法的执行流程如下。

1）客户端向主节点发送 < REQUEST op, c, s > 消息，其中 op 是客户端想要运行的操作（及其参数），c 是客户端 id，s 是分配给请求的 request-number。当主节点接收到请求时，它将请求中的 request-number 与 client-table 中的信息进行比较。如果 s 不大于表中的信息，它会丢弃请求，但如果请求是来自此客户端的最近请求，并且已经执行，它会重新发送响应。

2）主节点为请求确定操作号（op-number），将请求添加到日志 log 末尾，并更新 client-table 中该客户端的信息以包含新的操作号 s。然后，它向其他副本发送 < PREPARE v, m, n, k > 消息，其中 v 是当前视图号，m 是从客户端接收的消息，n 是分配给请求的操作号（op-number），k 是提交号（commit-number）。

3）从节点按顺序处理 PREPARE 消息：只有在比 n 更早的请求都被处理之后，从节点才能处理此消息。当从节点 i 接收到 PREPARE 消息时，它会等待，直到日志中有所有早期请求的条目（如果需要，则执行状态转移以获取丢失的信息）。它会增加 op-number，将请求添加到其日志的末尾，更新 client-table 中的客户端信息，并向主节点发送 < PREPAREOK v, n, i > 消息，以指示此操作和所有以前的操作都在本地准备好。

4）主节点等待来自不同从节点的至少 f+1 个 PREPAREOK 消息；此时，它认为操作（以及所有早期的操作）已提交。然后，在它执行了所有早期的操作（那些被分配较小操作号的操作）之后，主程序通过向上调用服务代码来执行操作，并增加其提交号（commit-number）。然后向客户端发送 < REPLY v, s, x > 消息；这里 v 是视图编号，s 是客户端在请求中提供的编号，x 是向上调用的结果。主节点还更新 client-table 中的客户端条目以包含结果。

通常，主节点在发送下一个 PREPARE 消息时通知从节点提交；这就是 PREPARE 消息中携带提交号的目的。但是，如果主节点没有及时接收到新的客户端请求，它会通过向从节点发送一条< COMMIT v, k >消息来通知从节点最近的提交，其中 k 是提交号（请注意，在这种情况下，commit-number=op-number）。

当从节点得知提交时，它会等待，直到它的日志中有该请求（这可能需要状态转移），并且执行了所有早期操作。然后，它通过执行对服务代码的向上调用来执行操作，增加其提交号，更新 client-table，但不向客户端发送回复。

VR 算法的常规执行流程如图 5-16 所示。

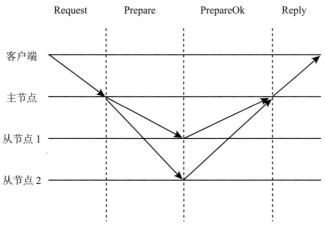

图 5-16　VR 算法的常规执行流程

如果出现了主节点故障，VR 算法就会执行**视图更改阶段**，执行过程如下。

注意，需要视图更改的从节点 i 将其视图号（view-number）加 1，并将自己的状态设置为视图更改，向所有其他从节点发送< STARTVIEWCHANGE v, i >消息，其中 v 表示新视图。从节点会根据自己的计时器，或者收到一个 STARTVIEWCHANGE 或 DOVIEWCHANG 消息，并且该消息的编号大于自己的视图号时，就会进入视图更改状态。

当复制副本 i 从其他 f 个复制副本节点接收到携带它们视图号的 STARTVIEWCHANGE 消息时，它将向新视图中的主节点发送< DOVIEWCHANG v, l, v', n, k, i >消息。这里 v 是其视图号，l 是其日志，v' 是其状态正常的最新视图的视图号，n 是操作号，k 是提交号。

当新的主节点从 f 个不同副本节点（包括它自己）接收 $f+1$ 个 DOVIEWCHANGE 消息时，它将其视图号（view-number）设置为消息中的视图号，并选择消息中包含的具有最大 v' 的视图号作为新日志；如果多条消息具有相同的 v'，则它从其中选择 n 最大的一条。它将其操作号设置为新日志中最新条目的操作号，将其状态更改为 normal，并通过发送< STARTVIEW v, l, n, k >向其他副本发送消息，其中 l 是新日志，n 是操作号，k 是提交号。

新的主节点开始接收客户端请求，它还按顺序执行以前未执行的任何提交操作，更新其 client-table，并将回复发送给 client。当其他副本接收到 STARTVIEW 消息时，它们会将日志替换为消息中的日志，将其操作号设置为日志中最新条目的操作号，将其视图号设置为消息中视图号，将状态更改为 normal，并更新 client-table 中的信息。如果日志中有未提交的操作，它们将向主节点发送 < PREPAREOK v, n, i > 消息；这里 n 是操作数。然后，他们执行之前没有执行的所有已知已提交的操作，更新 client-table 中的信息。

当复制副本在崩溃中恢复后，它不能参与请求处理并查看更改，除非它的状态至少与失败时的状态相同。如果它不考虑状态差异直接参与进来，系统可能会发生故障。例如，如果它忘记准备了某个操作，那么即使提交了该操作，也可能只有少于法定数量的副本知道该操作，这可能会导致该操作在视图更改中被丢弃。一个副本在崩溃后恢复重新加入集群，会将自己的状态设置为 recovering，并执行 recovery protocol，此时它不参与处理请求或者 view change 协议。recovery protocol 执行过程如下。

恢复副本 i 向所有其他副本发送 < RECOVERY i, x > 消息，其中 x 是临时值（nonce）。副本 j 仅在其状态为 normal 时才回复 RECOVERY 消息。在这种情况下，复制副本会向正在恢复的复制副本发送一条 < RECOVERYRESPONSE v, x, l, n, k, j > 消息，其中 v 是其视图号，x 是 RECOVERY 消息中的临时值。如果 j 是其视图的主节点，则 l 是其日志，n 是其操作数，k 是提交号；否则这些值为 nil。

正在恢复的副本等待从不同副本接收至少 $f+1$ 条 RECOVERYRESPONSE 消息，所有消息都包含它在 RECOVERY 消息中发送的随机数，包括它在这些消息中了解到的最新视图的主节点中的临时值。然后，它使用来自主节点的信息更新其状态，将其状态更改为 normal，recovery protocol 完成。

VR 算法的第一版是 primary copy 方法，主节点在本地执行完请求之后，再让其他节点执行同步操作；而第二版算法基于复制状态机，确认每个操作的顺序，更像是共识算法，但是作者在其论文中明确说明这只是一个复制协议，所以可能是定位的问题，VR 算法更贴近应用，而非普适性的共识协议。

5.3.2 Paxos 算法

Paxos 算法历史悠久，最早可以追溯到 Leslie Lamport 在 1990 年撰写的论文"The part-time parliament"，但是由于论文晦涩难懂，并且 Leslie Lamport 沿用之前提出拜占庭将军问题的方式，通过讲故事说明 Paxos 算法，没有严谨的理论证明，导致论文未被采纳，在很长一段时间内，Paxos 算法都没有获得太大的关注。直到 1998 年，FLP 不可能定理的提出者之一 Nacy Lynch 重新审视了这篇论文并重新编写，最终得以发表。

在"The part-time parliament"论文中，Leslie Lamport 虚构了一个小岛，名为 Paxos。Paxos 岛是一个商业贸易中心，岛上的人以议会的形式确定律法以保证城市可以有序稳定运转。但是对 Paxos 岛上的人来说，赚钱才是最主要的，议会议员只是他们的兼职，所以该议会模式也被称为兼职议会（part-time parliament）模式，这也是论文题目的由来。兼职议会的会议模式可以使各议员保持一致的会议记录，尽管他们会频繁地进出会议室并且还很健忘。兼职议会的运行模式正好能对应于高可用分布式数据服务系统所面对的问题：可以将议员看作进程或者节点，将议员的缺席看作进程或节点的宕机。因此 Paxos 兼职议会模式的解决方法或许值得计算机科学借鉴。

这篇论文发表后，因为论文中的故事实在太难理解了，所以没有引起太大的反响。Leslie Lamport 在 2001 年放弃了用讲故事的方式说明 Paxos 算法，而是使用更符合计算机科学的方式讲解该共识算法，发表了论文"Paxos made simple"。

该论文的英文摘要是：The Paxos algorithm, when presented in plain English, is very simple。但实际上 Paxos 算法对于大多数人来说还是非常复杂的。在这篇论文中，Leslie Lamport 直接举例说明了 Paxos 在实际分布式系统中的用途，以及如何应用该算法。Paxos 可以用来确定一个不可变变量的取值，该取值可以是任意的二进制数据，一旦确定就不会再更改，并且可以被获取。而这些不可变变量在分布式存储系统中可以是一段操作序列，所以 Paxos 算法可以将共识直接应用于构建分布式系统的状态机，让每个节点副本可以按相同顺序执行此操作序列，构建相同的状态机，解决大部分的分布式系统问题。

共识算法在状态机中的应用本质上是让分布式多个节点都对一段数据更新序列［op1, op2, …, op*i*］达成共识，确定第 *i* 个操作 op*i* 是什么。这段更新序列在分布式存储系统中可以被视为预写日志（Write Ahead Log，WAL）。下面是原始论文对 Paxos 算法的描述。

共识算法问题描述

假设可以提议（propose）值的进程集合，共识算法确保在提议的值中选择一个。如果未提出任何值，则不应选择任何值。如果选择了一个值，那么进程应该能够知道所选择的值。共识的安全要求是：

- 只有一个被提议的值会被选择。
- 只选择一个值。
- 一个进程永远都不会知道这个值已经被选择，除非这个值实际上真的被选择。

共识算法中的三个角色由三类 agent 执行，分别是 proposer、acceptor 以及 learner。在具体实现中，单个进程可以充当多个 agent，但不在意 agent 到进程的映射关系。agent 之间通过发送消息进行相互通信，使用异步的非拜占庭模型，其中：

- agent 以任意速度运行，可能因宕机而失败，也可能重新启动。由于所有 agent 在选择某个值并重新启动后都可能会失败，因此，除非失败并重新启动的 agent 能够记住某些信息，否则是不可能存在解决方案的。
- 消息分发可以消耗任意长的时间，可以重复，也可以丢失，但是消息不会被破坏（非拜占庭错误）。

如何选择值

选择一个值的最简单的方式，就是系统中只有一个 acceptor agent，一个 proposer 向该 acceptor 发送一个提议（proposal），acceptor 选取其收到的第一个 value 值。但显然这种方式不符合要求，因为 acceptor 会宕机导致共识无法继续。所以，尝试另一种选择值的方法。让我们使用多个 acceptor（multiple acceptors agents），而不是单个 acceptor。proposer 将提议的值发送给一组 acceptor。acceptor 可以接受提议的值。当足够多的

acceptor 接受该值时，将选择该值。那么足够多是多少？为了确保只选择一个值，我们可以让一个足够大的集合包含任何大多数 agent。因为任何两个过半数的集合都至少有一个共同的 acceptor，所以如果一个 acceptor 最多可以接受一个值，这个方法是可行的。在没有失败或信息丢失的情况下，我们希望选择一个值，即使只有一个值是由单个 proposer 提出的，这需要以下条件。

- P1：acceptor 必须接受它所收到的第一个 proposal。其实并不能保证每次都有第一个 proposal，因为在同一时刻可能会有多个 proposal 被提出，最终可能会导致平票。为了避免这种冲突，可以让不同的 proposal 有不同的编号，即唯一的全局有序 ID，那么每个提议都可以被表示为（ID, Value）对。而达成共识是指对 value 达成共识，所以允许有多个不同的 proposal 被选取，但是我们必须保证所有被选择的 proposal 都有相同的 value。

- P2：如果一个 value 为 v 的 proposal 被选中，那么任何更大 ID 号且被选中的 proposal 也必须拥有同样的 value 值 v。因为选中的 proposal 是从接受的 proposal 里面选择的，所以可以通过满足以下条件来满足 P2。

  - P2a：如果一个 value 值为 v 的 proposal 被选中，那么任何更大 ID 号且被接受（被 acceptor 选中）的 proposal 也必须拥有同样的 value 值 v。即使一个 value 值为 v 的提议已经被选中，可能还存在一个 acceptor c 一直没有批准任何提议。如果此时它接收到了一个更大 ID 号的 proposal，且该 proposal 与选中的 proposal 拥有不同 value 值。由于条件 P1，此时 acceptor c 需要接受该 proposal，但是这样就会违背 P2a。为了保证 P1 和 P2a 兼容，我们需要满足一个更高的条件 P2b。

  - P2b：如果一个 value 值为 v 的 proposal 被选取，那么被任意 proposer 提出的每个有更大 ID 的 proposal 的值都为 v。该条件如果可以满足，那么 P2a、P2 自然都可以满足。但是如何满足 P2b？我们先假设某个 proposal ID 为 m、值为 v 的提议被选取了，这意味着任何被提出的 proposal ID 为 n 且（$n > m$）的提议同样有值 v。我们通过对 n 进行归纳来使证明更加简单，可以通过如下方式证明。假设每个被提出的 proposal ID 为 $m..(n-1)$ 的 value 为 v，$i..j$ 表示从 i 到 j 的一组数，那么 proposal ID 为 n 的提议的值为 v。对于将会被选取的 proposal ID 为 m 的提议，必须有某个 acceptor 的集合 C，C 由大多数的 acceptor 组成，且每个 C 中的 acceptor 的都接受了该提议。将其与归纳假设结合，可得知，m 被选取的假设包含了：C 中的每个 acceptor 都接受了一个 proposal ID 在 $m..(n-1)$ 间的提议，每个 proposal ID 为 $m..(n-1)$ 且被任意 acceptor 接受的提议的值都为 v。因为任意由大多数 acceptor 组成的集合 S 中会包含 C 中的至少一个 acceptor，我们可以得出，在确保如下的条件成立时，proposal ID 为 n 的 value 为 v 成立。

  - P2c：对于任何一个提议 (n, v)，都必然存在一个大多数接收者集合 S，保证以下任意一个条件成立：a) S 内没有任何一个接收者批准过序号比该提议小的提议，b) v 等于 S 内所有接收者的所有被批准的提议中序号最大且小于 n 的提议的

value。为了保证 P2c，我们在构造提议的时候，需要获取序号小于该提议的已被批准或者将被批准的提议序号以及对应的 value（由于存在异步情况，有些序号较小的提议可能在构造新提议时还未被批准）。获取已批准的提议很简单，但是要预测哪些提议将被批准很困难，所以这里用了一个巧妙的方式：在构造提议的时候要求接收者做出承诺，不再批准序号小于 n 的提议。

整个提议的流程如下。

1）proposer 选取一个新的 proposal ID 为 n 的提议，并将一个请求发送给某个 acceptor 的集合中的每个成员，要求对方做出如下响应：承诺永远不会再接受 proposal ID 小于 n 的提议；承诺永远不会再接受其已经接受过的 proposal ID 小于 n 的提议中 proposal ID 最大的提议（如果存在的话）。我们称这样的请求为编号为 n 的 prepare 请求。

2）如果 proposer 收到了来自大多数 acceptor 的对其请求的响应，那么它可以提出一个 proposal ID 为 n、值为 v 的提议，其中 v 是所有响应中 proposal ID 最高的响应的值，或者当响应者没有报告提议时，v 可以是由 proposer 选取的任何值。proposer 通过向某个 acceptor 的集合（不需要与响应其最初请求的 acceptor 集合是相同的集合）发送接收该提议的请求来提出提议。我们称这个请求为 accept 请求。

这描述了 proposer 的算法。那么 acceptor 的算法是怎样的呢？其可能接受两种来自 proposer 的请求：prepare 请求和 accept 请求。acceptor 可以在不影响安全性的情况下接受或忽略任何请求。所以，我们只需要说明其什么时候可以响应请求即可。acceptor 总是可以响应 prepare 请求。当且仅当 acceptor 没有承诺不接受时，acceptor 可以响应 accept 请求并接受其提议。换句话说，P1a：当且仅当 acceptor 没有响应一个 proposal ID 大于 n 的 prepare 请求时，其可以接受一个 proposal ID 为 n 的提议。P1a 包含实现了 P1。

假设 acceptor 收到了一个 proposal ID 为 n 的 prepare 请求，但是它已经响应了 proposal ID 大于 n 的 prepare 请求（因此它承诺了不再接受 proposal ID 为 n 的新提议）。这样 acceptor 没有响应这个新 prepare 请求的理由，因为它不会接受该 proposer 想要提出的 proposal ID 为 n 的提议。所以，我们让 acceptor 忽略这样的 prepare 请求。我们还让 acceptor 忽略其已经接受的提议的 prepare 请求。

通过优化，acceptor 只需要记住其曾经接受的 proposal ID 最高的提议和其响应过的 prepare 请求中最高的 proposal ID。因为无论是否发生故障，P2c 都需要被保证，所以即使 acceptor 故障且随后重启，其也必须能够记住这个信息。需要注意的是，proposer 总是可以丢弃一个提议并忘记关于该提议的一切，只要该 proposer 不再试图提出另一个有相同 proposal ID 的提议。算法操作包含如下两个阶段。

- 阶段 1：proposer 选取一个 proposal ID 为 n，并向大多数 acceptor 发送 proposal ID 为 n 的 prepare 请求。如果 acceptor 收到了一个 prepare 请求，且其 proposal ID 大于任何它已经响应过的 prepare 请求的 proposal ID，那么该 acceptor 承诺其不再接受任何 proposal ID 小于 n 的提议和（如果存在的话）其接受过的提议中 proposal ID 最高的提议。

- 阶段 2 ：如果 proposer 收到了来自大多数 acceptor 的对其（proposal ID 为 n 的）prepare 请求的响应，那么该 proposer 会向这些 acceptor 中的每一个发送一个对于 proposal ID 为 n、值为 v 的 accept 请求，其中 v 是这些响应中 proposal ID 最高的值，或者如果响应中没有报告任何提议，那么可以是任意值。如果 acceptor 收到了对 proposal ID 为 n 的 accept 请求，该 acceptor 会接受这个提议，除非它已经响应过 proposal ID 大于 n 的 prepare 请求。

为了知道被选取的值，learner 需要发现被多数 acceptor 接受的提议，一种比较直白的方法是每当 acceptor 接受一个提议时，它就会通知所有的 learner，向它们发送该提议，但这样一来开销非常大，因为这是多个 acceptor，总的响应数量为 acceptor 和 learner 的数量乘积。可以使用一种更通用的方法，因为上面提出的问题基于非拜占庭错误，所以 learner 之间对 proposal 的传递是比较可靠的，acceptor 可以将其接受的提议的 value 的事件响应给一些等级更高的 learner 的集合，当值被选取时，这些高级 learner 通知所有的 learner。使用更大的 learner 集合能够提供更好的可靠性，但代价是通信更加复杂。

从实际应用的角度，总结一下 Paxos 算法中各角色的作用。

- proposer：proposer 负责根据客户端请求生成提议（proposal），可以有多个 proposer 发起提议，提议包含提议编号（ID）和提议值（Value），每一个提议都会被编号，这个编号是全局唯一的。
- acceptor：acceptor 负责接收 proposer 发送的提议并进行确认。存在多个 acceptor 共同工作，假设 acceptor 个数为 N，那么至少经过 $N/2+1$ 个（过半数）acceptor 确认后该提议才会被接受。
- learner：learner 可以被看作提议的执行者，对于 acceptor 接受的提议，learner 会执行提议的内容，并返回给客户端。learner 有多个。

Paxos 算法的过程可以分为两个阶段，分别为 Prepare 阶段和 Accept 阶段，是一个典型的两阶段协议。在 acceptor 节点中会维护几个值用来记录：接收到的 Prepare 阶段的最大提议编号值 maxPrepareID、接收到的 Accept 阶段的最大提议编号值 maxAcceptID 以及接收到的 Accept 阶段最大提议编号 ID 对应的提案值 maxAcceptValue。下面是 Paxos 算法完整的运行过程。

1）Prepare 阶段：在 Prepare 阶段，proposer 选择一个全局唯一的提案编号 x，然后向系统中的所有的 acceptor 发送 Prepare 请求，此时提议中并不包含提议值。如果 acceptor 接受该请求前没有接收过提议或者当前提议号大于之前的提议号，acceptor 会返回 Success 并且不再接收编号小于 x 的提议，设置 maxPrepareID 等于 x。此外，当 maxAcceptID 不为 NULL 时，acceptor 会同时返回 maxAcceptID 与 axAcceptValue。proposer 如果收到了过半数的 acceptor 的成功回复，就进入 Accept 阶段，否则会采用更大的提议编号 ID 重试。

2）Accept 阶段：在 Accept 阶段，proposer 会为提议号 x 选择一个提议值。如果 Prepare 阶段返回结果中不包含 maxAcceptValue，则说明 acceptor 没有接受过提议，proposer 可以任意选择一个值。确定了提议号和提议值后，proposer 会向所有的 acceptor 发送 Accept

请求，如果提议号 x 大于等于 maxPrepareID，acceptor 会返回 Success。proposer 如果接收到了大多数 acceptor 的成功回复，就可以确认当前提议值为最终选择的值。

经过 Prepare 阶段和 Accept 阶段之后，系统完成了对取值的确认，首先在 Prepare 阶段确认了提议的编号，然后在 Accept 阶段对提议值确认，learner 会采用该提议值执行操作。Paxos 算法执行时序图如图 5-17 所示。Paxos 算法经过了两轮消息传递，在 Prepare 和 Accept 阶段完成了对一个值的决议，但如何完成对多个值的决议，Paxos 算法并没有说明，所以上面介绍的 Paxos 算法也被称为 Basic Paxos 算法。为了解决对多个值进行决议的问题，Leslie Lamport 也提出了一种 Basic Paxos 算法的改进版本——Multi-Paxos，该算法在原有 proposer 中选出一个 leader，而这就是一个决议过程，所以 Basic Paxos 可以用一轮决议来选举出 leader，在后续的执行中，只允许 leader 提交提议给 acceptor，因为只有 leader 可以提交提议，所以不需要再执行 Prepare 阶段，提高了算法运行效率。连续提交的多个值由 leader 递增生成的 ID 进行标识，可以使用这种方法完成一系列值的决议。Multi Paxos 的算法思想为后来的很多共识算法铺平了道路，例如 Raft、ZAB 等，这些共识算法也被称为类 Multi Paxos 共识算法。

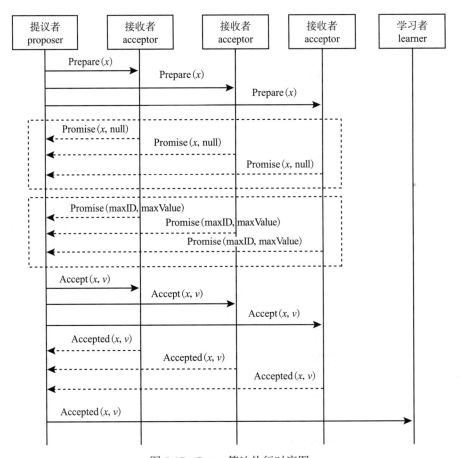

图 5-17　Paxos 算法执行时序图

5.3.3　Practical Byzantine Fault Tolerance 算法

Practical Byzantine Fault Tolerance 算法,缩写为 PBFT 算法,中文为实用拜占庭容错算法。之前介绍了 Paxos 算法,Paxos 提出共识问题的背景假设是基于非拜占庭错误,但是 PBFT 算法的作者认为恶意攻击和软件错误将会越来越多,导致失效的节点产生任意行为,故障不再只是导致节点宕机响应这么简单。早期的拜占庭容错算法大都基于同步网络,同步网络的性能太低,无法在实际系统中运作,所以需要一种算法可以在异步网络中解决拜占庭容错问题。

PBFT 算法来自 1999 年发表的同名论文,论文作者之一是 Barbara Liskov。PBFT 算法是可以容忍拜占庭错误的状态机复制算法,我们在 Paxos 算法中也提到了复制状态机,在分布式系统中需要容错以避免出现因单一故障而停止工作的现象。比较直观的实现容错的方法是多副本冗余,让多个具有相同状态的节点共同工作,如果出现了节点故障,可以随时让另一个具有相同状态的节点代替故障节点运行,解决了分布式系统因单一故障而停止运行的问题。

系统模型

一个异步网络分布式系统,其中节点通过网络连接。网络可能无法传递消息、延迟消息、复制消息或按顺序传递消息。使用拜占庭故障模型,即故障节点的行为可以是任意的,假设节点故障是独立发生的,为了使这一假设在存在恶意攻击的情况下成立,需要采取一些措施,例如,每个节点应该运行不同的服务代码和操作系统,并且应该具有不同的根密码和不同的管理员。使用加密技术来防止欺骗和重播攻击,并检测损坏的消息。系统中传播的消息包含公钥签名,也就是 RSA 算法、消息验证编码 MAC 和由无碰撞哈希函数生成的消息摘要。我们使用 m 表示消息,m_i 表示由节点 i 签名的消息,$D(m)$ 表示消息 m 的摘要。按照惯例,只对消息的摘要签名,并且附在消息文本的后面。假设所有的节点都知道其他节点的公钥以进行签名验证。

状态复制服务属性

一个用于实现具有状态和某些操作的确定性复制服务。操作不限于简单地读取或写入服务状态的部分;可以使用状态和操作参数执行任意确定性计算。客户端向复制的服务发出请求以调用操作并阻塞等待答复。复制的服务由副本实现,由 n 个节点组成。

该算法在不超过 $(n-1)/3$ 个副本出现故障的情况下保证安全性(safety)和活性(liveness)。安全性意味着复制的服务满足线性一致性:客户端对分布式系统多节点的操作就像一个集中实现,一次原子地执行一个操作。安全要求对故障副本的数量进行限制,不能超过系统规定的故障上限,因为故障副本可以发出任意行为。系统可以限制失效的客户端,审核客户端并阻止客户端发起的不是其权限内对应的操作。算法依赖同步操作保证活性,也就是所有客户端都可以得到针对它们的回复消息,只要故障节点数量不超过 $(n-1)/3$。

PBFT 算法使用三阶段投票的设计,属于三阶段协议,分别为 Pre-Prepare 阶段、Prepare 阶段、Commit 阶段。我们将 PBFT 算法代入拜占庭将军故事,背景如下。

- 有 4 个将军（$n \geqslant 3f+1$），所以 PBFT 算法最多能容忍的叛徒个数是 1（$f=1$）。
- 每个将军有自己专属的编号，分别为 0、1、2、3。将军之间可以辨识彼此的签名。
- 每次行动有一个序号（Sequence Number），进攻 / 撤退行动会组成一串按序号排列的序列。
- 将军中有一个主导者（Primary），若干个验证者（Validator）。
- 主导者可能会更新，每次主导者的更新，代数就会加 1，主导者的代数被称为视图（View）。
- 将军主动发起轮替的提议是轮替主导者，该轮替机制称为视图更改（View Change）。

PBFT 算法各阶段运行流程如下。

1）Pre-Prepare 阶段。如图 5-18 所示，主导者将军接受拜占庭君主（也就是分布式系统的 Client）的进攻或者撤退请求（Request），然后主导者发起提议，内容包含进攻或者撤退的消息（Message）、主导者代数（视图）、第几次行动（Sequence Number）。主导者通过信使将自己签名的 Pre-Prepare 消息发送给其他验证者。

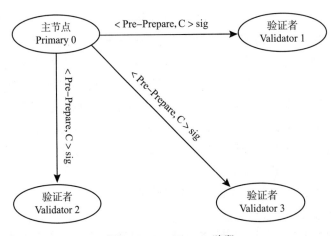

图 5-18　Pre-Prepare 阶段

2）Prepare 阶段。如图 5-19 所示，所有验证者收到来自主导者的 Pre-Prepare 消息之后，决定是否同意该提议，如果赞成该提议就发送附有自己签名的 Prepare 消息给所有将军；如果不赞成则不发送任何消息。如果将军收到了 3 条以上的 Prepare 消息，说明该将军已经进入 Prepared 状态，这些 Prepare 消息的集合被称为已准备证明（Prepared Certificate）。

3）Commit 阶段。如图 5-20 所示，处于 Prepared 阶段的将军如果决定执行，则会发送附有签名的 Commit 消息给所有将军；如果决定不执行则不会发送任何消息。发出 Commit 消息的将军会进入 Commit 阶段，如果将军收到了 3 条以上的 Commit 消息，则执行消息内容，说明多位将军对该提议达成了共识。执行消息内容的将军会进入 Committed 阶段，然后将执行结果回复给拜占庭君主（Client）。

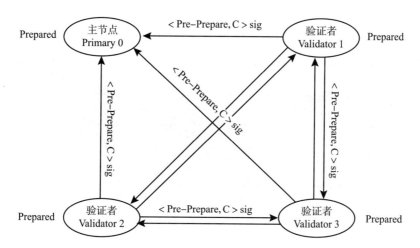

图 5-19　Prepare 阶段

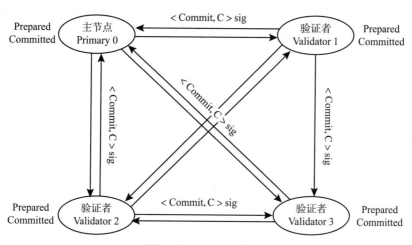

图 5-20　Commit 阶段

　　PBFT 算法时序如图 5-21 所示。预准备阶段，主节点 *p* 收到客户端的请求 *m* 并给请求分配序号 *n*，向所有从节点广播< Pre-Prepare, *v*, *n*, *D(m)* >消息，只要一个从节点认可了主节点分配的序号 *n* 并接受该< Pre-Prepare >消息，那么该从节点就会进入准备阶段。进入准备阶段的节点会向除自己以外的所有节点发送< Prepare, *v*, *n*, *D(m)*, *i* >消息，每个节点都将接受其他节点的 Prepare 消息，当收到 2*f* 个与< Pre-Prepare >消息一致的 Prepare 消息时，请求 *m* 就视为已准备好（Prepared）状态。这时，从节点会全网广播一条< Commit, *v*, *n*, *D(m)*, *i* >消息，当收到 2*f* +1 个（包含自身）通过验证的< Commit >消息时，*m* 请求进入被确认（Committed）状态并被执行，执行结果将返回给客户端保存到本地状态数据库。

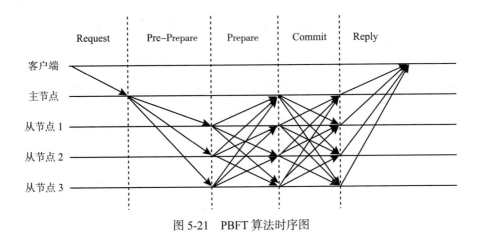

图 5-21 PBFT 算法时序图

拜占庭错误中有一个很特殊的情况，即主导者是叛徒。在 PBFT 中，如果 Primary 节点是叛徒，它可能会给不同的请求编上相同的序号，或者不去分配序号，或者让相邻的序号不连续。从节点有职责来主动检查这些序号的合法性。如果主节点掉线或者不广播客户端的请求，客户端设置超时机制，超时的话，向所有从节点广播请求消息。从节点检测出主节点是叛徒或者下线，发起 View Change 协议。

1）如图 5-22 所示，每个将军在收到 Prepare 消息之后开始计时，如果转为 Committed 状态则停止计时。如果某个将军在计时结束后未能执行信息，则该将军就会发送 View-change 消息，消息内容包含新代数（旧代数加 1）以及其他信息。如果主导者叛徒未提议，那么每个忠诚的验证者都会因为超时发出 View-change 消息。

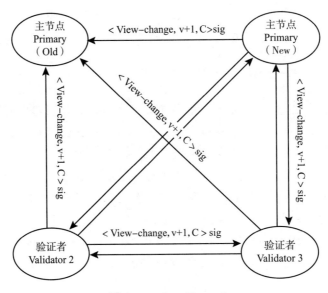

图 5-22 View Change 1

2）如图 5-23 所示，新的主导者如果收到 3 条以上的 View-change 消息，则新主导者可以发送新的代数消息 New-view，该消息内包含了新的代数、所有具有已准备证明但违背执行的 Pre-Prepare 消息，以及其他消息。其他验证者收到 New-view 消息之后，逐一针对尚未执行的 Pre-Prepare 消息进行投票。由新的主导者负责接收拜占庭君主（Client）命令。

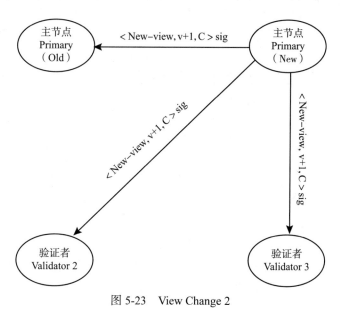

图 5-23　View Change 2

PBFT 是后来很多实现拜占庭容错的共识算法的基础，在区块链出现之后，很多人再次投入时间研究 PBFT 算法，虽然 PBFT 有些特性并不适配区块链，但是依然为区块链中的共识算法提供了思路。

5.3.4　Raft 算法

本节将介绍 Raft 算法，之后我们会根据 Raft 算法具体实现一个分布式存储系统，概览 Raft 算法在实际的应用系统中的应用。

图 5-24 是一个使用 Raft 算法实现的一个分布式 KV 系统。该系统的设计目标是保证集群中所有节点状态一致，即每个节点中 KV 表（这里使用通俗的"表"的概念来描述，实际上这些数据会被存储到一个存储引擎中）里面的数据状态最终是一致的。

先不考虑故障的场景，我们来看看系统在正常情况下是怎么运行的。

我们来分析一下 Put 操作经过这个系统的流程。

1）首先客户端会将 Put 请求发送给当前 Raft 集群中的 Leader 节点对应的 KV 应用层。

2）Put 操作会被 Leader 包装成一个操作提交给 Raft 层，Raft 对这个 Put 请求生成一条日志并将其存储到自己的日志序列中。

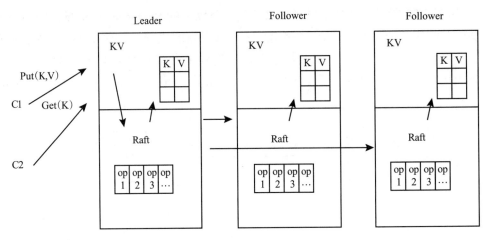

图 5-24   Golang Raft 算法概览

3）同时，Raft 会把这个操作日志复制给集群中的 Follower 节点，当集群中半数以上的节点都复制这个日志并返回响应之后，Leader 会提交这条日志，应用这条日志，将数据写入 KV 表，并通知应用层，这个操作成功执行。

4）这时 KV 层会响应客户端，同时 Leader 会把 Commit 信息在下一次复制请求带给 Follower，Follower 也会应用这条日志，将数据写入 KV 表中，最终集群中所有节点的状态一致，整个系统的运行的时序图如图 5-25 所示。

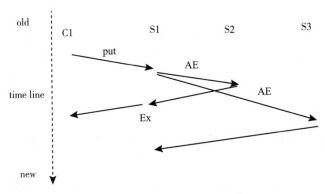

图 5-25   Golang Raft KV 运行时序图

这就是应用 Raft 保证系统一致性状态的例子。乍一看很简单，但是当我们深入算法细节的时候，系统就变得复杂了。例如，日志复制的时候会有很多约束条件来保证提交日志的一致性，以及在发生故障时如何正确地选出下一个 leader，多次故障之后，日志状态一致性如何保证。这些问题也是后续分析的重点。我们会结合具体代码和 Raft 算法论文，尽量简单地阐述 Raft 对这些问题的解决办法。

分布式系统中的脑裂

在介绍 Raft 算法之前，先来看一下分布式系统中的脑裂的问题。脑裂字面上是大脑裂开的意思，大脑是人体的控制中心，如果裂开了，那么整个人体就会出现紊乱。

对应分布式系统，一般是指集群中的节点由于网络故障或者其他故障被划分成不同的分区。这个时候，由于不同分区无法通信，系统会出现状态不一致的情况。如果系统没有考虑这种情况，那么当网络再恢复的时候，系统也就无法再保证正确性了。

图 5-26 是分布式系统中出现网络分区的情形。系统里面有 A、B、C、D、E 五个节点，由于故障，A、B 节点和 C、D、E 节点被划分到了各自的网络分区里。带阴影的圆形代表两个客户端，如果它们向不同的分区节点写入数据，那么系统能保证分区恢复后状态一致吗？Raft 算法解决了这个问题。Raft 论文中提到的半数票决（Majority Vote），也叫作**多数派协议**，是解决脑裂问题的关键。首先我们来解释一下半数票决的含义。假设分布式系统中有 $2 \times f+1$ 个服务器，系统在做决策的时候需要系统中半数以上的节点投票同意，也就是必须要 $f+1$ 个服务器正常运行，系统才能正常工作，那么这个系统最多可以接受 f 个服务器出现故障。

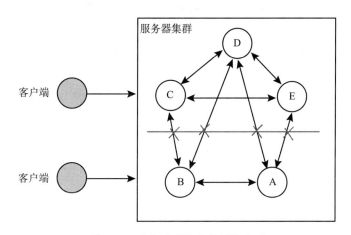

图 5-26　分布式系统中的网络分区

Raft 正是应用了半数票决来解决脑裂问题。假设分布式系统由奇数个节点（3，5，…，$2n+1$）个节点组成。一旦出现网络分区，那么必然会有一个分区存在半数以上的节点，那么过半票决的策略就能正常运行。这样系统就不会因此不可用。

Raft 的日志结构

前面概览了整个 Raft 算法的流程，请求经过系统最开始就要写入 Raft 算法层的日志。那么这个日志的结构是什么样的呢？接下来我们就来了解 Raft 日志的结构。

图 5-27 表示一个 Raft 节点日志的结构。日志主要用来记录用户的操作，我们会对这些操作进行编号。图中每一条（1~8）日志都有独立的编号（log index）。此外，日志中还有任期号，图中 1~3 号日志为任期 1 的日志。任期号用来表示日志的选举状态。每个日志都有一个操作，该操作是对状态机的操作，如对于 1 号日志的操作是把 x 设置成 3。

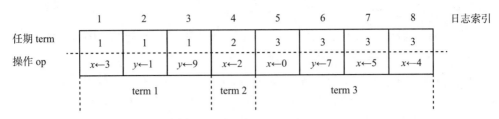

图 5-27 Raft 节点日志的结构

Raft 的状态转换

Raft 协议的工作模式是一个 Leader 和多个 Follower 节点的模式。在 Raft 协议中，每个节点都维护一个状态机。该状态机有 3 种状态：Leader、Follower 和 Candidate。在系统运行的任意一个时间点，集群中的任何节点都处于这三个状态中的一个。

每个节点一启动就会进入 Follower 状态。当达到选举超时时间后，它会转换成 Candidate 状态。这时该节点开始选举。当该节点获得半数以上节点的选票之后，Candidate 状态的节点会转变成 Leader，或者当 Candidate 状态的节点发现了一个新的 Leader 或者收到新任期的消息，它会变成 Follower。Leader 发现更高任期的消息也会变成 Follower。在系统正常运行过程中，节点会一直在这三种状态之间转换，如图 5-28 所示。

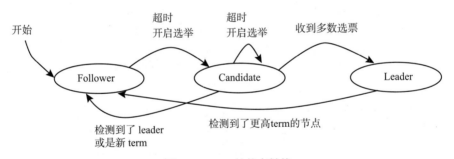

图 5-28 Raft 的状态转换

Leader 选举

在介绍 Leader 选举流程之前，我们先来解释 Raft 协议中与选举相关的两个超时时间：选举超时（election timeout）时间和心跳超时（heartbeat timeout）时间。当 Follower 节点在选举超时时间之内没有收到来自 Leader 的心跳消息时，就会切换成 Candidate 状态开始新一轮的选举。选举超时时间一般设置为 150ms~300ms 之间的随机数。设置为随机数的目的是避免节点同时发起竞选，导致出现多个节点具有相同票数，导致选举失败从而重新选举的情况。提高选举超时时间的随机性有利于更快地选出 Leader。心跳超时时间则是指 Leader 向 Follower 节点发送的心跳消息的间隔时间。

下面梳理一下选举的流程。

1）初始化集群，所有节点都会变成 Follower 状态。

2）经过一段时间后（选举超时时间到达），Follower 还没收到来自 Leader 的心跳消息，那么它会切换为 Candidate 状态开始发起选举。

3）变成 Candidate 之后节点的任期号也会增加，同时投给自己一票，然后并行地向集群中的其他节点发送请求投票（RequestVoteRPC）消息。

4）Candidate 节点赢得了半数以上选票后，该节点会成为 Leader 节点。之后该 Leader 节点会散播心跳消息给集群中其他节点，说明该节点成功选举 Leader。

以上是 RaftLeader 选举的大致流程，但是有两个细节点需要注意。

- 在等待投票的过程中，Candidate 可能会收到来自另一个节点成为 Leader 之后发送的心跳消息。如果这个消息中 Leader 的任期号（term）大于 Candidate 当前记录的任期号，Candidate 会认为这个 Leader 是合法的，它会变换为 Follower 节点。如果这个心跳消息的任期号小于 Candidate 当前的任期号，Candidate 将会拒绝这个消息，继续保持当前状态。
- 另一种可能的结果是 Candidate 既没有赢得选举也没有输，也就是说集群中多个 Follower 节点同时成为 Candidate。这种情况叫作选票分裂，没有任何 Candidate 节点获得大多数选票。当这种情况发生的时候，每个 Candidate 会重新设置一个随机的选举超时时间，然后继续选举。由于选举时间是随机的，下一轮选举中大概率会有一个节点获得多数选票而成为新的 Leader。

日志复制

我们假设集群中有 A、B、C 三个节点，其中节点 A 为 Leader 节点，B、C 为 Follower 节点。此时客户端发送了一个操作到集群中。

1）首先将客户端请求发送给集群的 Leader 节点。收到请求消息后，Leader 节点 A 将会更新操作记录到本地的 Log 中。

2）Leader 节点 A 会向集群中其他节点发送 AppendEntries 消息。该消息中记录了 Leader 节点 A 最近收到的客户端提交请求的日志信息（还没有同步给 Follower 的部分）。

3）当 Follower 节点 B、C 收到来自 Leader 节点 A 的 AppendEntries 消息时，Follower 节点 B、C 会将操作记录到本地的 Log 中，并通知 Leader 成功追加日志的消息。

4）当 Leader 节点 A 收到半数以上节点成功追加日志响应消息时，Leader 节点 A 会认为集群中有半数节点完成了日志同步操作，它会将日志提交的 committed 号更新。

5）Leader 节点 A 向客户端返回响应，并且在下一次发送 AppendEntries 消息的时候把提交号通知给 Follower 节点 B、C。

6）Follower 节点 B、C 收到消息之后，也会更新自己本地的提交号。

注意：上述流程是在正常情形下的流程。如果 Follower 节点宕机或者 Leader 节点发送的消息丢失了，追加请求没有执行成功，Leader 会不停重新发送消息，直到所有 Follower 存储了所有的日志条目。

日志合并和快照发送

Raft 论文介绍了日志压缩合并相关要点。根据前面介绍的 Raft 复制相关内容，只要客户端有新的操作进来，Raft 就会写日志文件，并且 Leader 将日志同步给 Follower 之后，集群中所有节点的日志量都会随着操作的增加而增大。eraft 中使用 LevelDB 存储 Raft 日志条目。如果日志量不断增大，我们引擎去访问日志的耗时就会不断增长。如果有节点重新加入集群，我们需要给它追加大量的日志，这个操作会非常消耗 I/O 资源，影响系统性能。

那么如何解决这个问题呢？我们首先分析日志结构。

从图 5-29 中可以看到，这里的操作都是对 x、y 的操作。每次日志提交完，我们都会应用日志到状态机中。这里我们会发现其实并没有必要存储每一个日志条目，我们只关心一致的状态，也就是已经提交的日志让状态机最终到达一种什么样的状态。那么在图 5-29 中，我们就可以把 1、2、3、4 号日志操作之后的状态机记录下来，也就是 $x \leftarrow 0$、$y \leftarrow 9$，并且记录这个状态之后第一条日志的信息，然后 1~4 号日志就可以被安全地删除了。

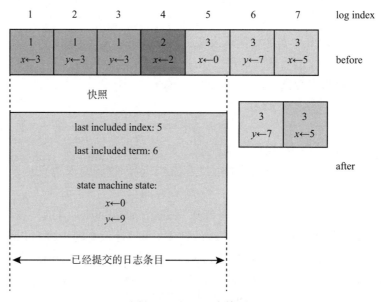

图 5-29　Raft 日志快照

以上操作在 Raft 中被叫作快照（snapshot）。Raft 会定期地生成快照，以便把历史的状态记录下来。当集群中有某个节点崩溃，并且完全无法找回日志时，集群中 Leader 节点首先会发送快照给这个崩溃之后新加入的节点，并用一个 InstallSnapshot 的 RPC 将快照数据发送给它。节点安装快照数据之后，会继续同步增量的日志，这样新的节点能快速恢复状态。

Raft 算法和之前介绍的 Viewstamped Replication 算法非常相似。VR 算法中各节点需要保存的状态信息，如 view-number、status、op-number 等，在 Raft 算法中都有对应的属性。从较高的层面看，VR 算法确实和 Raft 算法一样，但是从较低的层面看，Raft 的 AppendEntry 封装了 VR 算法的 Prepare、StartView、PrepareOK、Commit、GetState 和

NewState 消息，Raft 引入了计时器机制来实现 leader 的选举，以实现更简单快速的解决选举冲突的方法，可以将 Raft 算法看作 VR 算法的优化变种。

5.4 本章小结

在本章中，我们对分布式数据服务中的数据一致性进行了介绍。所谓一致性，是指分布式环境下多个数据源（通常是数据库层面）保持数据的一致。我们在之前介绍事务 ACID 属性时，提到了一致性（ACID 中的 C，Consistency），但数据服务中的数据一致性和事务的一致性不一样，事务的一致性属性是指事务执行前后的数据状态约束保持一致。本章从数据一致性的三个角度进行介绍：保持数据一致性的数据同步方法、数据一致性的级别以及实现数据一致性 / 共识算法。

数据一致性同步方法分为主从复制、多主复制以及无主复制。这是分布式系统实现数据一致性的基础，所有分布式一致性算法基本都以这三种同步方法为基础进行各种优化和完善。在分布式数据一致性级别章节中，我们对主要的数据一致性级别，如线性一致性、因果一致性等进行了介绍，我们所介绍的数据一致性级别并不能囊括所有的数据一致性，希望能让读者对数据一致性有一个整体上的、较为清晰的认识。除了对数据一致性进行介绍，本章还扩展介绍了分布式中共识的概念，共识包含数据一致性的概念，并对一些共识算法进行介绍，如 Paxos 算法、Raft 算法等。共识算法作为分布式系统的基石，也在不断地更新优化，我们也只能让读者对共识算法有初步的了解，如需深入，读者可自行查找额外的学习资料。

第二部分

———

分布式系统经典案例学习与实战

CHAPTER6

第**6**章

分布式系统案例分析——GFS

在第二部分，我们将从分布式系统的经典案例—— GFS（Google File System）出发，一步一步地教大家如何构建分布式一致性算法 Raft，并基于 Raft 构建分布式键值存储系统—— eraftkv，以及实现解决 Raft 单分组可扩展性问题的 Multi-Raft。GFS 是谷歌设计的一个用于大型分布式数据密集型应用，是具有可扩展性的分布式文件系统。本章将从 GFS 入手，让大家对分布式文件系统的架构、读写文件、一致性等有一个基本的认识。

6.1 GFS 的设计目标

GFS 运行在大量廉价的商用服务器上，具有较强的性能、良好的扩展性、高可用性和容错性。GFS 的诞生是为了满足谷歌快速增长的数据处理需求。GFS 具有早期分布式文件系统共有的设计目标：性能、可扩展性、可靠性和可用性。但是，谷歌发现早期分布式文件系统的设计思想不能满足当前和预期的应用程序负载以及技术环境。GFS 设计人员重新审视了早期分布式文件系统的设计思想，并提出了如下六点设计目标。

- GFS 由许多经常发生故障的廉价服务器组成。GFS 需要周期性地进行自我检测，具有容忍组件故障并及时恢复的能力。
- GFS 存储适量的大文件，预计有几百万个文件。每个文件大小为 100MB 或者更大。GFS 能有效管理大量 GB 级别的文件。GFS 支持小文件，但不会对小文件进行针对性的优化。
- GFS 的工作负载主要包括两种读取方式：大型流式读取和小型随机读取。大型流式读取的单个操作通常读取几百 KB 或者 1MB。来自同一个客户端的连续操作通常读取文件的连续区域。小型随机读取通常在文件的任意位置读取几 KB。注重性能的应用程序通常会对它们的小型随机读取进行批处理和排序，以便在文件中稳步前进，而不是来回移动。
- GFS 有许多大型的顺序追加写操作。典型的写操作大小与读操作大小相似。数据一旦被写入文件中，文件就很少被修改。GFS 支持在文件的任意位置进行小写入，但不一定高效。

- GFS 具有记录追加操作，允许多个客户端同时向同一个文件追加数据，并保证每个客户端追加的原子性。

- GFS 支持持续的高带宽读写操作。持续高带宽比低延迟更重要。谷歌的大多数应用程序都需要高速率批量地处理数据，很少有应用程序对单次读取或写入有严格的响应时间要求。

6.2 GFS 的 master 节点

如图 6-1 所示，GFS 集群由一个 master 节点（主节点）和多个 chunkserver 节点（块服务器节点）组成。在 GFS 中，文件会被分割成若干个固定大小的文件块，称为 chunk。在创建文件块时，master 节点会赋予它一个不可变的、全局唯一的 64 位文件块句柄，称为 chunk handle。chunkserver 将 chunk 作为 Linux 文件存储在本地磁盘上。chunkserver 可以读取或写入由文件块和字节范围指定的块数据。为了实现高可用，每个文件块都会在不同的 chunkserver 上进行备份，默认备份三份。

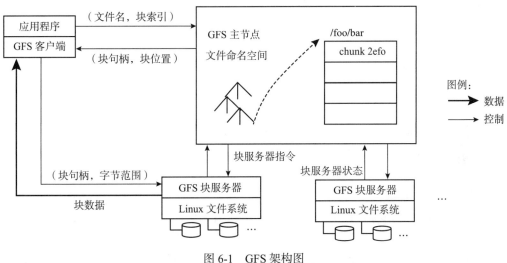

图 6-1 GFS 架构图

master 节点负责维护文件的元数据（metadata）。文件的元数据包括命名空间、访问控制信息、文件与文件块之间的映射信息和文件块的位置信息。此外，master 节点还负责块租约管理、垃圾回收、块迁移、命名空间管理和副本管理。master 节点通过心跳（heartbeat）信息定期与 chunkserver 通信，向 chunkserver 发送指令并收集 chunkserver 的状态。单 master 节点极大地简化了 GFS 的设计。单 master 节点能使用全局信息做出复杂的块放置和块复制的决策。单 master 节点容易成为性能瓶颈。为了防止出现这一情况，GFS 尽量减少 master 节点在读写过程的参与。客户端不会直接向 master 节点读取和写入数据。接下来，我们将介绍 GFS 具体的读写文件流程。

6.3　GFS 读文件

结合图 6-1，我们来介绍 GFS 客户端是如何从 GFS 集群中读取文件的。

1）根据固定的文件块大小，客户端将应用程序指定的文件名和字节偏移量转换为文件内的块索引。

2）客户端向 master 节点发送包含文件名和块索引的请求。

3）master 节点返回相应的文件块句柄和块副本的位置。

4）客户端使用文件名和块索引作为键来缓存这些信息。

5）客户端向其中一个块副本（很可能是最近的一个）所在的 chunkserver 发送请求，指定块句柄和块内访问的字节范围。

6）chunkserver 向客户端返回相应的块数据。

在缓存信息过期或者文件被重新打开之前，客户端对同一个文件块数据的读取，不需要与 master 节点进行通信。实际上，客户端通常一次会请求多个文件块的信息，master 节点同样也会一次返回多个文件块的信息。一次返回多个文件块信息，可以避免客户端与 master 节点的频繁交互。

6.4　GFS 写文件

如图 6-2 所示，接下来介绍客户端向 GFS 写文件的流程。

1）客户端向 master 节点询问哪个 chunkserver 持有该文件块的当前租约以及块副本的位置。如果没有 chunkserver 持有租约，则 master 节点将租约授予一个被选择的副本。

2）master 节点向客户端返回文件块的主副本（Primary Replica）和从副本（Secondary Replica）所在 chunkserver 的位置信息。客户端会缓存这些位置信息。当文件块的 Primary Replica 变得不能访问或者 Primary Replica 不再持有租约时，客户端才会和 master 节点进行通信。

3）客户端将数据推送到所有副本。客户端可以按任何顺序进行。每个 chunkserver 将数据存储在内部的 LRU 缓冲区缓存中，直到数据被使用或者过期。

4）一旦所有副本都确认接收到了数据，客户端就会向 master 节点发送一个写请求。该写请求标识了之前推送到所有副本的数据。master 节点对来自多个客户端的写请求进行序列化，赋予连续的序列号。master 节点按序列号顺序将写请求应用于本地的数据，修改本地的状态。

5）Primary Replica 将写请求转发到所有 Secondary Replica。每个 Secondary Replica 按照 Primary Replica 分配的相同序列号顺序应用于本地的数据，修改本地的状态。

6）所有 Secondary Replica 回复 Primary Replica，它们已经完成了写操作。

7）Primary Replica 回复客户端，写操作已完成。将数据写入副本的过程中，遇到任何错误都会报告给客户端。在出现写入错误时，数据可能已经被写入了 Primary Replica 和部分 Secondary Replica。（如果写操作在 Primary Replica 失败，则不会分配序列号并转发。）客户端写入请求失败时，副本的数据修改区域处于不一致状态。GFS 通过重试失败的写操作来处理此类错误。GFS 先在步骤 3）~ 7）中进行几次重试，重试失败后再从头开始写入。

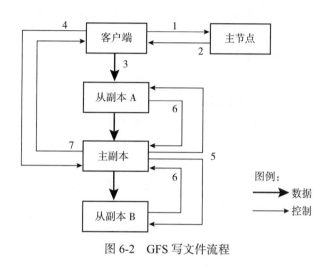

图 6-2　GFS 写文件流程

GFS 会将大的写入操作分解为多个小的写入操作。多个小的写入操作都遵循上述控制流，但可能会与来自其他客户端的并发操作交错并被覆盖。因此，文件共享区域最终可能包含来自不同客户端的片段，但文件副本是相同的，因为各个操作在所有副本上都以相同的顺序成功完成。这涉及 GFS 一致性方面的内容，我们将在后面进行讲解。

6.5　GFS 的一致性

在分布式系统中，只要数据存在多副本，就一定要面对一致性问题。在 GFS 中，文件块是有多个副本的，因为网络通信的不稳定性，将文件块的内容同步到多个副本是需要时间的。在这个时间段内，如果客户端或 chunkserver 出现问题，就会造成副本数据之间的不一致性。GFS 中影响一致性的操作有以下三种。

- 修改元数据：在无并发的情况下，修改操作只能成功或者失败，元数据永远都是一致的；在并发的情况下，GFS 使用锁机制，依次执行多个修改操作，最终元数据也是一致的。但因为多个修改操作的执行顺序不确定，并发后的修改值也是不确定的。
- 写数据：向一个文件块中写入数据，客户端要指定数据在文件中的偏移量和数据内容。在无并发的情况下，Primary Replica 直接执行写操作，待所有 Secondary Replica 都写入成功后，Primary Replica 返回写入成功的信息。这种操作保证了数据的强一致性，即所有副本值均相同，对应 GFS 中文件块的已定义（defined）状态。在并发情况下，Primary Replica 收到多个客户端的写入请求后会制定一个执行顺序。由于写入顺序是不确定的，并发写后，客户端读取到的数据不一定是自己写入的，但数据是相同的，与最终一致性有点相似。并发写后，对应的文件块状态是一致但是未定义（consistent but undefined）。

- 追加数据：在无并发的情况下，客户端追加一个数据 data，第一次执行到一半失败了，文件块的所有副本情况如下。
  - Primary Replica：原始数据，offset1：data。
  - Secondary Replica1：原始数据，offset1：data。
  - Secondary Replica2：原始数据。

客户端重新发送追加写请求，因为 Primary Replica 会先执行操作，再将请求发送给所有 Secondary Replica，所以 Primary Replica 当前文件是最长的。Primary Replica 继续往 offset2（当前文件末尾）追加数据，并通知所有 Secondary Replica 往 offset2 追加数据，但是因为 Secondary Replica2 的文件末尾不是 offset2，所以 Secondary Replica2 需要补空。如果这次追加操作成功，数据最终如下所示。

- Primary Replica：原始数据，offset1：data, offset2：data。
- Secondary Replica1：原始数据，offset1：data, offset2：data。
- Secondary Replica2：原始数据，offset1：*, offset2：data。

并且返回给客户端 offset2。文件块中间 offset1 部分的数据是不一致的（inconsistent），但是对于追加的数据是已定义的。客户端读取 offset2，可以确定读到数据 data。这就是追加操作的已定义但夹带不一致（defined interspersed with inconsistent）的状态。

对于并发的情况，两个客户端分别向同一个文件追加数据 data1 和 data2。

- client1：追加 data1
- client2：追加 data2

Primary Replica 接收到追加操作后，进行操作序列化，假设 Primary Replica：data2, data1。然后执行追加操作，假设 client2 的追加操作执行失败，client2 再发送依次追加操作，Primary Replica 重新追加一遍，那么数据情况如下。

- Primary Replica：原始数据，offset1：data2, offset2：data1, offset2：data2。
- Secondary Replica1：原始数据，offset1：data2, offset2：data1, offset2：data2。
- Secondary Replica2：原始数据，offset1：*, offset2：data1, offset2：data2。

client1 收到 GFS 返回的是 offset2，表明 data1 追加到了文件的 offset2 的位置。client2 接收到的是 offset3。offset2 和 offset3 的状态是 defined，offset1 是 inconsistent，文件的总体状态是已定义但夹带不一致的状态。可以看到，不管有没有并发，追加操作都不能保证数据全部是已定义的，只能保证有已定义的数据，但可能会有不一致的数据夹杂在其中。

GFS 中文件块的状态有三种，一致性级别从高到低分别是：已定义、一致但是未定义和不一致。定义与未定义是指：多个客户端并发写同一个文件块偏移量的顺序问题。一致与不一致是指：多个文件副本相同偏移量的内容是否相同。下面我们来解释一下文件块的三种状态。

- 已定义：客户端在文件的某个偏移量写入数据后，再读取该文件，读到的一定是自己写入的数据。
- 一致但是未定义：多个客户端并发写入同一个文件的同一个偏移量，写入顺序由 Primary Replica 决定。写完之后再读，读到的可能是自己写入的数据，也可能是其他客户端写入的数据，但是所有客户端并发写完后，所有副本同一个偏移量的数据是一致的，保证最终一致性。
- 不一致：客户端对文件进行修改后，所有副本同一偏移量的数据并不完全相同。

6.6　本章小结

本章对谷歌分布式文件系统 GFS 进行了分析，GFS 利用大量廉价的商用服务器，实现高可用的文件系统。GFS 把机器故障视为正常现象，即以解决故障为出发点，这对于分布式系统设计是非常重要的。GFS 系统通常会部署在上百台甚至上千台廉价服务器上，并会有相当多台廉价服务器上部署的 GFS Client 来访问 GFS 服务，所以应用故障、操作系统 bug、连接故障、网络故障甚至机器供电故障都是经常发生的故障。GFS 系统可以支持系统监控、故障检测、故障容忍和自动恢复，提供了非常高的可靠性。其次，GFS 系统中的文件一般都是大文件，且文件操作大部分场景下都是 append 而不是 overwrite。一旦文件写入完成，大部分操作都是读文件且是顺序读。本章回顾了 GFS 的设计目标、Master 节点的作用、GFS 的读写文件操作以及 GFS 的一致性。其中 GFS 的一致性是分布式数据一致性的典型案例，我们将在之后的内容继续扩展分布式一致性，并带领读者手动实现一个分布式键值存储系统。

第 **7** 章

面向分布式系统设计的 Go 语言基础知识

通过对 GFS 的学习，我们对分布式文件系统有了基本的认识。接下来将介绍如何实现一个基于强一致性算法 Raft 构建的分布式键值存储系统 eraftkv。eraftkv 是基于 Go 语言实现的分布式键值存储系统。Go 语言得益于协程和通道的设计，进行分布式系统的网络编程时更加便捷。在高并发的环境下使用 Go 语言进行编程，可以保证逻辑简单清晰，性能也可以得到一定程度的保证，这就是使用 Go 语言构建分布式系统的原因。在深入 eraftkv 实现细节之前，我们先介绍 Go 语言的基础知识。

7.1 Go 语言的优势

Go 语言诞生源于谷歌内部一次 C++ 项目的编译构建过程。当时谷歌内部主要使用 C++ 语言构建各种系统，但是 C++ 复杂度高、编译构建速度慢，并且在编写服务端程序时不支持并发。基于诸如此类的痛点，Rob Pike、Robert Griesemer 和 Ken Thompson 三位谷歌程序员萌生设计一门新编程语言的想法，其中 Ken Thompson 是 UNIX 系统的发明者。主要设计思路是在 C 语言的基础上，删除一些被诟病较多的特性并添加一些缺失的功能。

基于三位程序员的初步思路，便开启了 Go 语言迭代设计和实现的过程。2009 年 11 月 10 日，Go 语言项目正式开源，其主代码仓库位于 go.googlesource.com/go。Go 语言开源后，吸引了全世界开发者的目光，由于三位作者在业界的影响力以及谷歌的支持，越来越多有才华的程序员加入 Go 开发团队，越来越多的贡献者为 Go 语言项目添砖加瓦，形成了丰富的 Go 语言社区。

在 Go 开源后，一些云计算领域的大企业和初创公司极具眼光地将目光投向 Go 语言，诞生出容器引擎 Docker、云原生事实标准平台 Kubernetes 等示范性项目，以及 etcd、Consul、Cloudflare CDN、七牛云存储等产品。因此 Go 语言被誉为"云计算基础设施编程语言"。Go 语言不仅适合云计算基础设施领域，在基础后端设备软件领域、微服务领域和互联网基础设施领域也大放光彩，例如分布式关系型数据库 TiDB 和 CockroachDB、

Go-kit、micro、monzo bank 的 typhon、bilibili、以太坊（ethereum）、联盟链超级账本（hyperledger fabric）等。Go 近年在云原生领域的广泛应用让其跻身于云原生时代的头部编程语言。

Go 语言的广泛应用基于以下几点优势。

1. 简单易用

不同于那些通过相互借鉴而不断增加新特性的主流编程语言，Go 语言的设计者们在设计之初就拒绝走语言特性融合的道路。Go 开发者将复杂性留给语言自身的设计和实现，留给 Go 核心的开发，而将简单、易用、清晰留给广大的 Go 语言使用者。这样的设计大大减少了开发人员在选择路径方式及理解他人选择路径方式上的心智负担。比如复杂的并发，我们能通过一个简单的关键字"go"实现，其背后是 Go 开发团队缜密设计和持续付出的结果。正是因为 Go 开发团队坚持"追求简单，少即是多"的原则，Go 语言对于初学者很友好，初学者很容易在短时间内快速上手。Go 语言只有 25 个关键字，其具有 C 语言的简洁基因，内嵌 C 语法支持；具有包含继承、多态、封装的面向对象特征；还是一门跨平台语言。我们可以通过以下网站上提供的代码示例快速地入门 Go 语言：https://gobyexample.com。

2. 提倡组合替代继承

为了增加代码的复用性，在语言的设计模式上有组合和继承两种方式。简单来说，组合一般为 has-a 的关系，继承是 is-a 的关系，两者都能将程序的各个部分耦合起来。

很多主流的面向对象语言（例如 C++、Java 等），通过庞大的自上而下的类型体系、继承、显示接口实现等机制将程序的各个部分耦合起来。但是继承是侵入式的，子类一旦继承父类，就必须拥有父类的全部方法和属性，使代码失去一定的灵活性。不仅如此，继承方式还增强了各模块之间的耦合度。当父类的属性和方法被修改时，常常需要考虑子类的修改，且在缺乏规范的环境下，这种修改可能导致需要大量代码的重构。

在 Go 语言的设计中，利用组合的方式将各部分有机地耦合在一起。其中每个类型、包之间都是正交独立的，没有子类的概念。

在 Go 语言中，我们可以通过类型嵌入（type embedding）将已经实现的功能嵌入到新类型中，以快速满足新类型的功能需求。类型嵌入的语法取代继承方式实现了功能的垂直扩展。程序清单 7.1 是一个类型嵌入的例子，在 admin 结构体类型中嵌入了类型 Mutex，被嵌入的 Mutex 类型的方法集合会被提升到 admin 类型中。此时，admin 类型将拥有 Mutex 的 Lock 和 Unlock 方法。在实际调用 Lock 和 Unlock 方法时，方法调用还是会被传给 admin 中的 Mutex 类型。

程序清单 7.1　类型嵌入

```
1  //源码包src/sync/mutex.go:Mutex定义了互斥锁的数据结构
2  //Mutex对外提供两个方法：加锁方法Lock()、解锁方法Unlock()
3  type Mutex struct {
4    state int32
```

```
5     sema uint32
6  }
7
8  type admin struct{
9     Mutex //嵌入Mutex
10    level int
11 }
```

我们也可以通过 interface 将程序各个部分水平组合起来。程序清单 7.2 是一个通过接收 interface 类型参数的普通函数进行组合的例子，函数 Copy 通过 io.Reader、io.Writer 两个接口将其实现，并与 Copy 所在的包以低耦合方式水平组合在一起。

程序清单 7.2　interface 水平组合

```
1  //$GOROOT/src/io/io.go
2  func Copy(dst Writer, src Reader)(written int64, err error)
```

还能通过在 interface 的定义中嵌入 interface 类型来实现接口行为的聚合，组成大接口，如程序清单 7.3 所示。

程序清单 7.3　interface 聚合

```
1  //$GOROOT/src/io/io.go
2  type ReaderAndWriter interface{
3     Reader
4     Writer
5  }
```

Go 语言使用组合方式真正地降低了各模块之间的耦合度，使方法的绑定更加自由。

3. 原生并发

在 CPU 仅依靠主频改进性能的做法达到瓶颈后，硬件的发展方向转向了多核处理。也就是说，将多个执行内核放在一个处理器中，让每个内核在较低的频率下并行操作来提高性能。这时，高效利用多核、提高并行处理能力成为程序开发的需要。然而，在单核时代产生的编程语言（比如 C++、Java）并没有考虑到硬件方面的扩展性，通常是基于操作系统来进行并发操作，即程序创建线程，操作系统负责调度线程。这种传统的支持并发的方式非常复杂并且难以扩展。

Go 语言的设计考虑到面向多核，并原生内置并发支持。Go 采用用户轻量级线程，即 Goroutine，进行并发操作。在一个 Go 程序中能创建成千上万个并发的轻量级 Goroutine，Go 的片段代码都在这些 Goroutine 中执行。而 Goroutine 不会被操作系统感知，其调度由 Go 自身完成。开发者能够轻松地使用 Go 提供的语言层面内置的并发语法元素和机制，创建、销毁和并发控制 Goroutine。Go 对并发的原生支持使其能够充分利用多核、低成本切换多核，并大大降低了编写高并发应用程序的负担。

4. 拥有开放生态系统

在 Go 语言强大的社区中，全世界优秀的技术人员开发了丰富的工具生态，许多实用的工具能很好地解决工程上的"规模化"问题。例如,Go 语言拥有 runtime 系统调度机制，能帮助程序员做一些垃圾回收、Go 语言调度的平均分配以及其他优化；具有高效的垃圾回收机制（从 Go 语言 1.8 版本之后，GC 就加了三色标记和混合写屏障，效率极高）；同时 Go 语言还有丰富的标准库，例如 io 读写操作库、net 网络编程库、database/sql 数据库操作库等，丰富的工具库能基本满足开发人员日常的工程需求。

7.2　切片

切片（slice）是 Go 语言中对数组的抽象。Go 语言的数组长度在定义好之后无法改变，这就导致数组在很多特定场景中不太适用。Go 语言针对这个问题设计了切片数据结构，切片类型与数组类型非常类似，可以把它理解为动态数组，接下来我们先介绍数组，再介绍切片的相关操作。

7.2.1　Go 语言中的数组

Go 语言中数组的长度是固定的，固定长度的数组在传递参数的时候严格匹配数组类型。程序清单 7.4 中定义了三个数组，并尝试使用函数打印数组和修改数组。

程序清单 7.4　数组操作

```
1   //打印数组
2   func printArray(Arrayn [4]int){
3      for index, value := range Arrayn{
4         fmt.Println("index=",index,",value=",value)
5      }
6      //改变数组值
7      Arrayn[0]=100
8   }
9
10  func main(){
11     //定义固定长度的数组
12     var Array1 [10]int
13     Array2 := [10]int{1,2,3,4}
14     Array3 := [4]int{11,22,33,44}
15
16     //尝试打印数组Array2
17     //报类型不匹配错误，形参是int[4]类型，而实参是int[10]类型
18     //printArray(Array2)
19
20     //尝试打印数组Array3
21     printArray(Array3)//输出index=0,value=11…
22
23     //验证是否修改了数组值
```

```
24    for index, value := range Array3{
25        fmt.Println("index=",index,",value=",value)
26        //输出index=0,value=11…未能改变Array[0]的值
27    }
28 }
```

我们发现当函数的形参是长度为 n 的数组时，传入的实参也必须是相同类型（长度为 n）的数组。由于传入的数组参数是值传递，因此无法在函数内部为数组赋值，这给数组的使用带来极大的麻烦。因此 Go 语言中提供了一种灵活、功能强大的内置类型——切片（动态数组）。与数组相比，切片的长度是不固定的，可以追加元素，在追加时可能使切片的容量增大。接下来我们将熟悉如何创建和使用切片，并了解底层是怎么工作的。

7.2.2　切片的声明

程序清单 7.5 是几种常见的创建切片的方式，它最终返回的是对该切片的引用。

程序清单 7.5　切片声明

```
1   //声明slice1是一个切片,且初始化默认值为1、2、3,长度len为3
2   slice1 := []int{1,2,3}
3
4   //声明slice是一个切片,为slice开辟3个空间,初始化值为0
5   //方法一:
6   var slice1 []int
7   slice1=make([]int,3)
8
9   //方法二:
10  var slice1 []int = make([]int,3)
11
12  //方法三:
13  slice1 := make([]int,3)
```

7.2.3　切片的追加

Go 语言中，len() 函数用于获取数组的长度，cap() 函数用于获取数组的容量空间。如程序清单 7.6 ~ 程序清单 7.9 所示，我们向一个长度为 3、容量为 5 的切片中不断追加元素，观察切片的长度和容量属性将发生什么变化。长度会随着 append 方法的执行不断增 1，直到长度达到最大容量，容量将会自动根据 cap 基数扩容，例如最初容量 cap 为 5，当第一次达到最大容量时，cap 自动扩容到 10，当第二次达到最大容量时，cap 自动扩容到 15，以此类推。

程序清单 7.6　切片追加步骤 1

```
1   //step1.声明一个长度为3、容量为5的切片
2   var slice = make([]int,3,5)//len=3,cap=5,slice=[0,0,0]
3   fmt.Printf("len=%d,cap=%d,slice=%v\n",len(slice),cap(slice),slice)
```

此时内存中切片的底层结构如图 7-1 所示。

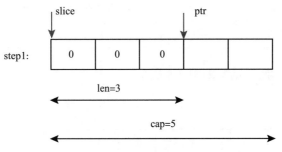

图 7-1　切片底层结构 – 切片追加步骤 1

程序清单 7.7　切片追加步骤 2

```
1  //step2.追加元素1
2  slice=append(slice,1)//len=4,cap=5,slice=[0,0,0,1]
3  fmt.Printf("len=%d,cap=%d,slice=%v\n",len(slice),cap(slice),slice)
```

此时内存中切片的底层结构如图 7-2 所示。

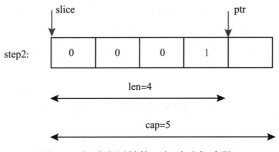

图 7-2　切片底层结构 – 切片追加步骤 2

程序清单 7.8　切片追加步骤 3

```
1  //step3.追加元素2
2  slice=append(slice,2)//len=5,cap=5,slice=[0,0,0,1,2]
3  fmt.Printf("len=%d,cap=%d,slice=%v\n",len(slice),cap(slice),slice)
```

此时内存中切片的底层结构如图 7-3 所示。

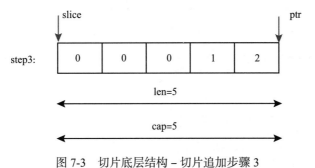

图 7-3　切片底层结构 – 切片追加步骤 3

程序清单 7.9　切片追加步骤 4

```
1  //step4.追加元素3，向cap容量已满的切片追加元素，cap容量呈两倍扩张（扩容机制）
2  slice=append(slice,3)//len=6,cap=10,slice=[0,0,0,1,2,3]
3  fmt.Printf("len=%d,cap=%d,slice=%v\n",len(slice),cap(slice),slice)
```

此时内存中切片的底层结构如图 7-4 所示。

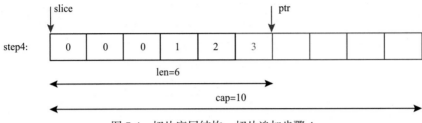

图 7-4　切片底层结构 – 切片追加步骤 4

7.2.4　切片的截取

Go 语言中对切片的截取类似于 Python 中的切片操作。我们可以运行程序清单 7.10 以加深对切片截取操作的理解。其中对 a 数组进行切割得到切片，这个操作得到的结果是索引 [low, high) 的元素，生成的切片包括低索引，但是不包括高索引之间的所有数组元素。

程序清单 7.10　切片截取

```
1  package main
2  import "fmt"
3
4  func main(){
5    var a =[5]string{"Alpha","Beta","Gamma","Delta","Epsilon"}
6
7    //从数组创建一个切片
8    var s []string = a[1:4]
9    var s1 []string = a[1:]
10   var s1 []string = a[:2]
11
12   fmt.Println("Array a =",a)
13   fmt.Println("Slice s =",s)
14   fmt.Println("Slice s1 =",s1)
15   fmt.Println("Slice s2 =",s2)
16  }
17
18  //输出
19  Array a =[Alpha Beta Gamma Delta Epsilon]
20  Slice s =[Beta Gamma Delta]
21  Slice s1 =[Beta Gamma Delta Epsilon]
22  Slice s2 =[Alpha Beta]
```

7.2.5 修改切片元素

切片是引用类型，它指向底层的数组。当使用切片引用去修改数组中对应的元素的时候，引用相同数组的其他切片对象也会看到这个修改结果。下面用程序清单 7.11 来说明。

程序清单 7.11 修改切片元素

```
1  s:=［］int{1,2,3} //len=3,cap=3
2
3  //［0,2)左闭右开  截取切片
4  s1:= s［0:2］//s1=［1,2］
5  fmt.Println(s1)
6
7  //尝试修改切片的截取部分
8  s1［0］=100
9  fmt.Println(s)//输出s=［100,2,3］
10 fmt.Println(s1)//输出s1=［100,2］
11
12 //copy将底层数组的切片一起拷贝
13 s2:=make(［］int,3)//s2=［0,0,0］
14 copy(s2,s)
15 fmt.Println(s2)//s2=［100,2,3］
```

以上示例中，s 的修改操作在 s1 中是能被看到的，s1 的修改在 s 中也能被看到。原因是 s 和 s1 的指针指向同一片内存空间。要想单独修改数组数据，可以重新开辟一片内存空间，利用 copy 函数复制数组后再进行修改，原理图如图 7-5 所示。

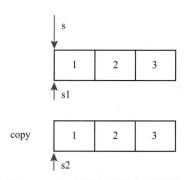

图 7-5 copy 函数复制数组原理图

最后，我们依旧使用之前的例子（参见程序清单 7.4），尝试利用切片打印并修改数组，如程序清单 7.12 所示。

程序清单 7.12 利用切片打印并修改数组

```
1  //打印数组
2  func printArray(Arrayn［］int){
```

```
3       for index, value:=range Arrayn{
4           fmt.Println("index=",index,",value=",value)
5       }
6       //改变数组值
7       Arrayn[0]=100
8   }
9
10  func main(){
11      //定义动态数组、切片
12      Array1 :=[]int{1,2,3,4}
13
14      //尝试打印数组Array1
15      printArray(Array1)//输出index=0,value=1…
16
17      //验证是否修改了数组值
18      for index, value := range Array1{
19          fmt.Println("index=",index,",value=",value)
20          //输出index=0,value=100…能改变Array[0]的值
21      }
```

上述程序清单定义了一个切片 Array1，将其传入 printArray 函数中，发现能够改变 Array[0] 的大小。这说明函数参数的传递是引用传递，传递的是当前数组的一个引用指针，因此在函数内部能够修改数组的值。

7.3　Goroutine 和通道

一般情况下，我们编写的应用程序都是按照顺序执行的，能独立地完成功能任务。在这种编程模式下，程序的执行步骤条理清晰，易于调试和维护。但在处理某些复杂且等待时间长的任务时，单一执行的程序将长时间闲置等待，从而降低处理器资源利用率。在这种情况下，可以将一个任务分成多个子任务，采用并发编程的方式让程序同时处理多个不同的任务，提高程序的执行效率。

为进一步阐述顺序执行和并发执行的区别，我们假设对三个网页的内容进行爬取，并根据返回的 HTML 内容，计算各个网页的大小。如图 7-6 和图 7-7 所示，程序分别使用顺序和并发两种模式进行功能实现。从功能的角度来看，我们只需要使用 Go 语言中的 net/http 包中定义的方法，根据输入的 URL 发送 GET 请求，获取相应网页的内容。之后，将返回对象中的 Body 内容转化为字节类型，在爬取网页内容的过程中进行网页大小的统计计算，程序向相应网页发送请求，但由于网页大小、网络延迟、站点位置等因素的影响导致响应时间各不相同。而在等待爬取的过程中，应用程序需要等待内容返回才能进行下一步的计算处理。在图 7-6 中，程序采取顺序执行模式对 3 个网页进行内容的爬取和大小计算，这意味着一个页面的爬取和计算需要等待上一个页面的爬取和计算彻底完成之后才能开始，这将导致程序因为等待请求响应而被闲置。相较之下，图 7-7 中，程

序采用并发执行模式对 3 个页面内容进行爬取，当向一个页面发送请求之后，便立即向剩余的页面发送请求，而不是等待内容的返回而闲置。当请求中任意一个爬取的内容返回时，程序即可进行对应页面大小的计算。最后，计算完所有 3 个网页的内容大小，输出结果结束程序。并发模式使得程序可以同时爬取 3 个页面的内容，从而减少等待时间，提高计算处理资源的利用率。

Go 语言提供了 Goroutine 以支持程序并发执行不同的任务。程序员通过将函数或代码段创建为 Goroutine，Go 语言运行时会将其设立为一个独立的工作单位进行调度。在程序并发处理复杂任务的过程中，有时需要多个 Goroutine 按照一定顺序，配合完成功能业务，这就涉及各个 Goroutine 之间的同步访问问题。Go 语言中采用通信顺序进程（Communicating Sequential Processes, CSP）作为其并发同步模型的范例。CSP 是一种消息传递模型，通过引入通道结构允许 Goroutine 之间进行数据传递，从而实现同步访问。

接下来，我们将介绍如何使用 Go 语言中的 Goroutine 和 Channel 实现并发编程。

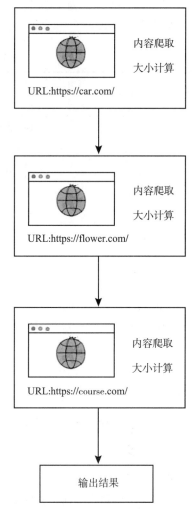

图 7-6　顺序执行网页内容的爬取

7.3.1　Goroutine 简介

Goroutine 是由 Go 运行时所管理的一个轻量级的线程。如表 7-1 所示，与其他编程语言实现的线程相比，Goroutine 具有低使用成本、低通信时延等优势，但一个 Go 程序中的所有 Goroutine 运行于相同的地址空间。因

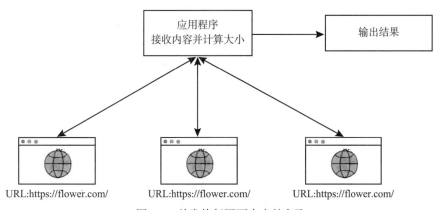

图 7-7　并发执行网页内容的爬取

此，针对共享内存的访问，Goroutine 之间需要进行同步访问处理。Goroutine 作为一种纯函数理念的线程，为了防止线程局部存储的滥用，相比较传统线程，Goroutine 不具有唯一标识去实现局部存储空间。

表 7-1 Goroutine 与传统线程的比较

比较项	线程类型	
	Goroutine	传统线程
调度器	Go 运行时调度器	操作系统内核
通信方式	通道	锁机制、信号量机制
通信时延	基于通道交流，通信时延低	线程之间通信时延高
局部存储	无	线程拥有唯一标识，从而实现局部存储
栈内存	可扩展大小	固定大小
启动时延	低	高
线程切换成本	低	高

此外，Go 运行时包含一个独立的调度器，使用 M:N 技术将 m 个 Goroutine 映射到 n 个操作系统线程中运行。相较于传统操作系统线程，通过硬件时钟中断触发 CPU 调用内核函数完成上下文交互，切换运行线程，Go 的调度器由特定的 Go 语言结构进行触发，无须切换到系统内核语境完成调度。因此，调度一个 Goroutine 比调度线程所需的成本要低很多。

7.3.2 Goroutine 的使用

每个程序都至少包含一个 Goroutine，这个 Goroutine 被称为主 Goroutine，下面运行的程序清单 7.13 就是一个主 Goroutine。其中 say 函数将输入的字符串打印三次，main 函数分别以 world 和 hello 字符串作为输入调用 say 函数进行打印。

程序清单 7.13 主 Goroutine 示例

```
1  package main
2
3  import(
4    "fmt"
5    "time"
6  )
7
8  func say(s string){
9    for i :=0;i<3;i++{
10     fmt.Println(s)
11   }
12 }
13
```

```
14 func main() {
15   say("world")
16   say("hello")
17   fmt.Println("\n terminating program")
18 }
19
20 //output
21 world
22 world
23 world
24 hello
25 hello
26 hello
27 terminating program
```

接下来，分别将 say 函数的两次调用并发运行在不同 Goroutine 中。对于创建一个新的 Goroutine 执行函数功能，只需要使用 Go 关键词作为新函数定义或函数调用的前缀进行修饰即可。因此，我们将上述代码修改为程序清单 7.14 并运行。

程序清单 7.14　运行不同 Goroutine 示例

```
1 package main
2
3 import(
4   "fmt"
5   "time"
6 )
7
8 func say(s string) {
9   for i :=0;i<3;i++ {
10     fmt.Println(s)
11   }
12 }
13
14 func main() {
15   go say("world")
16   go say("hello")
17   fmt.Println("\n terminating program")
18 }
19
20 //输出
21 terminating program
```

由于两个 say 函数分别运行于新的 Goroutine 中，与主函数的 Goroutine 并发执行。当一个新 Goroutine 被调用后，主程序不会像普通函数调用一样等待函数执行完毕返回，而是在函数调用执行之后，立即调用下一行代码，并忽略 Goroutine 的返回值。因此，在程序示例中，say("world") 和 say("hello") 函数创建为独立的 Goroutine 调用之后，主 Goroutine 会直接向下执行。完成程序终止提示的打印之后，程序执行完毕终止，其中创建的所有 Goroutine 也随即终止。所以，我们只看到程序终止提示的打印输出，而没有两个函数调用产生的打印输出。

为了解决这一问题，我们需要保证主 Goroutine 在其余 Goroutine 执行完毕之前仍保持运行状态，这也是 7.3.1 节中提及的 Goroutine 之间的同步访问问题。我们可以引入 Go 语言的另一个功能——通道进行解决，但在此之前先简单使用 Go 语言 Time 包中的 time. Sleep（time.Second）方法使主 Goroutine 休眠等待一段时间，修改后的代码示例如程序清单 7.15 所示。

程序清单 7.15　休眠主 Goroutine 等待

```
1   package main
2
3   import(
4     "fmt"
5     "time"
6   )
7
8   func say(s string){
9     for i:=0;i<3;i++{
10
11      fmt.Println(s)
12    }
13  }
14
15  func main(){
16    go say("world")
17    go say("hello")
18    time.Sleep(time.Second)
19  }
20
21  // 输出
22
23  hello
24  hello
25  hello
26  world
27  world
28  world
```

重新运行上述修改后的代码，可以看到函数 say("world") 和函数 say("hello") 成功打印输出相应的字符，因为我们在主 Goroutine 中使用 time.Sleep 方法使主 Goroutine 闲置等待，从而两个函数调用 Goroutine 有足够的时间在主 Goroutine 终止之前完成打印功能。

除了使用 time.Sleep 方法让主 Goroutine 暂停一段时间等待其他 Goroutine 完成之外，还可以使用 Go 语言 Sync 包中提供的同步原语（例如互斥锁、Once 和 WaitGroup 类型）完成同步访问。假设，我们在主 Goroutine 中分别创建两个 Goroutine 调用 say("hello") 和 say("world") 函数。为了避免主 Goroutine 在两个函数执行完之前结束，我们使用

WaitGroup 收集需要等待执行完成的 Goroutine 数量，并阻塞主 Goroutine，直到所有子 Goroutine 完成计算。WaitGroup 结构主要提供了以下三种方法实现上述同步问题。

- Add()：每次创建使用一个新的 Goroutine 之前，调用 Add()，以便设置或添加等待计数器需要等待完成的 Goroutine 的数量。
- Done()：在每次需要等待的 Goroutine 即将完成前，需要调用该方法表示 Goroutine 完成，该方法会使等待计数器减 1。
- Wait()：使用于需要阻塞的 Goroutine 之中，会阻塞该 Goroutine，直到等待计数器为 0。

程序清单 7.16 是使用 WaitGroup 的一个简单例子。

程序清单 7.16   WaitGroup 使用示例

```
1  package main
2
3  import(
4    "fmt"
5    "sync"
6  )
7
8  func say(s string, wg *sync.WaitGroup){
9    for i :=0;i<3;i++{
10     fmt.Println(s)
11   }
12   //函数退出时调用Done()方法 通知主Goroutine工作完成
13   wg.Done()
14 }
15
16 func main(){
17   //创建WaitGroup
18   //等待计数器加2，表示需要等待两个Goroutine完成执行
19   var wg sync.WaitGroup
20   wg.Add(2)
21   go say("world",&wg)
22   go say("hello",&wg)
23   //阻塞主Goroutine，直到WaitGroup计数器恢复为0。
24   wg.Wait()
25 }
26
27 // 输出
28
29 hello
30 hello
31 hello
32 world
33 world
34 world
```

7.3.3 通道简介

当函数调用被 Go 修饰为一个独立的 Goroutine 运行之后，该函数返回值不能被主 Goroutine 的变量接收。参考下面的程序清单 7.17，其中 square() 用于计算输入数字的平方。由于函数被 go 修饰，运行于一个独立的 Goroutine 中，因此主 Goroutine 将不会等待，而是直接执行下一行代码，但 square() 函数计算需要花费一定的时间。这将导致主 Goroutine 在下一句执行的打印功能中的变量存在无法接收到返回值的潜在风险，所以 Go 编译器会在编译过程中生成编译错误，阻止使用 Go 修饰的函数返回结果。

程序清单 7.17   函数返回值不能被主 Goroutine 接收

```
1  func main(){
2    result = go square(5)//编译错误
3    fmt.println(result)
4  }
```

为了解决不同 Goroutine 之间传递数据通信的问题，Go 语言提供了通道结构。通道允许 Goroutine 之间传递数据的同时，保证 Goroutine 接收方在使用传递值之前，发送方 Goroutine 已经处理完毕并将结果发送到接收方，从而实现同步访问。

程序清单 7.18 简单地介绍了如何创建一个通道，并解决上面提到的问题，实现主 Goroutine 和生成的子 Goroutine 的数值结果传递。创建并使用一个通道，我们需要完成以下步骤。

1）在想要运行于独立 Goroutine 的函数中声明一个通道参数，用于与其他 Goroutine 进行数据传递。

2）在主 Goroutine 中创建一个相同类型的通道函数。

3）使用 go 修饰函数调用，并将通道变量作为参数传递，用于接收返回值。

程序清单 7.18   建立通道

```
1  package main
2
3  import(
4    "fmt"
5  )
6
7  func square(result chan int, x int){
8    result <- x * x
9  }
10
11  func main() {
12    result := make(chan int)
13    go square(result, 5)
14    fmt.Println(<-result)
15  }
```

下面对创建通道的每一个步骤进行分析。

函数声明通道变量与结果传递：如程序清单 7.19 所示，在函数参数中声明相同类型的通道，用于接收创建的通道。之后，将计算结果通过箭头运算符（←）传递到通道中。

程序清单 7.19　通道传递数据

```
1  func square(result chan int, x int){
2      result <- x * x
3  }
```

创建通道：Go 语言提供内置函数 make 来创建通道，声明通道时指定将要在通道中传递的数据类型。可以通过通道共享内置类型、命名类型、结构类型和引用类型的值或者指针，但一个通道只能传送它的元素类型的值。

创建过程中，我们需要向 make 函数传递 chan 关键字，表明创建通道，并同时指明数据类型，如程序清单 7.20 所示。

程序清单 7.20　无缓冲通道和有缓冲通道

```
1  //无缓冲的int型通道
2  unbuffered := make(chan int)
3
4  //有缓冲的字符串型通道
5  buffered := make(chan string, 10)
```

在创建的第二个通道中，除了传递提交的 chan 关键字和数据类型之外，还传递另一个参数，用于指明这个通道的缓冲区大小，从而创建一个具有缓冲的通道。无缓冲通道和有缓冲通道的区别在于，无缓冲通道会导致先执行接收或发送的 Goroutine 阻塞等待另一个 Goroutine 完成接收或发送后，才能继续执行。而相较之下，有缓冲的通道允许通信的 Goroutine 之间不同时完成数据的发送和接收。只有下述两种情况才会导致 Goroutine 的阻塞：当接收方先执行接收，但通道中没有接收的值，接收一方的 Goroutine 会被阻塞；当通道中的缓冲已满时，发送方 Goroutine 会被阻塞，等待缓冲区中有空闲位置才接收发送值。

接收方调用并接收结果：在接收方 Goroutine 中创建通道之后，将通道传递到函数中并使用一个新的 Goroutine 运行该函数。函数计算完成之后，会将结果传递至通道中，接收方通过创建的通道获取传递值。如程序清单 7.21 所示，当从通道里接收一个值时，"←"运算符需要在操作的通道变量的左侧。

程序清单 7.21　接收通道传递值

```
1  func main(){
2      result := make(chan int)
3      go square(result, 5)
4      fmt.println(<-result)
5  }
```

7.3.4 通道实现同步

在 7.3.3 节中提到通道可以确保 Goroutine 接收方在使用传递数据之前，发送方已经将数据传递至通道中以供接收。这是通过阻塞操作实现多个并发 Goroutine 之间的同步数据传递。以无缓冲通道为例，发送操作阻塞发送方，直到另一个 Goroutine 执行接收操作。反之，接收操作阻塞接收方，直到另一个 Goroutine 在通道执行发送操作。通过阻塞暂停 Goroutine 执行操作，从而实现两者的操作同步。

下面通过一个例子介绍如何使用通道实现由多个 Goroutine 配合完成业务功能。我们分别定义三个函数 square()、multiply()、sum()，它们分别运行于不同的 Goroutine 中，通过通道完成同步操作计算式（7.1）的值。如图 7-8 所示，square Goroutine 和 multiply Goroutine 可以并发执行，之后分别将结果值传递至 sum Goroutine 进行求和计算，最后主 Goroutine 等待求和结果值返回并打印。

$$result = 5^2 + 6 \times 7 \qquad (7.1)$$

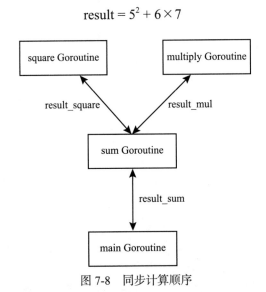

图 7-8　同步计算顺序

基于通道的特性，阻塞接收方或发送方 Goroutine 执行下一步操作，直到另一方准备就绪才完成数据传递操作。在程序清单 7.22 中，我们分别创建了三个通道，用于多个 Goroutine 传递数据时进行配合。**result_square** 通道和 **result_mul** 通道限制在平方函数和乘法函数完成计算之后再执行 sum Goroutine，而 **result_sum** 则是 sum Goroutine 与主 Goroutine 之间传递最终计算结果值的通道。主 Goroutine 会等待 sum 函数计算完毕之后，再执行结果打印并终止程序。综上所述，通过使用通道协助多个 Goroutine 配合完成一个简单的计算功能。

程序清单 7.22　多 Goroutine 配合示例

```
1  package main
2
```

```
3  import(
4      "fmt"
5  )
6
7  func square(result chan int, x int){
8      result <- x * x
9  }
10
11 func multiply(result chan int, x int, y int){
12     result <- x * y
13 }
14
15 func sum(result_square chan int, result_mul chan int, result chan int){
16     x := <-result_square
17     y := <-result_mul
18     result <- x + y
19 }
20
21 func main(){
22     result_square := make(chan int)
23     result_mul := make(chan int)
24     result_sum := make(chan int)
25
26     go square(result_square, 5)
27     go multiply(result_mul, 6, 7)
28     go sum(result_square, result_mul, result_sum)
29     result := <-result_sum
30     fmt.Println(result)
31     fmt.Println("Terminating program.")
32
33 }
```

7.4　调度器

在 7.3.1 节中提到，Go 语言运行时包含一个独立的调度器，它对 Goroutine 进行管理，从而实现低成本的 Goroutine 线程切换。

7.4.1　调度器的设计决策

我们通过程序清单 7.23 介绍调度器在多个 Goroutine 工作时的功能和作用。

程序清单 7.23　多 Goroutine 运行

```
1  func main() {
2      var wg sync.WaitGroup
3      wg.Add(11)
4      for i := 0; i <= 10; i++ {
5          go func(i int) {
```

```
6           defer wg.Done()
7           fmt.Printf("loop i is - %d\n", i)
8       }(i)
9       }
10      wg.Wait()
11      fmt.Println("Hello, Welcome to Go")
12  }
13
14
15  //输出
16
17  loop i is - 0
18  loop i is - 4
19  loop i is - 1
20  loop i is - 2
21  loop i is - 3
22  loop i is - 8
23  loop i is - 7
24  loop i is - 9
25  loop i is - 5
26  loop i is - 10
27  loop i is - 6
28  Hello, Welcome to Go
```

上述程序在主 Goroutine 中循环创建了 11 个 Goroutine，以执行打印功能，可以将每一个打印的数值看作该 Goroutine 的识别 ID。相较于普通函数执行循环打印的有序输出，我们可以看出上述程序中 Goroutine 的打印执行是乱序的，并没根据先后调用的顺序打印输出。对于这个输出结果，我们会有以下疑问：

- 这 11 个 Goroutine 是如何并发执行的？
- Goroutine 之间是否有特定的执行顺序，或者如何判断各个 Goroutine 的执行顺序？

要回答这两个问题，我们需要思考：

- 如何将多个 Goroutine 分配到 CPU 核数量有限的机器上运行？
- 为了公平地让这些 Goroutine 获得 CPU 资源，它们应该以什么样的顺序在多个 CPU 核上运行？

而这些问题也正是调度器在调度管理过程中需要考虑的因素。在下面的章节，我们将回答上述问题。

7.4.2 Go 语言调度器模型

为了解决多个 Goroutine 并发执行的调度问题，Go 语言设计了如图 7-9 所示的调度器模型。

Go 语言采用 GMP 调度模型，其中：

- G 代表一个 Goroutine 对象，是使用 go 关键字创建出来的可以并行运行的代码块。每次 go 调用时，都会产生一个 G 对象。

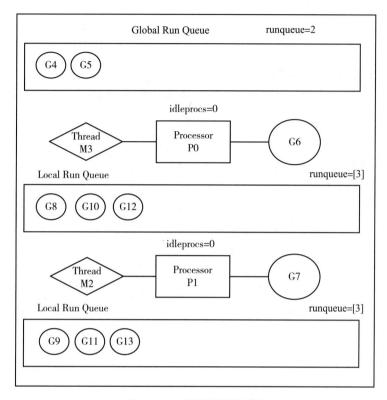

图 7-9　Go 语言调度器模型

- M 代表一个操作系统内核线程。每次创建一个 M 时，都会相应地有一个底层内核线程被创建。所有的 G 都在 M 上运行。
- P 代表逻辑处理器，每一个运行的 M 都拥有相应的 P，由 P 来调度 G 在 M 上的运行。每一个 P 都保存着本地 G 任务队列。

图 7-9 中由两个 P 负责对 8 个 Goroutine 进行调度管理，并且在图中可以看到有两种类型的队列管理着 Goroutine，这两种类型队列的作用分别为：

- 本地队列（Local Run Queue）：本地队列存放于逻辑处理器 P 中，其中存放等待运行的 G，这个队列存储的数量有限，一般不能超过 256 个，当用户新建 Goroutine 时，如果这个队列满了，则 Go 运行时会将一半的 G 移动到全局队列中。
- 全局队列（Global Run Queue）：存放等待运行的 G，其他的本地队列满了，会将 G 移动过来。

本地队列的作用

相较于 Go 语言最初使用的 GM 调度器模型，GMP 调度器模型引入了 P 逻辑处理器概念，并且每个 P 都有自己的本地队列，从而大幅减轻了 Goroutine 调度过程中对全局队列的直接依赖，减少了访问全局队列过程中的锁竞争次数，从而降低了调度的性能开销。

在上述队列定义的解释中，GMP 模型实现了工作窃取（Work Stealing）功能，当 P 的本地队列为空时，则会从全局队列或者其他 P 的本地队列中窃取可运行的 G，提高计算资源利用率。反之，若 P 的本地队列存储的 Goroutine 达到最大存储值，Go 运行时会将一半数量的 G 转移到全局队列中进行管理。

GMP 调度器模型的工作流程

如图 7-10 所示，一个 Go 函数从创建为 Goroutine 到被调度器调度执行的步骤大致如下。

1）通过 go func() 或 go 修饰函数调用创建一个 Goroutine，我们以 G 代称。

2）将新创建的 G 存入队列中管理，新创建的 G 会优先被保存于 P 的本地队列中，当 P 的本地队列存满之后，会被保存至全局队列中。

3）M 是运行 G 的实体，一个 M 必须持有绑定一个 P。M 会从 P 的本地队列寻找一个可执行的 G 来执行。若 P 的本地队列为空，就会利用工作窃取功能，从其他 P 中的本地队列窃取一个可执行的 G 来执行。若其他本地队列中也没有可执行 G，则从全局 G 队列中查找。

4）在执行 G 的过程中，若发生通道阻塞或用户级别阻塞，M 不会因此而阻塞。而是继续寻找可执行的 G 执行，阻塞 G 恢复之后，重新存入队列等待执行。另一种情况是当 G 进行系统调用时，M 会被阻塞并且 P 会和 M 解绑（Hand Off），寻找或创建新的空闲线程 M 和 P 进行绑定，继续调度执行队列中的 Goroutine。

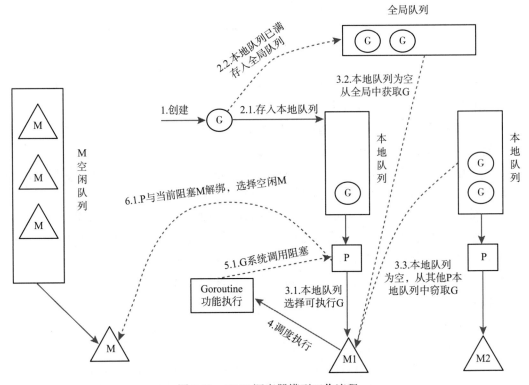

图 7-10　GMP 调度器模型工作流程

5）当 G 的系统调用结束之后，会尝试获取一个无绑定空闲的 P 执行。若当前获取不到空闲的 P，则该线程 M 会变成休眠状态，并加入空闲线程队列中，而 G 也会被放入全局队列中排队等待。

跟踪 Go 调度器工作流程

Go 语言内置了 GODEBUG 工具，程序员不需要实现额外功能，通过设置 GODEBUG 环境变量即可生成 GO 运行时的调试信息以供参考。针对 Go 语言调度器的使用，我们可以请求调度器的摘要信息和调试细节。如果想让程序在运行过程中同时打印相应的跟踪调试信息，我们需要在编译运行之前设置好 GODEBUG 环境变量。下面通过程序清单 7.24 演示如何使用 GODEBUG 工具以及调度跟踪信息。

程序清单 7.24　GODEBUG 追踪示例

```
1  package main
2
3  import(
4    "sync"
5    "time"
6  )
7
8  func main(){
9    var wg sync.WaitGroup
10   wg.Add(10)
11   for i := 0; i < 10; i++ {
12     go work(&wg)
13   }
14
15   wg.Wait()
16
17   // Wait to see the global run queue deplete.
18   time.Sleep(3 * time.Second)
19 }
20
21 func work(wg *sync.WaitGroup){
22   time.Sleep(time.Second)
23
24   var counter int
25   for i := 0; i < 1e10; i++ {
26    counter++
27   }
28
29   wg.Done()
30 }
```

在上述代码中，我们使用 for 循环创建了 10 个 Goroutine，并相应使用 7.3.2 节中介绍的 WaitGroup 结构，设置需要等待完成的 Goroutine 数量。每一个 Goroutine 先通过执行 time.Sleep() 函数休眠 1 秒之后，通过 for 循环对 counter 变量进行十亿次计数累加。计数完成之后调用 wg.Done() 函数方法，通知主 Goroutine 执行完毕。

编译程序清单 7.24：

```
1    go build go_demo.go
```

然后使用 GODEBUG 工具来分析 Go 运行时调度器对 Goroutine 的调度情况，我们需要执行以下命令，如程序清单 7.25 所示。

程序清单 7.25　GODEBUG 追踪命令

```
1    GOMAXPROCS=2 GODEBUG=schedtrace=1000 ./go_demo
```

在上述执行命令中，我们需要设置 GODEBUG 环境变量值，从而输出与调度相关的调试信息。环境变量 GODEBUGE 的值可以由若干个键值对组成，键和值之间需要使用等号（=）分隔，而多个键值对之间需要使用英文逗号（,）分隔。不同的键值对应输出不同的调试信息。在此，我们重点关注与调度器跟踪信息相关的两个值 schedtrace 和 scheddetail。

- schedtrace：设置 schedtrace 的值为 *x* 时，Go 运行时的监测器会每 *x* 毫秒将调度器状态的概要信息打印至错误信息输出中。
- scheddetail：scheddetail 是在使用 schedtrace 打印出调度器的概要信息的基础上，进一步打印相关的细节调度信息，将其设置为 1，则监测器同样会按每 *x* 毫秒在错误输出中打印多行信息，包括调度器以及所有现存 M、P 和 G 的状态信息。

执行上述命令后，可以看到如程序清单 7.26 所示的输出，当然运行机器不同可能导致相应的输出也不一样。实验使用的笔记本电脑有四个 CPU 核，我们通过指令 GOMAXPROCS 指定两个逻辑处理核。

程序清单 7.26　调度信息输出

```
1   colin@book % GOMAXPROCS=2 GODEBUG=schedtrace=1000 ./go_demo
2   SCHED 0ms: gomaxprocs=2 idleprocs=1 threads=4 spinningthreads=0 idlethreads=1
      runqueue=0 [0 0]
3   SCHED 1009ms: gomaxprocs=2 idleprocs=0 threads=4 spinningthreads=0 idlethreads=1
      runqueue=0 [8 0]
4   SCHED 2009ms: gomaxprocs=2 idleprocs=0 threads=4 spinningthreads=0 idlethreads=1
      runqueue=2 [3 3]
5   SCHED 3016ms: gomaxprocs=2 idleprocs=0 threads=4 spinningthreads=0 idlethreads=1
      runqueue=2 [3 3]
6   SCHED 4017ms: gomaxprocs=2 idleprocs=0 threads=4 spinningthreads=0 idlethreads=1
      runqueue=7 [0 1]
7   SCHED 5027ms: gomaxprocs=2 idleprocs=0 threads=4 spinningthreads=0 idlethreads=1
      runqueue=5 [0 3]
8   SCHED 6031ms: gomaxprocs=2 idleprocs=0 threads=4 spinningthreads=0 idlethreads=1
      runqueue=3 [2 3]
9   SCHED 7037ms: gomaxprocs=2 idleprocs=0 threads=4 spinningthreads=0 idlethreads=1
      runqueue=5 [1 2]
```

```
10  SCHED 8045ms: gomaxprocs=2 idleprocs=0 threads=4 spinningthreads=0 idlethreads=1
         runqueue=4 [ 2 2 ]
11  SCHED 9052ms: gomaxprocs=2 idleprocs=0 threads=4 spinningthreads=0 idlethreads=1
         runqueue=8 [ 0 0 ]
12  SCHED 10065ms: gomaxprocs=2 idleprocs=0 threads=4 spinningthreads=0 idlethreads=1
         runqueue=4 [ 0 4 ]
13  SCHED 11069ms: gomaxprocs=2 idleprocs=0 threads=4 spinningthreads=0 idlethreads=1
         runqueue=4 [ 1 3 ]
```

我们选取第二条输出信息，对其中各个术语进行分析和解释，如表 7-2 所示。

```
SCHED 1009ms: gomaxprocs=2 idleprocs=0 threads=4 spinningthreads=0 idlethreads=1
     runqueue=0 [ 8 0 ]
```

表 7-2　跟踪调度信息分析

术语	含义
1009ms	从程序启动到该 trace 采集到信息的时间
gomaxprocs = 2	配置逻辑处理核的数量
idleprocs = 2	当前空闲逻辑核的数量
threads = 4	调度器正在管理的线程的数量
spinningthreads = 0	自旋线程的数量
idlethreads = 1	当前空闲线程的数量，表示当前 1 个线程空闲，3 个正在运行中
runqueue = 0	全局队列中 Goroutine 的数量
[8 0]	表示逻辑核上本地队列中 Goroutine 的排队数量。因为在此我们设置了两个逻辑处理核，其中一个有 8 个 Goroutine 排队，另一个为 0。但在后续的调度中也有 Goroutine 在本地队列中排队。

更多跟踪信息细节

在介绍 GODEBUG 环境变量时提到的两个值中，schedtrace 按设置的时间间隔产生调度器状态的概要信息。在此基础上，我们可以设置 scheddetail 键值对获取现存的 G、M、和 P 的状态信息。

我们针对上述编译成功的程序清单，执行下述命令获取更多的调度跟踪信息，如程序清单 7.27 所示。

程序清单 7.27　GODEBUG 详细追踪命令

```
1  GOMAXPROCS=2 GODEBUG=schedtrace=1000,scheddetail=1 ./go_demo
```

由于产生的信息过多，我们截取其中第二秒产生的调度器状态信息作为展示，如程序清单 7.28 所示。

程序清单 7.28　详细调度信息输出

```
1   SCHED 2009ms: gomaxprocs=2 idleprocs=0 threads=4 spinningthreads=0 idlethreads=1
      runqueue=2 gcwaiting=0 nmidlelocked=0 stopwait=0 sysmonwait=0
2   P0: status=1 schedtick=52 syscalltick=0 m=0 runqsize=3 gfreecnt=0 timerslen=0
3   P1: status=1 schedtick=48 syscalltick=0 m=3 runqsize=3 gfreecnt=0 timerslen=0
4   M3: p=1 curg=7 mallocing=0 throwing=0 preemptoff= locks=0 dying=0 spinning=false blocked =
      false lockedg=-1
5   M2: p=-1 curg=-1 mallocing=0 throwing=0 preemptoff= locks=0 dying=0 spinning=false
      blocked=true lockedg=-1
6   M1: p=-1 curg=-1 mallocing=0 throwing=0 preemptoff= locks=2 dying=0 spinning=false
      blocked=false lockedg=-1
7   M0: p=0 curg=-1 mallocing=0 throwing=0 preemptoff= locks=1 dying=0 spinning=false
      blocked=false lockedg=-1
8   G1: status=4(semacquire) m=-1 lockedm=-1
9   G2: status=4(force gc (idle)) m=-1 lockedm=-1
10  G3: status=4(GC sweep wait) m=-1 lockedm=-1
11  G4: status=4(GC scavenge wait) m=-1 lockedm=-1
12  G5: status=1(sleep) m=-1 lockedm=-1
13  G6: status=1(sleep) m=-1 lockedm=-1
14  G7: status=2(sleep) m=3 lockedm=-1
15  G8: status=1(sleep) m=-1 lockedm=-1
16  G9: status=1(sleep) m=-1 lockedm=-1
17  G10: status=1(sleep) m=-1 lockedm=-1
18  G11: status=1(sleep) m=-1 lockedm=-1
19  G12: status=1(sleep) m=-1 lockedm=-1
20  G13: status=1(sleep) m=-1 lockedm=-1
21  G14: status=1(sleep) m=-1 lockedm=-1
```

上述信息输出中，其中调度器的概要部分大致相同，但是更多细节输出了有关处理器（P）、线程（M）和 Goroutine（G）的状态信息。我们逐一对其中的内容进行分析。首先，表 7-3 表示处理器 P 调度信息中各个参数的详细含义。我们截取调度信息中有关处理器 P 相关的调度信息，如程序清单 7.29 所示。按照表格指示的参数含义，我们可知当前存在两个处理器，并且 status=1 显示此时处理器已有线程 M 绑定，而 m 参数具体表示处理器所绑定的线程编号。runqsize 表示当前处理器下本地运行队列中 Goroutine 的数量。

程序清单 7.29　处理器 P 调度信息输出

```
1   P0: status=1 schedtick=52 syscalltick=0 m=0 runqsize=3 gfreecnt=0 timerslen=0
2   P1: status=1 schedtick=48 syscalltick=0 m=3 runqsize=3 gfreecnt=0 timerslen=0
```

表 7-3　处理器 P 调度信息中各个参数的含义

术语	含义	术语	含义
status	逻辑处理核的运行状态，为 1 时表示当前 P 与 M 绑定	runqsize	本地运行队列中 G 的数量
schedtick	逻辑处理器 P 的调度次数	gfreecnt	可用的 G 数量
syscalltick	逻辑处理器 P 的系统调用次数	timerslen	timer 定时器的数量
m	和线程 M 绑定情况		

由程序清单 7.28 可知，当前程序中存在四条线程。程序清单 7.30 中详细显示了四条线程的相关状态信息。线程中各个参数所表示的含义如表 7-4 所示，我们根据各线程的参数 p 可知，线程 M3 和 M0 存在与之绑定的处理器，由参数 curg 可知当前运行在该线程上的 Goroutine：当前编号为 7 的 Goroutine 运行于 M3 上，而 M0 上目前没有 Goroutine 运行。在两个未被绑定的线程中，M2 的参数 blocked = true 表示当前线程被阻塞。

程序清单 7.30　线程调度信息输出

```
1  M3: p=1 curg=7 mallocing=0 throwing=0 preemptoff= locks=0 dying=0 spinning=false
   blocked=false lockedg=-1
2  M2: p=-1 curg=-1 mallocing=0 throwing=0 preemptoff= locks=0 dying=0 spinning=false
   blocked=true lockedg=-1
3  M1: p=-1 curg=-1 mallocing=0 throwing=0 preemptoff= locks=2 dying=0 spinning=false
   blocked=false lockedg=-1
4  M0: p=0 curg=-1 mallocing=0 throwing=0 preemptoff= locks=1 dying=0 spinning=false
   blocked=false lockedg=-1
```

表 7-4　线程中参数的含义

术语	含义	术语	含义
p	所绑定的逻辑处理器	preemptoff	不为空字符串时，保持当前的 G 运行于线程之上
curg	当前线程上正在执行哪一个 Goroutine	locks	当前线程上锁的数量
mallocing	是否正在分配内存	spinning	是否为自旋线程
throwing	是否抛出异常	blocked	是否被阻塞

Goroutine 调度信息输出如程序清单 7.31 所示，在第 2 秒的时候，当前程序有 14 个 Goroutine 存在。G 的状态信息参数相对简单，由三个参数组成，其含义如表 7-5 所示，status 参数反映 G 当前的运行状态，status 参数各个状态值的含义如表 7-6 所示。

程序清单 7.31　Goroutine 调度信息输出

```
1  G1: status=4(semacquire) m=-1 lockedm=-1
2  G2: status=4(force gc (idle)) m=-1 lockedm=-1
3  G3: status=4(GC sweep wait) m=-1 lockedm=-1
4  G4: status=4(GC scavenge wait) m=-1 lockedm=-1
5  G5: status=1(sleep) m=-1 lockedm=-1
6  G6: status=1(sleep) m=-1 lockedm=-1
7  G7: status=2(sleep) m=3 lockedm=-1
8  G8: status=1(sleep) m=-1 lockedm=-1
9  G9: status=1(sleep) m=-1 lockedm=-1
10 G10: status=1(sleep) m=-1 lockedm=-1
11 G11: status=1(sleep) m=-1 lockedm=-1
12 G12: status=1(sleep) m=-1 lockedm=-1
13 G13: status=1(sleep) m=-1 lockedm=-1
14 G14: status=1(sleep) m=-1 lockedm=-1
```

表 7-5　Goroutine 参数的含义

术语	含义
status	G 的运行状态
m	在哪一个线程 M 上运行
lockedm	是否有锁定 M

表 7-6　status 参数各个状态值的含义

状态值	含义
0（idle）	刚刚被分配，未初始化
1（runnable）	已经存在于运行队列之中，但未执行
2（running）	已经分配了 M 和 P，可以执行代码，不在队列中
3（syscall）	正在执行系统调用
4（waiting）	正处于阻塞等待中，运行时被阻止
5（moribund_unused）	尚未被使用，但在 gdb 中进行了硬编码处理
6（dead）	尚未被使用，刚终止退出或刚被初始化还未执行代码
7（enqueue_unused）	尚未使用
8（copystack）	正在复制堆栈，未执行代码

　　根据表 7-5 和表 7-6 中的 Goroutine 的状态值含义，我们取第 2 秒调度跟踪信息中部分 Goroutine 状态信息进行分析。如程序清单 7.32 所示，此时各个 Goroutine 的运行状态分别为注释中所示。

程序清单 7.32　Goroutine 状态信息分类

```
1   // 以下Goroutine等待在逻辑处理器P上运行
2   G5: status=1(sleep) m=-1 lockedm=-1
3   G6: status=1(sleep) m=-1 lockedm=-1
4   G8: status=1(sleep) m=-1 lockedm=-1
5   G9: status=1(sleep) m=-1 lockedm=-1
6   G10: status=1(sleep) m=-1 lockedm=-1
7   G11: status=1(sleep) m=-1 lockedm=-1
8   G12: status=1(sleep) m=-1 lockedm=-1
9   G13: status=1(sleep) m=-1 lockedm=-1
10  G14: status=1(sleep) m=-1 lockedm=-1
11
12  // 逻辑处理器P1正在线程M3上运行
13  G7: status=2(sleep) m=3 lockedm=-1
14
15  // 主线程被WaitGroup阻塞等待
16  G1: status=4(semacquire) m=-1 lockedm=-1
17
18  // 阻塞等待被清除回收
```

```
19  G2: status=4(force gc (idle)) m=-1 lockedm=-1
20  G3: status=4(GC sweep wait) m=-1 lockedm=-1
21  G4: status=4(GC scavenge wait) m=-1 lockedm=-1
```

通过学习调度器的基本模型概念和基本调度流程，以及使用 Go 语言提供的 GODEBUG 工具获取调度过程中的详细调试信息，可以帮助我们深入了解 GMP 模型下 Go 调度器是如何工作的，以及每一个 P、M、G 的实时状态信息。

7.5　本章小结

Go 语言因为其协程、通道等特性受到了分布式系统、高并发等领域编程者的青睐。在本章中，我们介绍了 Go 语言的诞生背景、Go 语言的切片操作、协程和通道基础以及与协程相关的调度器相关知识。在之后的章节中，我们将会基于 Go 语言实现分布式键值存储系统。

第**8**章

构建强一致性算法库

上一章对 Go 语言的基础知识进行了学习，本章将使用 Go 语言构建强一致算法——Raft，并将我们构建的 Raft 库命名为 eraft。

8.1　核心数据结构设计

我们在第 5 章介绍了 Raft 算法的主要内容。本章将介绍 Raft 算法的具体实现。首先抽象出需要的数据结构。先来梳理一下可能用到的数据结构，由于节点之间需要互相访问，因此需要定义访问其他节点的网络客户端。这里应包含节点的 id、地址和 RPC 客户端，我们将整个结构抽象为 RaftClientEnd，主要数据内容如程序清单 8.1 所示。

程序清单 8.1　客户端数据结构

```
1  type RaftClientEnd struct {
2    id            uint64
3    addr          string
4    raftServiceCli *raftpb.RaftServiceClient // gRPC客户端
5  }
```

我们之前描述的节点状态有三种，定义如程序清单 8.2 所示。

程序清单 8.2　节点状态

```
1  const (
2    NodeRoleFollower NodeRole = iota
3    NodeRoleCandidate
4    NodeRoleLeader
5  )
```

如果要完成选举操作，则需要两个超时时间，这里使用 Golang time 库中的 Timer 实现，它可以定时地给一个通道发送消息。可以用 Timer 来实现选举超时和心跳超时，如程序清单 8.3 所示。

```
1  electionTimer     *time.Timer
2  heartbeatTimer    *time.Timer
```

此外，我们还构造了一个 Raft 结构体，该结构体记录了当前节点的 id、当前的任期、为谁投票、已经获得的票数、已经提交的日志 id、最后 apply 到状态机的日志 id，以及如果节点是 Leader 则需要记录到其他节点复制最新匹配的日志 id。Raft 结构体定义如程序清单 8.4 所示。

程序清单 8.4 Raft 结构体

```
1  type Raft struct {
2      mu                sync.RWMutex
3      peers             [ ]*RaftClientEnd // RPC客户端
4      me_               int // 自己的id
5      dead              int32 // 节点的状态
6      applyCh           chan *pb.ApplyMsg // apply协程通道
7      applyCond         *sync.Cond // apply 流程控制的信号量
8      replicatorCond    [ ]*sync.Cond // 复制操作控制的信号量
9      role              NodeRole // 节点当前的状态
10     curTerm           int64  // 当前的任期
11     votedFor          int64  // 为谁投票
12     grantedVotes      int    // 已经获得的票数
13     logs              *RaftLog // 日志信息
14     commitIdx         int64    // 已经提交的最大的日志id
15     lastApplied       int64    // 最后apply到状态机的日志id
16     nextIdx           [ ]int   // 到其他节点下一个匹配的日志id信息
17     matchIdx          [ ]int   // 到其他节点当前匹配的日志id信息
18
19     leaderId          int64  // 集群中当前Leader节点的id
20     electionTimer     *time.Timer  // 选举超时定时器
21     heartbeatTimer    *time.Timer  // 心跳超时定时器
22     heartBeatTimeout  uint64       // 心跳超时时间
23     baseElecTimeout   uint64       // 选举超时时间
24  }
```

系统启动的时候，需要构造 Raft 结构体。这是在 MakeRaft 中实现的，主要是初始化变量和两个定时器，并启动相关的协程。这里对每个对端节点复制有 Replicator 协程，触发两个超时时间有 Tick 协程，应用已经提交的日志有 Applier 协程。

8.2 协程模型

图 8-1 展示了 RaftCore 里面的协程模型。当应用层提案到来之后，在 Leader 节点，主协程会在本地追加日志，发送 BroadcastAppend，然后到 Follower 节点复制日志的协程会被唤醒，开始进行一轮的复制。在 replicateOneRound 成功复制半数节点日志之后会

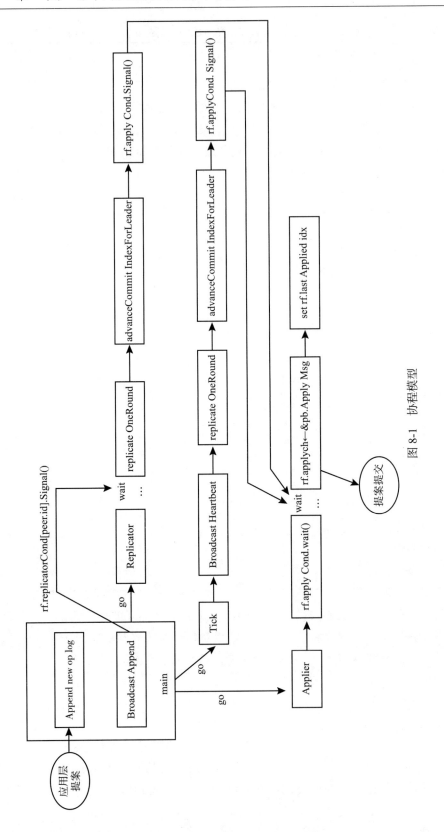

图 8-1 协程模型

触发 commit，rf.applyCond.Signal() 会唤醒等待做 Apply 操作的 Applier 协程。

另外，Tick 协程会监听两个超时的通道信号 Timer。一旦心跳超时并且当前节点的状态是 Leader，Tick 就会调用 BroadcastHeartbeat 发送心跳，发送心跳的时候也会 replicateOneRound。与上述过程一样，如果半数节点成功复制日志，就会触发 commit，rf.applyCond.Signal() 就会唤醒等待做 Apply 操作的 Applier 协程。

Applier 协程 Apply 完消息之后会把 ApplyMsg 消息写入 rf.applyCh 通知应用层，应用层的协程可以监听这个通道，如果有 ApplyMsg 到来就把它应用到状态机。

8.3　RPC 定义

eraft 的 RPC 定义文件在 pbs 目录下的 raftbasic.proto 文件中，主要的消息有：日志条目（Entry）、投票请求（RequestVote）和追加日志（AppendEntries）。接下来，我们将对它们进行详细介绍。

8.3.1　日志条目：Entry

程序清单 8.5 是一个日志条目信息表示。与之前描述的一样，它有任期号（term）、索引号（index），以及操作的序列化数据（data）。我们用一个字节流来存储，日志条目有两种类型，一种是正常日志（EntryNormal），另一种是配置变更的日志（EntryConfChange）。

程序清单 8.5　日志条目 RPC 定义

```
1  enum EntryType {
2      EntryNormal = 0;
3      EntryConfChange = 1;
4  }
5
6  message Entry {
7      EntryType entry_type = 1;
8      uint64    term = 2;
9      int64     index = 3;
10     bytes     data = 4;
11 }
```

8.3.2　投票请求：RequestVote

程序清单 8.6 是投票请求 RPC 的定义。投票请求信息中有候选人的任期号、它的 id 以及它最后一条日志的索引和任期号。响应里面有任期号，用于候选人在选举失败的时候更新自己的任期，vote_granted 表示这个投票请求操作是否被对端节点接收。

程序清单 8.6　投票请求 RPC 定义

```
1  message RequestVoteRequest {
```

```
2       int64 term = 1;
3       int64 candidate_id = 2;
4       int64 last_log_index = 3;
5       int64 last_log_term = 4;
6   }
7
8   message RequestVoteResponse {
9       int64 term = 1;
10      bool  vote_granted = 2;
11  }
12
13  service RaftService {
14      //...
15      rpc RequestVote (RequestVoteRequest) returns (RequestVoteResponse) {}
16  }
```

8.3.3　追加日志：AppendEntries

追加日志操作的定义如下。请求里面有 Leader 的任期号、id（用来告诉 Follower，这样 Client 访问 Follower 之后可以被告知哪个是 Leader 节点）、prev_log_index（表示消息里面将要同步的第一条日志前一条日志的索引信息）、prev_log_term（它的任期信息）、leader_commit（Leader 的 commit 号，可以用来周知 Follower 节点当前的 commit 进度）和 entries（表示日志条目信息）。

响应的消息体中 term 用来告诉 Leader 是否出新的任期，可以用来更新 Leader 的任期号，success 表示日志追加操作是否成功，conflict_index 用来记录冲突日志的索引号，conflict_term 用来记录冲突日志的任期号，如程序清单 8.7 所示。

程序清单 8.7　追加日志 RPC 定义

```
1   message AppendEntriesRequest {
2       int64      term = 1;
3       int64      leader_id = 2;
4       int64      prev_log_index = 3;
5       int64      prev_log_term = 4;
6       int64      leader_commit = 5;
7       repeated Entry entries = 6;
8   }
9
10  message AppendEntriesResponse {
11      int64  term = 1;
12      bool   success = 2;
13      int64 conflict_index = 3;
14      int64 conflict_term = 4;
15  }
16
17  service RaftService {
18      //...
```

```
19    rpc AppendEntries (AppendEntriesRequest) returns (AppendEntriesResponse) {}
20 }
```

8.4 Leader 选举实现分析

Raft 可视化网站提供了 Raft 算法的动态演示，我们先直观感受一下 Leader 选举的流程，下面结合代码介绍这个流程。

Raft 算法中有两个超时时间，用来控制 Leader 选举的流程。选举超时是 Candidate 等待变成 Leader 的时间跨度，如果在这个时间内还没被选为 Leader，则这个超时定时器会被重置。如前所述，这个超时时间一般设置为 150ms~300ms。

启动的时候，所有节点的选举超时时间都被设置为 150ms~300ms 的随机值，那么大概率有一个节点会率先达到超时时间。如图 8-2 所示，A、B、C 节点中的 C 先达到超时时间（黑色虚线表示该节点为 Candidate），它从 Follower 变成 Candidate，随后开

Node B Term: 0

Node A Term: 0

Node C Term: 1 Vote Count: 1

图 8-2　选举过程 1

始新任期的选举，它会给自己投一票，然后向集群中的其他节点发送 RequestVoteRequest RPC 请求它们的投票。

1）eraft 代码中在启动时，也就是应用层调用 MakeRaft 函数的时候，会传入 base-ElectionTimeOutMs 和 heartbeatTimeOutMs。这里心跳超时时间是固定的。我们使用 Make-AnRandomElectionTimeout 构造生成了一个随机的选举超时时间，如程序清单 8.8 所示。

程序清单 8.8　随机的选举超时时间

```
1    func MakeRaft(peers [] *RaftClientEnd, me int, newdbEng storage_eng.KvStore,
         applyCh chan *pb.ApplyMsg, heartbeatTimeOutMs uint64, baseElectionTimeOutMs
         uint64) *Raft {
2        ...
3
4        heartbeatTimer:time.NewTimer(time.Millisecond * time.Duration
             (heartbeatTimeOutMs)),
5        electionTimer:time.NewTimer(time.Millisecond * time.Duration(MakeAnRandomEle
             ctionTimeout(int(baseElectionTimeOutMs)))),
6        ...
7    }
```

2）达到选举超时后，节点 C 首先把自己的状态改成 Candidate，然后增加自己的任期号，发起选举，如程序清单 8.9 所示。

程序清单 8.9　超时发起选举

```
1   //
2   // 心跳时间超时就会触发选举：修改自己的状态，发起选举
3   //
4   func (rf *Raft) Tick() {
5     for !rf.IsKilled() {
6       select {
7       case <-rf.electionTimer.C:
8         {
9           rf.SwitchRaftNodeRole(NodeRoleCandidate)
10          rf.IncrCurrentTerm()
11          rf.Election()
12          rf.electionTimer.Reset(time.Millisecond * time.Duration(MakeAnRandomElectio
              nTimeout(int(rf.baseElecTimeout))))
13        }
14      ...
15    }
16  }
```

3）下面的程序清单 8.10 就是发起选举的核心逻辑。如图 8-3 所示，节点 IncrGranted-Votes 首先给自己投一票，然后把 votedFor 设置成自己，所以节点 C 的 VoteCount 此时为 1。之后构造 RequestVoteRequest RPC 请求，带上自己的任期号、CandidateId 即自己的 id、最后一个日志条目的索引和最后一个日志条目的任期号。然后把当前 Raft 状态持久化，向集群中的其他节点并行地发送 RequestVote 请求，图 8-3 中黑色点表示请求投票。

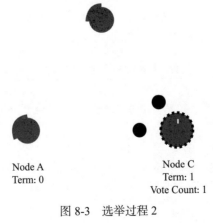

Node B
Term: 0

Node A
Term: 0

Node C
Term: 1
Vote Count: 1

图 8-3　选举过程 2

程序清单 8.10　选举逻辑

```
1   //
2   // Election 发起一次新的选举
3   //
4   func (rf *Raft) Election() {
```

```
5        fmt.Printf("%d start election \n", rf.me_)
6        rf.IncrGrantedVotes()
7        rf.votedFor = int64(rf.me_)
8        voteReq := pb.RequestVoteRequest{
9          Term:          rf.curTerm,
10         CandidateId:   int64(rf.me_),
11         LastLogIndex:  int64(rf.logs.GetLast().Index),
12         LastLogTerm:   int64(rf.logs.GetLast().Term),
13       }
14       rf.PersistRaftState()
15       for _, peer := range rf.peers {
16         if int(peer.id) == rf.me_ {
17           continue
18         }
19       go func(peer *RaftClientEnd) {
20         PrintDebugLog(fmt.Sprintf("send request vote to %s %s\n", peer.addr, voteReq.
               String()))
21
22         requestVoteResp, err := (*peer.raftServiceCli).RequestVote(context.
               Background(), voteReq)
23         if err != nil {
24           PrintDebugLog(fmt.Sprintf("send request vote to %s failed %v\n", peer.addr,
               err.Error()))
25         }
26         ...
27       }(peer)
28       }
29     }
```

如果 A、B 收到请求时还没有发出投票（因为它们还没达到选举超时时间），它们就会给候选人节点 C 投票，同时重设自己的选举超时定时器。

4）eraft 处理投票请求的细节如程序清单 8.11 所示，我们结合图 8-4 中的例子分析下面的逻辑。假设 A 节点正在处理来自 C 的投票请求，那么 C 的任期号大于 A 的任期号，代码中 1 部分的 if 分支不会执行。在代码的 2 部分，A 节点发现来自 C 的请求投票消息的任期号大于自己的任期号，它会调用 SwitchRaftNodeRole 变成 Follower 节点。在回复 C 消息之前，代码的 3 部分中 A 节点调用 electionTimer.Reset 重设了自己的选举超时定时器，最后再将票投给 C 节点。

Node B
Term: 1
Voted For: C

Node A
Term: 1
Voted For: C

Node C
Term: 1
Vote Count: 1

图 8-4　选举过程 3

程序清单 8.11 处理投票请求

```
1    //
2    // HandleRequestVote 处理来自其他节点的选举投票请求
3    //
4    func (rf *Raft) HandleRequestVote(req *pb.RequestVoteRequest, resp *pb.
         RequestVoteResponse){
5      rf.mu.Lock()
6      defer rf.mu.Unlock()
7      defer rf.PersistRaftState()
8
9      // 1
10     if req.Term < rf.curTerm || (req.Term == rf.curTerm && rf.votedFor != -1 &&
            rf.votedFor != req.CandidateId) {
11       resp.Term, resp.VoteGranted = rf.curTerm, false
12       return
13     }
14
15     // 2
16     if req.Term > rf.curTerm {
17       rf.SwitchRaftNodeRole(NodeRoleFollower)
18       rf.curTerm, rf.votedFor = req.Term, -1
19     }
20
21     ...
22
23     rf.votedFor = req.CandidateId
24
25     // 3
26     rf.electionTimer.Reset(time.Millisecond * time.Duration(MakeAnRandomElectionTim
            eout(int(rf.baseElecTimeout))))
27     resp.Term, resp.VoteGranted = rf.curTerm, true
28   }
```

如图 8-5 所示，节点 C 收到半数以上的票，也就是 A、B 节点中任意一个节点的投票加上自己的那一张选票，它的身份将从 Candidate 变成 Leader，然后停止自己的选举超时定时器。

5）统计请求投票票数的相应代码如程序清单 8.12 所示。注意：这段代码加了锁，因为这里涉及多个 Goroutine 去修改 rf 中的非原子变量，如果不加锁可能会导致逻辑错误。代码中 1 处，如果收到投票的响应 VoteGranted 为 true，C 就会调用 IncrGrantedVotes 递增自己拥有的票数，然后判断是否拿到了半数以上的票，如果是则调用 SwitchRaftNodeRole 切换自己的状态为 Leader。之后，如图 8-6 所示，Leader 节点 BroadcastHeartbeat 广播心跳消息（黑色实心圆点表示心跳），并重新设置自己的得票数 grantedVotes 为 0。

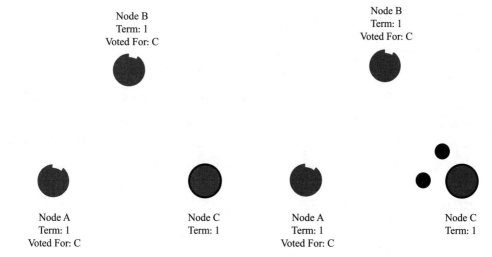

图 8-5   选举过程 4   图 8-6   选举过程 5

程序清单 8.12   统计请求投票票数

```
1    if requestVoteResp != nil {
2        rf.mu.Lock()
3        defer rf.mu.Unlock()
4        PrintDebugLog(fmt.Sprintf("send request vote to %s recive -> %s, curterm %d, req
             term %d", peer.addr, requestVoteResp.String(), rf.curTerm, voteReq.Term))
5        if rf.curTerm == voteReq.Term && rf.role == NodeRoleCandidate {
6            // 1
7            if requestVoteResp.VoteGranted {
8              // 投票成功
9              PrintDebugLog("I grant vote")
10             rf.IncrGrantedVotes()
11             if rf.grantedVotes > len(rf.peers)/2 {
12                 PrintDebugLog(fmt.Sprintf("node %d get majority votes int term %d ", rf.me_,
                       rf.curTerm))
13                 rf.SwitchRaftNodeRole(NodeRoleLeader)
14                 rf.BroadcastHeartbeat()
15                 rf.grantedVotes = 0
16             }
17             // 2
18           } else if requestVoteResp.Term>rf.curTerm {
19             // 发起的选举失败
20             rf.SwitchRaftNodeRole(NodeRoleFollower)
21             rf.curTerm, rf.votedFor = requestVoteResp.Term, -1
22             rf.PersistRaftState()
23         }
24       }
25   }
```

我们知道 A、B 节点在前面处理投票请求的时候，只是重设了超时定时器，那么超时定时器再一次到达，会不会重新触发选举，然后陷入选举循环呢？答案是不会的。前面只介绍了选举超时时间，还有一个心跳超时时间，这个超时时间比选举超时时间短，一般是选举超时时间的三分之一。也就是说，在 A、B 节点还没到达选举超时时间之前，这个心跳超时时间会先到达。如果是 Leader 节点，在到达心跳超时时间后，会给集群中其他节点发送心跳包，其他节点（A、B）接收到心跳包之后，又会重设自己的选举超时定时器。也就是说，只要 Leader C 一直正常运行并发送心跳包，那么 A、B 节点不可能触发选举。只有当 Leader C 崩溃后，A、B 节点才会开始下一轮选举。

8.5　日志复制实现分析

经过上述的选举流程，我们现在就有一个拥有一个主节点（Leader 节点）和多个从节点（Follower 节点）的系统了。主节点会不断地给从节点发送心跳消息。现在我们要考虑如何处理客户端请求：客户端发送过来一个操作，我们的系统是如何处理的？

首先，Raft 规定只有 Leader 节点才能处理写入请求，客户端发送的请求首先会到达 Leader 节点。

在 eraft 库中用户请求到来后和 Raft 交互的入口函数是 Propose。如程序清单 8.13 所示，Propose 函数会查询当前节点状态，只有 Leader 节点才能处理提案。Leader 节点会序列化用户操作，然后调用 Append 函数将操作追加到自己的日志中。之后 BroadcastAppend 将日志内容发送给集群中的 Follower 节点。

程序清单 8.13　统计请求投票票数

```
1   //
2   // Propose 函数处理提案，仅限Leader处理
3   //
4
5   func (rf *Raft) Propose(payload [ ] byte) (int, int, bool) {
6     rf.mu.Lock()
7     defer rf.mu.Unlock()
8     if rf.role != NodeRoleLeader {
9       return -1, -1, false
10    }
11    newLog := rf.Append(payload)
12    rf.BroadcastAppend()
13    return int(newLog.Index), int(newLog.Term), true
14  }
```

在图 8-7 中，最左侧的圆表示客户端节点，它发送 SET 5 的请求。A 作为当前集群中的 Leader 节点首先会把这个 SET 5 操作封装成一个日志条目，并把它写入自己的日志存储结构中，然后在下一次给 Follower 节点发送心跳消息的时候将这个日志发送给它，如图 8-8 所示。

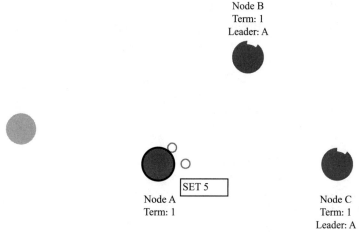

图 8-7　日志复制 1

　　在 eraft 实现中，专门有一组 Goroutine 做日志复制相关的操作。用户提案到达 Leader
节点之后，Leader 节点调用 BroadcastAppend 函数唤醒做日志复制操作的 Goroutine。我
们使用 replicatorCond 信号量来完成 Goroutine 之间的同步操作，如程序清单 8.14 所示。

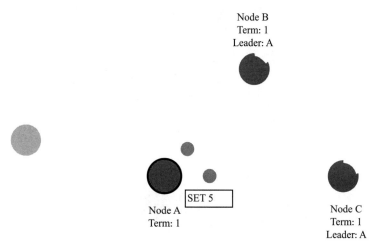

图 8-8　日志复制 2

程序清单 8.14　同步操作

```
1  func (rf *Raft) BroadcastAppend() {
2    for _, peer := range rf.peers {
3     if peer.id == uint64(rf.me_) {
4      continue
5     }
6     rf.replicatorCond[peer.id].Signal()
7    }
8  }
```

复制操作的 Goroutine 执行的任务函数是 Replicator。当 BroadcastAppend 中通过 Signal 函数唤醒信号量时，rf.replicatorCond [peer.id].Wait() 就会停止阻塞，并继续往下执行，调用 replicateOneRound 进行数据复制，如程序清单 8.15 所示。

程序清单 8.15　数据复制

```
1   //
2   // Replicator 管理数据复制
3   //
4   func (rf *Raft) Replicator(peer *RaftClientEnd) {
5     rf.replicatorCond [peer.id].L.Lock()
6     defer rf.replicatorCond [peer.id].L.Unlock()
7     for !rf.IsKilled() {
8       PrintDebugLog("peer id wait for replicating...")
9       for !(rf.role == NodeRoleLeader && rf.matchIdx [peer.id] < int(rf.logs.GetLast().
        Index)) {
10        rf.replicatorCond [peer.id].Wait()
11      }
12      rf.replicateOneRound(peer)
13    }
14  }
```

replicateOneRound 就会把日志打包到一个 AppendEntriesRequest 中并把它发送到 Follower 节点。

Follower 节点收到追加请求后，会把日志条目追加到自己的日志存储结构中，然后给 Leader 节点发送成功追加的响应。Leader 节点统计到集群半数节点（包括自己）日志追加成功之后，它会把这条日志状态设置为已经提交（committed），然后将操作结果发送给客户端，如图 8-9 所示，A 设置 SET 5。

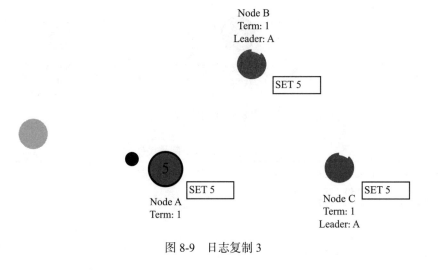

图 8-9　日志复制 3

之后这个日志提交的信息会在下一次给 Follower 节点发送的心跳包中发送过去。Follower 节点收到日志提交信息后，也会更新自己的日志提交状态。

如图 8-9 所示，日志提交之后，Apply 协程会收到通知，开始将已经提交的日志 Apply 到状态机中。日志成功 Apply 之后，Leader 节点会给客户端发送成功写入的响应包。

在对应 eraft 实现中，日志提交之后 Leader 节点会调用 advanceCommitIndexForLeader 函数。如程序清单 8.16 所示，它会计算当前日志提交的索引号，然后和之前已经提交的 commitIdx 进行对比。如果当前索引号更大，就会更新 commitIdx，同时调用 rf.applyCond.Signal() 唤醒做 Apply 操作的 Goroutine。Applier 函数是 Apply Goroutine 运行的任务函数，它会调用 Wait applyCond 这个信号量，Apply 操作的协程唤醒，它会拷贝主节点中已经提交的日志，打包成 ApplyMsg 发送到 applyCh 通道通知应用层，应用层拿到 apply 消息之后会更新状态机并返回数据给客户端。

程序清单 8.16　提交并应用操作

```
1  func (rf *Raft) advanceCommitIndexForLeader() {
2    sort.Ints(rf.matchIdx)
3    n := len(rf.matchIdx)
4    newCommitIndex := rf.matchIdx[n-(n/2+1)]
5    if newCommitIndex > int(rf.commitIdx) {
6      if rf.MatchLog(rf.curTerm, int64(newCommitIndex)) {
7        PrintDebugLog(fmt.Sprintf("peer %d advance commit index %d at term %d", rf.me_,
             rf.commitIdx, rf.curTerm))
8        rf.commitIdx = int64(newCommitIndex)
9        rf.applyCond.Signal()
10     }
11   }
12 }
13
14 //
15 // Applier方法将已经committed的消息写入applyCh通道中
16 // 并且更新lastApplied值
17 //
18 func (rf *Raft) Applier() {
19   for !rf.IsKilled() {
20    rf.mu.Lock()
21    for rf.lastApplied >= rf.commitIdx {
22     PrintDebugLog("applier ...")
23     rf.applyCond.Wait()
24    }
25    firstIndex, commitIndex, lastApplied := rf.logs.GetFirst().Index, rf.commitIdx, rf.
      lastApplied
26    entries := make([]*pb.Entry, commitIndex-lastApplied)
27    copy(entries, rf.logs.GetRange(lastApplied+1-int64(firstIndex), commitIndex+1-int64
      (firstIndex)))
28    rf.mu.Unlock()
29
30    PrintDebugLog(fmt.Sprintf("%d, applies entries %d-%d in term %d", rf.me_, rf.
```

```
              lastApplied, commitIndex, rf.curTerm))
31
32      for _, entry := range entries {
33        rf.applyCh <- &pb.ApplyMsg {
34          CommandValid: true,
35          Command:       entry.Data,
36          CommandTerm:   int64(entry.Term),
37          CommandIndex:  int64(entry.Index),
38        }
39      }
40
41      rf.mu.Lock()
42      rf.lastApplied = int64(Max(int(rf.lastApplied), int(commitIndex)))
43      rf.mu.Unlock()
44    }
45  }
```

8.6　Raft 快照实现分析

程序清单 8.17 是日志快照的 RPC 定义。

程序清单 8.17　日志快照 RPC 定义

```
1  message InstallSnapshotRequest {
2      int64 term = 1;
3      int64 leader_id = 2;
4      int64 last_included_index = 3;
5      int64 last_included_term = 4;
6      bytes data = 5;
7  }
8
9  message InstallSnapshotResponse {
10      int64 term = 1;
11  }
12
13 rpc Snapshot (InstallSnapshotRequest) returns (InstallSnapshotResponse) {}
```

在 InstallSnapshotRequest 中，term 代表当前发送快照的 Leader 节点的任期号。Follower 节点将它与自己的任期号进行比较，来决定是否要接收这个快照。leader_id 是当前 Leader 节点的 id。客户端访问到 Follower 节点之后也能快速知道 Leader 信息。last_included_index 和 last_included_term 记录了打完快照之后第一条日志的索引号和任期号，data 则记录了状态机序列化之后的数据。

Raft 会在什么时间点创建快照呢？

当日志条目过多时，我们就需要创建快照。在 eraft 中是通过计算当前阶段的日志条目 s.Rf.GetLogCount() 的数量来创建快照的。创建快照的入口函数是 takeSnapshot(index int)，传

入当前 applied 日志的 id，然后将状态机的数据序列化，调用 Raft 层的 Snapshot 函数。该
函数通过 EraseBeforeWithDel 进行删除日志的操作，然后 PersisSnapshot 将快照中的状态
数据缓存到存储引擎中，如程序清单 8.18 所示。

程序清单 8.18 快照持久化操作

```
1   //
2   // 执行快照操作并持久化
3   //
4   func (rf *Raft) Snapshot(index int, snapshot [ ] byte) {
5     rf.mu.Lock()
6     defer rf.mu.Unlock()
7     rf.isSnapshoting = true
8     snapshotIndex := rf.logs.GetFirstLogId()
9     if index <= int(snapshotIndex) {
10      rf.isSnapshoting = false
11      PrintDebugLog("reject snapshot, current snapshotIndex is larger in cur term")
12      return
13    }
14    rf.logs.EraseBeforeWithDel(int64(index) - int64(snapshotIndex))
15    rf.logs.SetEntFirstData([]byte{}) // 第一个操作日志号设为空
16    PrintDebugLog(fmt.Sprintf("del log entry before idx %d", index))
17    rf.isSnapshoting = false
18    rf.logs.PersisSnapshot(snapshot)
19  }
```

Leader 节点会在什么时间点发送快照呢？在复制的时候，我们会判断到 peer 的
prevLogIndex，如果它比当前日志的第一条索引号还小，就说明 Leader 节点已经把这条
日志打到快照中。这里就要构造 InstallSnapshotRequest，调用 Snapshot RPC 将快照数据
发送给 Follower 节点。在收到成功响应之后，我们会将 rf.matchIdx [peer.id]、rf.nextIdx
[peer.id] 更新为 LastIncludedIndex 和 LastIncludedIndex+1，更新到 Follower 节点的复制进
度，如程序清单 8.19 所示。

程序清单 8.19 发送快照的时机

```
1   if prevLogIndex < uint64(rf.logs.GetFirst().Index) {
2     firstLog := rf.logs.GetFirst()
3     snapShotReq := &pb.InstallSnapshotRequest{
4       Term: rf.curTerm,
5       LeaderId: int64(rf.me_),
6       LastIncludedIndex: firstLog.Index,
7       LastIncludedTerm: int64(firstLog.Term),
8       Data: rf.ReadSnapshot(),
9     }
10
11    rf.mu.RUnlock()
12
13    PrintDebugLog(fmt.Sprintf("send snapshot to %s with %s\n", peer.addr, snapShotReq.
```

```
         String()))
14
15   snapShotResp, err := (*peer.raftServiceCli).Snapshot(context.Background(), snapShotReq)
16   if err != nil{
17    PrintDebugLog(fmt.Sprintf("send snapshot to %s failed %v\n", peer.addr, err.Error())))
18   }
19
20   rf.mu.Lock()
21   PrintDebugLog(fmt.Sprintf("send snapshot to %s with resp %s\n", peer.addr, snapShotResp.
         String())))
22
23   if snapShotResp != nil{
24    if rf.role == NodeRoleLeader && rf.curTerm == snapShotReq.Term {
25     if snapShotResp.Term > rf.curTerm {
26      rf.SwitchRaftNodeRole(NodeRoleFollower)
27      rf.curTerm = snapShotResp.Term
28      rf.votedFor = -1
29      rf.PersistRaftState()
30     } else {
31      PrintDebugLog(fmt.Sprintf("set peer %d matchIdx %d\n", peer.id, snapShotReq.
          LastIncludedIndex))
32      rf.matchIdx[peer.id] = int(snapShotReq.LastIncludedIndex)
33      rf.nextIdx[peer.id] = int(snapShotReq.LastIncludedIndex) + 1
34     }
35    }
36   }
37   rf.mu.Unlock()
38 }
```

　　Follower 节点的操作比较简单，它会调用 HandleInstallSnapshot 处理快照数据，并把快照数据构造 pb.ApplyMsg 写到 rf.applyCh，负责日志 Apply 的 Goroutine 会调用 Cond-InstallSnapshot 安装快照，最后 restoreSnapshot 解析快照的数据 data，并将其写入自己的状态机。

8.7　本章小结

　　本章实现了 Raft 的强一致性算法库——eraft。我们介绍了 eraft 的核心数据结构，如客户端数据结构 RaftClientEnd、Raft 算法结构体和 eraft 的协程模型，从整体上介绍了一致性算法的整个运行流程，以及 eraft 的 RPC 定义，如投票请求 RequestVote、追加日志 AppendEntries。除以上内容之外，本章还对 Raft 算法的领导者选举算法、日志复制实现以及快照的实现进行了分析，如选举发生的时间点、如何实现节点心跳超时、如何实现快照压缩日志以及日志复制流程等。虽然 Raft 算法是易于理解的共识算法，但其中的算法核心过程需要读者仔细理解和掌握。

CHAPTER9

第 **9** 章

基于强一致性算法库构建
分布式键值存储系统

上一章，我们使用 Go 语言动手实现了强一致性算法 Raft，并将构建的 Raft 库命名为 eraft。本章将基于 eraft 构建分布式键值存储系统 eraftkv。我们首先介绍分布式键值存储系统 eraftkv 的架构，其次通过手动部署运行的方式带领大家直观感受分布式键值存储系统所具备的能力，最后介绍 eraftkv 的实现细节。

9.1 eraftkv 架构及运行流程

在运行 eraftkv 之前，我们先熟悉一下它的架构，这有助于我们对 eraftkv 的工作流程有清晰的认识。

图 9.1 所示是 eraftkv 的架构图，eraftkv 作为一个分布式键值存储系统，它的核心组件是 bucket 和 config table。eraftkv 的节点角色分为 Client、ConfigServer 和 ShardServer。由于不同的节点上部署的核心组件不同，我们通过节点上所部署的组件来判断节点的角色。接下来，我们将对 eraftkv 的核心组件和节点角色进行介绍。

eraftkv 的核心组件有：
- bucket，它是集群中做数据管理的逻辑单元。
- config table，即集群配置表。它主要维护集群服务分组与 bucket 之间的映射关系。

eraftkv 系统中的三种节点角色为：
- Client，即客户端。用户通过客户端来访问 eraftkv。
- ConfigServer，即配置服务器。ConfigServer 是系统的配置管理中心。ConfigServer 上部署了 config table 组件，并存储了集群的路由配置信息。客户端在访问数据之前，要通过 ConfigServer 查询到 bucket 所在的服务分组列表，然后再访问数据。
- ShardServer，即数据服务器。ShardServer 是系统中实际存储用户数据的服务器。ShardServer 部署了 bucket 组件。ShardServer 可以负责多个 bucket 的数据。

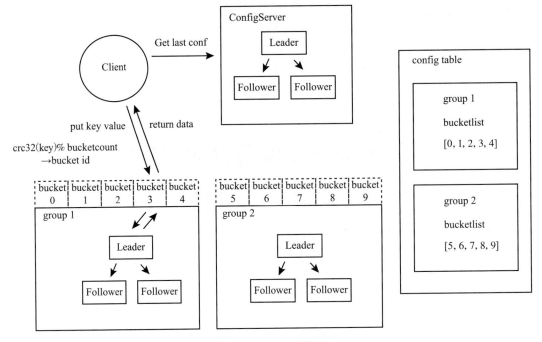

图 9-1　eraftkv 架构图

在熟悉了 eraftkv 的架构之后，我们将通过分析一个具体的请求示例来介绍 eraftkv 的工作流程。客户端向 eraftkv 集群发送一个 put testkey testvalue 请求：

1）在启动时，客户端会从 ConfigServer 获取到最新的路由信息表和集群配置表。

2）客户端会计算 key 值"testkey"的 CRC32 哈希值，然后对集群中的 bucket 数取模，计算出 key 值命中哪个 bucket。

3）客户端将 put 请求内容打包成一个 RPC 请求包，并根据集群配置表的信息将 RPC 请求发送到负责相应 bucket 的 ShardServer 服务分组。

4）Leader ShardServer 节点接收到 RPC 请求后，并不是直接将数据写入存储引擎，而是构造一个 Raft 提案，然后将提案提交到 Raft 状态机中。当 ShardServer 分组中半数以上的节点都同意这个操作后，作为 Leader 的 ShardServer 节点才能向客户端返回写入成功。

9.2　eraftkv 环境配置

我们需要先在计算机上安装 Go 语言编译器。你可以在 Go 语言官网 https://go.dev/dl/ 下载对应自己系统版本的安装包。按安装说明（https://go.dev/doc/install）安装 Golang 编译环境，编译构建 eraftkv。安装完 Go 语言编译器后，还需要安装 git 和 make 等基础工具。之后，按照如下命令编译 eraftkv：

```
1  git clone https://github.com/eraft-io/eraft.git
2  cd eraft
3  make
```

9.3　让系统运行起来

构建完 eraftkv 之后，在 eraft 目录中有一个 output 文件夹，其中有我们需要运行的 bin 文件。

```
1  colin@B-M1-0045 eraft % ls -l output
2  total 124120
3  -rwxr-xr-x 1 colin  staff  12119296  5 25 20:40 bench_cli
4  -rwxr-xr-x 1 colin  staff  12114784  5 25 20:40 cfgcli
5  -rwxr-xr-x 1 colin  staff  13578848  5 25 20:40 cfgserver
6  -rwxr-xr-x 1 colin  staff  12127328  5 25 20:40 shardcli
7  -rwxr-xr-x 1 colin  staff  13600368  5 25 20:40 shardserver
```

可执行文件介绍如下。
- cfgserver：ConfigServer 的可执行文件，系统的配置管理中心，需要先启动。
- cfgcli：ConfigServer 的客户端工具，它和 ConfigServer 交互，用来管理集群的配置。
- shardserver：ShardServer 的可执行文件，它负责存储用户的数据。
- shardcli：ShardServer 的客户端工具，用户可以使用它向集群中写入数据。
- bench_cli：系统的性能测试工具。

下面启动服务。

1）启动配置服务器分组：

```
1  ./cfgserver 0 127.0.0.1:8088,127.0.0.1:8089,127.0.0.1:8090
2  ./cfgserver 1 127.0.0.1:8088,127.0.0.1:8089,127.0.0.1:8090
3  ./cfgserver 2 127.0.0.1:8088,127.0.0.1:8089,127.0.0.1:8090
```

2）初始化集群配置：

```
1  ./cfgcli 127.0.0.1:8088,127.0.0.1:8089,127.0.0.1:8090
2  join 1 127.0.0.1:6088,127.0.0.1:6089,127.0.0.1:6090
3
4  ./cfgcli 127.0.0.1:8088,127.0.0.1:8089,127.0.0.1:8090
5  join 2  127.0.0.1:7088,127.0.0.1:7089,127.0.0.1:7090
6
7  ./cfgcli 127.0.0.1:8088,127.0.0.1:8089,127.0.0.1:8090
8  move 0-4 1
```

```
9
10    ./cfgcli 127.0.0.1:8088,127.0.0.1:8089,127.0.0.1:8090
11    move 5-9 2
```

3）启动数据服务器分组：

```
1    ./shardserver 0 1 127.0.0.1:8088,127.0.0.1:8089,127.0.0.1:8090
2    127.0.0.1:6088,127.0.0.1:6089,127.0.0.1:6090
3
4    ./shardserver 1 1 127.0.0.1:8088,127.0.0.1:8089,127.0.0.1:8090
5    127.0.0.1:6088,127.0.0.1:6089,127.0.0.1:6090
6
7    ./shardserver 2 1 127.0.0.1:8088,127.0.0.1:8089,127.0.0.1:8090
8    127.0.0.1:6088,127.0.0.1:6089,127.0.0.1:6090
9
10
11    ./shardserver 0 2 127.0.0.1:8088,127.0.0.1:8089,127.0.0.1:8090
12    127.0.0.1:7088,127.0.0.1:7089,127.0.0.1:7090
13
14    ./shardserver 1 2 127.0.0.1:8088,127.0.0.1:8089,127.0.0.1:8090
15    127.0.0.1:7088,127.0.0.1:7089,127.0.0.1:7090
16
17    ./shardserver 2 2 127.0.0.1:8088,127.0.0.1:8089,127.0.0.1:8090
18    127.0.0.1:7088,127.0.0.1:7089,127.0.0.1:7090
```

4）读写数据：

```
1    ./shardcli 127.0.0.1:8088,127.0.0.1:8089,127.0.0.1:8090 put
2    testkey testvalue
3
4    ./shardcli 127.0.0.1:8088,127.0.0.1:8089,127.0.0.1:8090 get
5    testkey
```

5）运行基准测试：

```
1    ./bench_cli 127.0.0.1:8088,127.0.0.1:8089,127.0.0.1:8090 100
2    put
```

9.4   对外接口定义

下面先来定义系统与客户端的交互接口，客户端可以发送 Put 和 Get 操作将键值数据写到系统中。我们需要定义这两个操作的 RPC，将它们合并到一个 RPC 请求里面，定义如程序清单 9.1 所示。

程序清单 9.1　对外接口定义

```
1   //
2   // client op type
3   //
4   enum OpType {
5       OpPut = 0;
6       OpAppend = 1;
7       OpGet = 2;
8   }
9
10  //
11  // client command request
12  //
13  message CommandRequest {
14      string key = 1;
15      string value = 2;
16      OpType op_type = 3;
17      int64  client_id = 4;
18      int64  command_id = 5;
19      bytes  context = 6;
20  }
21
22  //
23  // client command response
24  //
25  message CommandResponse {
26      string value = 1;
27      int64  leader_id = 2;
28      int64  err_code = 3;
29  }
30
31  rpc DoCommand (CommandRequest) returns (CommandResponse) {}
```

其中 OpType 定义了支持的操作类型：put、Append、get。客户端请求的内容定义在 CommandRequest 中。CommandRequest 中包含 key、value、操作类型、客户端 id 和命令 id，以及一个字节类型的 context（context 中可以存放一些需要附加的不确定的内容）。

CommandResponse 中包括返回值 value、leader_id 字段（告诉我们当前 Leader 是哪个节点。因为最开始客户端发送请求时，不知道哪个节点被选成 Leader。我们通过一次试探请求得到 Leader 节点的 id，然后再次发送请求给 Leader 节点），以及错误码 err_code（记录可能出现的错误）。

9.5　服务端核心实现分析

客户端通过 DoCommand RPC 请求到分布式键值存储系统。那我们的系统是怎么处理请求的呢？首先，我们来看看服务端结构体的定义，如程序清单 9.2 所示。mu 是一把读写锁，用来对可能出现并发冲突的操作加锁。dead 表示当前服务节点的状态，即节点是不是存活。Rf 比较重要，它是指向我们之前构建的 Raft 结构的指针。applyCh 是一个通道，用来从算法库中返回已经 apply 的日志，server 拿到这个日志后需要把它 apply 到实际的状态机中。stm 是状态机。notifyChans 是一个存储客户端响应的 map，其中值是一个通道，KvServer 在应用日志到状态机操作完之后，会将给客户端的响应发送到这个通道中。stopApplyCh 用来停止 Apply 操作。

程序清单 9.2　服务端结构体

```
1   type KvServer struct {
2     mu          sync.RWMutex
3     dead        int32
4     Rf          *raftcore.Raft
5     applyCh chan *pb.ApplyMsg
6
7     lastApplied int
8
9     stm         StateMachine
10    notifyChans map[int]chan *pb.CommandResponse
11    stopApplyCh chan interface{}
12
13    pb.UnimplementedRaftServiceServer
14  }
```

如程序清单 9.2 所示，拥有这个结构体之后，我们如何应用 Raft 算法库以实现高可用的分布式键值存储系统呢？

1）我们要构造到每个 server 的 RPC 客户端；

2）构造 applyCh 通道，以及构造日志存储结构；

3）调用 MakeRaft 构造 Raft 算法库核心结构；

4）启动 Goroutine，从通道中监听在经过 Raft 算法库之后返回的消息。

具体代码如程序清单 9.3 所示。

程序清单 9.3　构建服务端

```
1   func MakeKvServer(nodeId int) *KvServer {
2     clientEnds :=[]*raftcore.RaftClientEnd {}
3     for id, addr := range PeersMap {
4       newEnd := raftcore.MakeRaftClientEnd(addr, uint64(id))
5       clientEnds = append(clientEnds, newEnd)
6     }
7     newApplyCh := make(chan *pb.ApplyMsg)
8
9     logDbEng, err := storage_eng.MakeLevelDBKvStore("./data/kv_server" + "/node_" +
          strconv.Itoa(nodeId))
10    if err != nil {
11      raftcore.PrintDebugLog("boot storage engine err!")
```

```
12      panic(err)
13    }
14
15    //构造Raft结构，传入clientEnds、当前节点id、日志存储的db、apply通道、心跳超时时间和选举超时时间
16    //由于是测试，为了方便观察选举的日志，我们设置的时间是1s和3s,你可以把时间设置得更短
17    newRf := raftcore.MakeRaft(clientEnds, nodeId, logDbEng, newApplyCh, 1000, 3000)
18    kvSvr := &KvServer{Rf: newRf, applyCh: newApplyCh, dead: 0, lastApplied: 0, stm:
          NewMemKV(), notifyChans: make(map[int]chan *pb.CommandResponse)}
19    kvSvr.stopApplyCh = make(chan interface{})
20
21    //启动 Goroutine
22    go kvSvr.ApplingToStm(kvSvr.stopApplyCh)
23
24    return kvSvr
25  }
```

　　客户端命令到来之后，最开始调用 DoCommand 函数。如程序清单 9.4 所示，我们来看看这个函数做了哪些工作。首先，DoCommand 函数调用 Marshal 序列化 Command-Response 到 reqBytes 的字节数组中。其次，调用 Raft 库的 Propose 接口，把提案提交到我们的算法库中。Raft 算法中只有 Leader 可以处理提案，如果节点不是 Leader，我们会直接返回给客户端 ErrCodeWrongLeader 的错误码。最后，从 getNotifyChan 得到当前日志 id 对应的 apply 通知通道。只有这条日志通知到了，才会继续执行 select 函数，得到值并把它放到 cmdResp.Value 中，当然，如果操作超过了 ErrCodeExecTimeout 时间也会生成错误码，响应客户端执行超时。

程序清单 9.4　处理请求

```
1  func (s *KvServer) DoCommand(ctx context.Context, req *pb.CommandRequest) (*pb.
       CommandResponse, error) {
2    raftcore.PrintDebugLog(fmt.Sprintf("do cmd %s", req.String()))
3
4    cmdResp := &pb.CommandResponse{}
5
6    if req != nil {
7      reqBytes, err := json.Marshal(req)
8      if err != nil {
9        return nil, err
10     }
11     idx, _, isLeader := s.Rf.Propose(reqBytes)
12     if !isLeader {
13       cmdResp.ErrCode = common.ErrCodeWrongLeader
14       return cmdResp, nil
15     }
16
17     s.mu.Lock()
18     ch := s.getNotifyChan(idx)
19     s.mu.Unlock()
20
```

```
21      select {
22      case res := <-ch:
23        cmdResp.Value = res.Value
24      case <-time.After(ExecCmdTimeout):
25        cmdResp.ErrCode = common.ErrCodeExecTimeout
26        cmdResp.Value = "exec cmd timeout"
27      }
28
29      go func() {
30        s.mu.Lock()
31        delete(s.notifyChans, idx)
32        s.mu.Unlock()
33      }()
34
35    }
36
37    return cmdResp, nil
38 }
```

最后，我们来看看 Apply 协程做的事情，如程序清单 9.5 所示。它等待 s.applyCh 通道中 apply 消息的到来。我们在 Raft 库中提到过 applyCh，它用来通知应用层日志已经提交，应用层可以把日志应用到状态机。当 applyCh 中 appliedMsg 到来之后，我们更新 KvServer 的 lastApplied，然后根据客户端的操作类型对状态机做不同的操作，操作完成后把响应放到 notifyChan 中，即 DoCommand 等待的那个通道，至此整个请求处理的流程已经结束。

程序清单 9.5　Apply 请求

```
1  func (s *KvServer) ApplingToStm(done <-chan interface{}) {
2    for !s.IsKilled() {
3     select {
4     case <-done:
5       return
6     case appliedMsg := <-s.applyCh:
7       req := &pb.CommandRequest{}
8       if err := json.Unmarshal(appliedMsg.Command, req); err != nil {
9         raftcore.PrintDebugLog("Unmarshal CommandRequest err")
10        continue
11      }
12      s.lastApplied = int(appliedMsg.CommandIndex)
13
14      var value string
15      switch req.OpType {
16      case pb.OpType_OpPut:
17        s.stm.Put(req.Key, req.Value)
18      case pb.OpType_OpAppend:
19        s.stm.Append(req.Key, req.Value)
20      case pb.OpType_OpGet:
21        value, _ = s.stm.Get(req.Key)
```

```
22          }
23
24          cmdResp := &pb.CommandResponse{}
25          cmdResp.Value = value
26          ch := s.getNotifyChan(int(appliedMsg.CommandIndex))
27          ch <- cmdResp
28      }
29    }
30 }
```

9.6　本章小结

　　本章基于第 8 章构建的强一致性算法库实现了一个完整的基于 Raft 的分布式键值存储系统 eraftkv。强一致性算法库是分布式存储系统的核心，它向上层提供高可用的保证以应对分布式环境下各式各样的错误，但是仅仅依靠强一致性算法库是无法对外提供服务的，所以本章介绍了一些基于 eraft 库的对外接口，如 Put、Get 操作，这些操作就是常规数据库的读写操作，将这些操作与强一致性算法库结合，就可以实现最终分布式系统高可用的目标。

CHAPTER 10

第 **10** 章

强一致性算法 Raft 的优化
设计与实现：Multi-Raft

10.1 设计思考

在上一章中，我们应用 Raft 实现了一个单分组的 Raft KV 集群。客户端写请求到 Leader 节点，Leader 节点把操作复制到 Follower 节点。如果 Leader 节点崩溃，会按第 8 章描述的 Raft 算法库进行一轮新的选举，选出新的 Leader 节点后继续提供服务。这样我们就有了一个高可用的集群。

我们通过单分组的 KV 集群实现了高可用，以及分区容忍性，但是分布式系统还有一个可扩展的特性，即可以通过添加机器的方式来让系统实现更高的吞吐量。单分组集群只有单个 Leader 节点承担客户端的写入，因此单分组集群系统的吞吐量上线取决于单机的性能。那么我们该如何实现分布式可扩展性呢？

接下来介绍 Multi-Raft 实现，它可以解决单分组集群的可扩展性问题。它的思路是这样的：既然单组有上限，那么我们可不可以用多组 Raft KV 集群来实现扩展呢？我们需要一个配置中心来管理多个分组服务器的地址信息。有了多个分组之后，我们就要考虑怎么样把用户的请求均衡地分发到相应的分组服务器上。可以使用哈希算法来解决这个问题，对用户的 key 做哈希计算，然后映射到不同的服务分组上，这样可以保证流量的均衡。

整合上面的思路，可以得到如下的系统架构图，如图 10-1 所示。

在前面的章节中，我们讲解了 Go 语言的基础知识、Raft 算法库以及应用 Raft 算法库的示例。相信大家现在对这个系统已经有了更加深入的理解。

首先，客户端启动之后，会从配置服务器（ConfigServer）拉取集群的分组信息，以及分组负责的数据桶（Bucket）信息到本地。客户端发送请求时会计算 key 的哈希值，找到相应的桶以及负责这个桶的服务器分组（ShardServer）地址信息，然后将操作发送到对应的服务器分组进行处理。这里 ConfigServer 服务器分组和 ShardServer 服务器分组都是高可用的，多个 ShardServer 实现了系统的可扩展性。

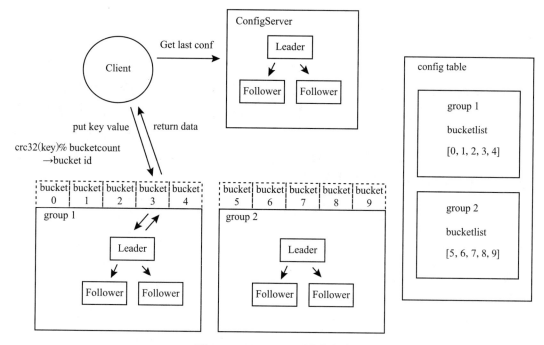

图 10-1　Multi-Raft 系统架构图

10.2　配置服务器实现分析

配置服务的实现在 eraft/configserver 目录下。根据图 10-1 所示的架构图，我们大概可以知道配置服务器需要存储哪些信息：每个服务分组的服务器地址信息；服务分组负责的数据桶信息。Config 结构体的定义如程序清单 10.1 所示。

程序清单 10.1　Config 结构体

```
1  type Config struct {
2    Version int
3    Buckets [common.NBuckets]int
4    Groups map[int][]string
5  }
```

其中，Version 表示当前配置的版本号；Buckets 存储分组负责的桶信息，NBuckets 是一个常量，表示系统中最大的桶数量，这里默认为 10。对于大规模的分布式系统，NBuckets 值可以被设置得很大。

我们看下面的配置示例：配置版本号为 6、10 个桶和 1 个分组服务。我们设置 127.0.0.1:6088、127.0.0.1:6089、127.0.0.1:6090 这三台服务器组成分组 1。Buckets 数组中 0~4 号桶都是分组 1 负责的，5~9 号桶为 0，表示当前没有分组负责这些桶的数据写入。

```
1  {"Version":6,"Buckets":[1,1,1,1,1,0,0,0,0,0],"Groups":{"1":["127.0.0.1:6088","127.0.0.1:6089",
       "127.0.0.1:6090"]}}
```

　　eraft 中把上述配置信息存储到 LevelDB 中。程序清单 10.2 是几个操作的接口，Join
操作是把一个分组的服务器加入集群配置中；Leave 操作是删除某些分组的服务器配置信
息；Move 操作是将某个桶分配给相应的分组负责；Query 操作是查询配置信息。这些操
作是通过修改 Config 结构，并将数据持久化到 LevelDB 中实现的。操作的代码实现逻辑
在 eraft/configserver/config_stm.go 中。

程序清单 10.2　操作接口

```
1  type ConfigStm interface {
2    Join(groups map[int][]string) error
3    Leave(gids []int) error
4    Move(bucket_id, gid int) error
5    Query(num int) (Config, error)
6  }
```

　　配置服务器的核心逻辑在 config_server.go 中，可以看到和第 9 章实现的单分组 KV
集群极其类似。这里只是把 Put、Get 操作改成了对配置的 Join、Leave、Move、Query 操
作。每一次操作都经过一次共识，保证三个服务节点都有一致的配置。这样 Leader 配置
节点崩溃后，集群中仍然可以从新的 Leader 配置服务器中获取配置信息。

10.3　分片服务器实现分析

　　首先，我们看到 Bucket 结构体的定义如程序清单 10.3 所示。

程序清单 10.3　Bucket 结构体

```
1  // 一个Bucket是分布式系统中的一个逻辑分区
2  // 它具有特定的id，一个指向存储引擎的指针以及状态
3  //
4  type Bucket struct {
5    ID      int
6    KvDB    storage_eng.KvStore
7    Status  buketStatus
8  }
```

　　Bucket 具有一个唯一标识的 ID。前面介绍配置服务器时，介绍过一个服务分组负责
一部分 Bucket 的数据。在配置服务器中，Bucket 关联的 ID 值就是配置数组的索引号，
Bucket 还关联了一个 KvStore 的接口。写数据时会传入当前服务器持有的数据存储引擎，
程序清单 10.4 是对 Bucket 中数据的操作，包括 Get、Put、Append 操作。

程序清单 10.4 对 Bucket 中数据的操作

```
1  //
2  // 从存储引擎中获取encode Key
3  //
4  func (bu *Bucket) Get(key string) (string, error) {
5    encodeKey := strconv.Itoa(bu.ID) + SPLIT + key
6    v, err := bu.KvDB.Get(encodeKey)
7    if err != nil {
8      return "", err
9    }
10   return v, nil
11 }
12
13 //
14 // 向存储引擎中写入<key, value>数据
15 //
16 func (bu *Bucket) Put(key, value string) error {
17   encodeKey := strconv.Itoa(bu.ID) + SPLIT + key
18   return bu.KvDB.Put(encodeKey, value)
19 }
20
21 //
22 // 向存储引擎中的已有key追加value值
23 //
24 func (bu *Bucket) Append(key, value string) error {
25   oldV, err := bu.Get(key)
26   if err != nil {
27     return err
28   }
29   return bu.Put(key, oldV+value)
30 }
```

接下来看看 ShardServer 定义的结构体，如程序清单 10.5 所示。

程序清单 10.5 ShardKV 结构体

```
1  type ShardKV struct {
2    mu        sync.RWMutex
3    dead      int32
4    rf        *raftcore.Raft
5    applyCh   chan *pb.ApplyMsg
6    gid_      int
7    cvCli     *configserver.CfgCli
8
9    lastApplied int
10   lastConfig  configserver.Config
11   curConfig   configserver.Config
12
13   stm map[int]*Bucket
14
```

```
15    dbEng storage_eng.KvStore
16
17    notifyChans map[int]chan *pb.CommandResponse
18
19    stopApplyCh chan interface{}
20
21    pb.UnimplementedRaftServiceServer
22 }
```

这个结构体和我们应用 Raft 实现单组 KvServer 的结构体特别类似。这里的状态机是 map[int]*Bucket 类型的，代表当前服务器的 Bucket 的数据。分片服务器需要和配置服务器交互，知道自己负责哪些分片的数据。cvCli 定义了到配置服务器的客户端。lastConfig、curConfig 分别记录了上一个版本以及当前版本的集群配置表。服务器知道这个表之后就知道自己负责哪些分片的数据。当集群拓扑变更后，配置表会变化，分片服务器能第一时间感知到变化，并且应用新的配置表。其他参数和之前介绍单组 KvServer 一样。

下面看看 ShardServer 构造流程和单组 KvServer 的区别。如程序清单 10.6 所示，首先，Server 启动的时候，我们初始化了两个引擎，一个用来存储 Raft 日志的 logDbEng，另一个用来存储实际数据的 newdbEng。cvCli 是到配置服务器分组的连接客户端，我们调用 MakeCfgSvrClient 构造到配置服务器的客户端，传入配置服务器分组的地址列表。

程序清单 10.6　创建 ShardKV

```
1  //
2  // MakeShardKVServer 会创建一个新的分片KvServer
3  // peerMaps: 在raft group中初始化peer map
4  // nodeId: raft group中的peer的nodeId
5  // gid: 节点所在的raft group id
6  // configServerAddr: 配置服务器的地址
7  //
8  func MakeShardKVServer(peerMaps map[int]string, nodeId int, gid int, configServerAddrs
       string) * ShardKV {
9     ...
10
11    logDbEng := storage_eng.EngineFactory("leveldb", "./log_data/shard_svr/group_"+
       strconv.Itoa(gid)+"/node_"+strconv.Itoa(nodeId))
12    newRf := raftcore.MakeRaft(clientEnds, nodeId, logDbEng, newApplyCh, 500, 1500)
13    newdbEng := storage_eng.EngineFactory("leveldb", "./data/group_"+strconv.Itoa(gid)+"/
       node_"+strconv.Itoa(nodeId))
14
15    shardKv := &ShardKV{
16       ...
17       cvCli: configserver.MakeCfgSvrClient(common.UN_UNSED_TID, strings.Split
          (configServerAddrs, ",")),
18       lastApplied: 0,
19       curConfig:   configserver.DefaultConfig(),
20       lastConfig:  configserver.DefaultConfig(),
21       stm:         make(map[int]*Bucket),
```

```
22      ...
23    }
24
25    shardKv.initStm(shardKv.dbEng)
26
27    shardKv.curConfig = *shardKv.cvCli.Query(-1)
28    shardKv.lastConfig = *shardKv.cvCli.Query(-1)
29      ...
30
31    go shardKv.ConfigAction()
32
33    return shardKv
34  }
```

initStm 函数初始化状态机中的每个 Bucket。之后，调用 cvCli.Query(-1) 查询当前最新的配置缓存到本地的 curConfig、lastConfig，初始启动时，这两个配置是一样的。

这里有一个执行任务为 ConfigAction 的 Goroutine，其核心逻辑如程序清单 10.7 所示。代码是循环执行的，时间间隔是 1s。首先通过 cvCli.Query 尝试查询下一个配置版本信息，如果当前集群没有配置变更，则返回 nil，继续进入下一轮循环。如果有新的配置变更，比如加入了新的服务器分组，我们就会对比新的配置和当前配置的版本信息。如果匹配，当前节点作为 Leader 需要把这个配置变化信息发送到服务器分组，让大家都知道新的配置变化。分组服务中的每个服务器配置都是一致的，这里通过 Propose 提交一个 OpType_OpConfigChange 的提案。

程序清单 10.7　配置变更

```
1   if _, isLeader := s.rf.GetState(); isLeader {
2   ...
3     nextConfig := s.cvCli.Query(int64(curConfVersion) + 1)
4     if nextConfig == nil {
5       continue
6     }
7     nextCfBytes, _ := json.Marshal(nextConfig)
8     curCfBytes, _ := json.Marshal(s.curConfig)
9     raftcore.PrintDebugLog("next config ->"+ string(nextCfBytes))
10    raftcore.PrintDebugLog("cur config ->"+ string(curCfBytes))
11    if nextConfig.Version == curConfVersion+1 {
12      req := &pb.CommandRequest{}
13      nextCfBytes, _ := json.Marshal(nextConfig)
14      raftcore.PrintDebugLog("can perform next conf ->" + string(nextCfBytes))
15      req.Context = nextCfBytes
16      req.OpType = pb.OpType_OpConfigChange
17      reqBytes, _ := json.Marshal(req)
18      idx, _, isLeader := s.rf.Propose(reqBytes)
19      if !isLeader {
20        return
21      }
```

```
22
23    ...
24    }
25 }
```

最后看看分组中的服务器是怎么 Apply 这个日志的，如程序清单10.8所示。

程序清单 10.8　Apply 日志

```
1  nextConfig := &configserver.Config{}
2  json.Unmarshal(req.Context, nextConfig)
3  if nextConfig.Version == s.curConfig.Version+1 {
4    ...
5    s.lastConfig = s.curConfig
6    s.curConfig = *nextConfig
7    cfBytes, _ := json.Marshal(s.curConfig)
8    raftcore.PrintDebugLog("applied config to server ->" + string(cfBytes))
9  }
```

程序清单10.8会更新 Server 的 lastConfig 和 curConfig 配置信息。

10.4　客户端实现分析

当客户端写入一个 Key 到系统中时，我们首先需要知道 Key 由哪个分组服务器负责。在构造客户端的时候，我们会先将最新的配置信息缓存到本地，如程序清单10.9所示。

程序清单 10.9　创建 KvClient

```
1  // 创建kv客户端
2  //
3  func MakeKvClient(csAddrs string) *KvClient {
4    ...
5    kvCli.config = kvCli.csCli.Query(-1)
6    return kvCli
7  }
```

在客户端中，我们提供了 Get(key string) 和 Put(key, value string) 的接口，它们都通过调用公用的 Command 方法（如程序清单10.10所示）来访问分组服务器。

程序清单 10.10　Command 方法

```
1  //
2  // Command方法
3  // 执行用户命令
4  //
5  func (kvCli *KvClient) Command(req *pb.CommandRequest) (string, error) {
6    bucket_id := common.Key2BucketID(req.Key)
7    gid := kvCli.config.Buckets[bucket_id]
```

```
8    if gid == 0 {
9      return "", errors.New("there is no shard in charge of this bucket, please join the
           server group before")
10   }
11   if servers, ok := kvCli.config.Groups[gid]; ok {
12     for _, svrAddr := range servers {
13       if kvCli.GetConnFromCache(svrAddr) == nil {
14         kvCli.rpcCli = raftcore.MakeRaftClientEnd(svrAddr, common.UN_UNSED_TID)
15       } else {
16         kvCli.rpcCli = kvCli.GetConnFromCache(svrAddr)
17       }
18       resp, err := (*kvCli.rpcCli.GetRaftServiceCli()).DoCommand(context.Background(), req)
19       if err != nil {
20         // node down
21         raftcore.PrintDebugLog("there is a node down is cluster, but we can continue with
             outher node")
22         continue
23       }
24       switch resp.ErrCode {
25       case common.ErrCodeNoErr:
26         kvCli.commandId++
27         return resp.Value, nil
28       case common.ErrCodeWrongGroup:
29         kvCli.config = kvCli.csCli.Query(-1)
30         return "", errors.New("WrongGroup")
31       case common.ErrCodeWrongLeader:
32         kvCli.rpcCli = raftcore.MakeRaftClientEnd(servers[resp.LeaderId], common.UN_
             UNSED_TID)
33         resp, err := (*kvCli.rpcCli.GetRaftServiceCli()).DoCommand(context.Background(),
             req)
34         if err != nil {
35           fmt.Printf("err %s", err.Error())
36           panic(err)
37         }
38         if resp.ErrCode == common.ErrCodeNoErr {
39           kvCli.commandId++
40           return resp.Value, nil
41         }
42       default:
43         return "", errors.New("unknow code")
44       }
45     }
46   } else {
47     return "", errors.New("please join the server group first")
48   }
49   return "", errors.New("unknow code")
50 }
```

1)用 Key2BucketID 函数对 Key 做 CRC32 运算，得到它应该被分配到 Bucket 的 ID；

2)从本地缓存的 kvCli.config 配置里面找到负责这个 bucket_id 数据的服务器分组；

3）拿到服务器分组之后，我们会向第一个服务器发送 DoCommand RPC；

4）如果这个服务器不是 Leader，它会返回 Leader 的 ID，然后客户端重新发送 DoCommand RPC 给 Leader 节点。

10.5　本章小结

本章对之前实现的分布式键值存储系统 eraftkv 进行了思考与完善。得益于底层的强一致性算法，之前所实现的键值存储系统虽然已经实现了分布式的高可用，但是存在着传统 Raft 算法的固有问题，比如单个 Leader 的读写瓶颈，随着集群的扩容，单个 Leader 节点的缺陷将会越来越明显，所以本章继续完善 eraftkv，实现 Multi-Raft 版本的分布式键值存储系统。我们将节点集群分组，每个分组单独负责一部分数据的一致性保证，可以将每个分组看作一个独立的 Raft 运行实例。而这些优化，对于上层的应用来说是无感的，所以需要再通过哈希算法将上层应用的请求导入到对应分组进行处理。

为了实现以上目标，我们介绍了负责数据节点分组的配置服务器的设计，配置服务器需要存储每个服务分组的服务器地址信息和数据桶信息，使用一个名为 Buckets 的数组来记录分组，可以将每个桶理解为一组数据。之后，需要定义额外的操作实现数据分组，我们介绍了 Join、Leave、Move 以及 Query 操作接口，这 4 个操作分别负责加入数据分区至集群配置、删除配置、移动数据以及查询配置信息。此外，还需要对每个分组用来处理键值操作的 shardKv 进行定义，shardKv 需要与配置服务器进行交互以知道自己负责的数据。我们使用自己定义的函数实现请求操作的 Key 到对应分片数据的映射，将操作重定向至对应的分组之后进行后续的 Raft 算法操作，最终实现分布式键值存储系统的高可用性和高扩展性。

REFERENCE

参 考 文 献

[1] ABADI D J, MADDEN S R. REED: robust, efficient filtering and event detection in sensor networks [C]// Proceedings of 31st VLDB Conference. Trondheim: ACM Press, 2005: 769–780.

[2] ADYA ATU, LISKOV B, O'NEIL P. Generalized isolation level definitions [C]//Proceedings of 16th International Conference on Data Engineering. New York: IEEE, 2000: 67–78.

[3] AHAMAD M, et al. Causal memory: definitions, implementation, and programming [J]. Distributed Computing , 1995: 37–49.

[4] ANSI SQL-92 [EB/OL]. (1992-07-30) [2017-11-24]. https: //www. contrib. andrew. cmu. edu/~shadow/ sql/sql1992. txt.

[5] ATENIESE G, et al. Improved proxy re-encryption schemes with applications to secure distributed storage [J]. ACM Transactions on Information and System Security , 2006, 9(1): 1–30.

[6] ATTIYA H, WELCH J L. Sequential consistency versus linearizability [J]. ACM Transactions on Computer Systems, 1994, 12(2): 91–122.

[7] BAILIS P, et al. HAT, not CAP: towards highly available transactions [J]. 14th Workshop on Hot Topics in Operating Systems (HotOS XIV), 2013.

[8] BAILIS P, et al. Highly available transactions: Virtues and limitations [J]. Proceedings of the VLDB Endowment, 2013, 7(3): 181–192.

[9] BANKER K, et al. MongoDB in action: covers MongoDB version 3. 0 [M]. Greenwich: Manning Publications, 2016.

[10] BERENSON H, et al. A critique of ANSI SQL isolation levels [J]. ACM SIGMOD Record, 1995, 24(2): 1–10.

[11] BERNSTEIN P A , GOODMAN N. Concurrency control in distributed database systems [J]. ACM Computing Surveys, 1981, 13(2): 185–221.

[12] BERNSTEIN P A, HADZILACOS V, GOODMAN N. Concurrency control and recovery in database systems [M]. Boston: Addison Wesley , 1987.

[13] BLOOM B H. Space/time trade-offs in hash coding with allowable errors [J]. Communications of the ACM, 1970, 13(7): 422–426.

[14] BORU D, et al. Energy-efficient data replication in cloud computing datacenters [J]. Cluster Computing, 2015, 18(1): 385–402.

[15] BRZEZINSKI J, SOBANIEC C, WAWRZYNIAK D. Session guarantees to achieve PRAM consistency of replicated shared objects [C]//International Conference on Parallel Processing and Applied Mathematics. Berlin: Springer, 2003: 1–8.

[16] BURCKHARDT S, et al. Principles of eventual consistency [J]. Foundations and Trends in Programming,

2014, 1(1–2): 1–150.

[17] ByteTCC. https: //github. com/liuyangming/ByteTCC.

[18] CAHILL M J, R. HM U, FEKETE A D. Serializable isolation for snapshot databases [J]. ACM Transactions on Database Systems (TODS) , 2009, 34(4): 1–42.

[19] CAI H M, et al. IoT-based big data storage systems in cloud computing: perspectives and challenges [J]. IEEE Internet of Things Journal , 2016, 4(1): 75–87.

[20] Cassandra. https: //cassandra. apache. org/_/index. html.

[21] Cassandra Documentation. https: //cassandra. apache. org/doc/latest/.

[22] CASTRO M, LISKOV B, et al. Practical byzantine fault tolerance [J]. ACM Transactions on Computer Systems (TOCS), 1999, 99: 173–186.

[23] CHANG F, et al. Bigtable: A distributed storage system for structured data [J]. ACM Transactions on Computer Systems (TOCS) , 2008, 26(2): 1–26.

[24] CHEN M X , ZHONG Z. Block nested join and sort merge join algorithms: an empirical evaluation [C]// International Conference on Advanced Data Mining and Applications. Berlin: Springer, 2014: 705–715.

[25] CHERVYAKOV N, et al. AR-RRNS: Configurable reliable distributed data storage systems for Internet of Things to ensure security [J]. Future Generation Computer Systems, 2019, 92: 1080–1092.

[26] CHUNG S M , CHATTERJEE A. An adaptive parallel distributive join algorithm on a cluster of workstations [J]. The Journal of Supercomputing , 2002, 21(1): 5–35.

[27] CHUNG S M, YANG J. A parallel distributive join algorithm for cube-connected multiprocessors [J]. IEEE Transactions on Parallel and Distributed Systems: A Publication of the IEEE Computer Society, 1996, 7(2) : 11.

[28] CHUNG S M, CHATTERJEE A. Performance analysis of a parallel distributive join algorithm on the Intel Paragon [C]// Proceedings 1997 International Conference on Parallel and Distributed Systems. New York: IEEE, 1997: 714–721.

[29] CMU 15-445 MVCC. https: //15445. courses. cs. cmu. edu/fall2019/slides/19-multiversioning. pdf.

[30] CODD E F. A relational model of data for large shared data banks [J]. Communications of the ACM, 1970, 13(6): 377–387.

[31] COULOURIS G F, DOLLIMORE J, KINDBERG T. Distributed systems: concepts and design [M]. New York: Pearson Education, 2005.

[32] DAGEVILLE B, et al. The snowflake elastic data warehouse [C]// Proceedings of the 2016 International Conference on Management of Data, 2016: 215–226.

[33] DECANDIA G, et al. Dynamo: Amazon's highly available key-value store [J]. ACM SIGOPS Operating Systems Review, 2007, 41(6): 205–220.

[34] DEWITT D J, GERBER R H. Multiprocessor Hash-Based Join Algorithms [C]// Proceedings of VLDB, 1985.

[35] DIMAKIS A G, et al. A survey on network codes for distributed storage [C]// Proceedings of the IEEE, 2011, 99(3): 476–489.

[36] DIMAKIS A G, et al. Network coding for distributed storage systems [J]. IEEE Transactions on Information Theory , 2010, 56(9): 4539–4551.

[37] dynamodb. https: //aws. amazon. com/cn/dynamodb/.

[38] EGENHOFER M J. Spatial SQL: a query and presentation language [J]. IEEE Transactions on Knowledge and Data Engineering , 1994, 6(1): 86–95.

[39] Eventual Consistency. https: //en. wikipedia. org/wiki/Eventual_consistency.

[40] FAROULT S, ROBSON P. The art of SQL [M]. Sevastopol: O'Reilly Media, Inc. , 2006.

[41] FISCHER M J, LYNCH N A, PATERSON M S. Impossibility of distributed consensus with one faulty process [J]. Journal of the ACM (JACM) , 1985, 32(2): 374–382.

[42] FOX A, et al. Cluster-based scalable network services [C]// Proceedings of the sixteenth ACM Symposium on Operating Systems Principles, 1997: 78–91.

[43] GARCIA-MOLINA H, SALEM K. Sagas [J]. ACM Sigmod Record , 1987, 16(3): 249–259.

[44] GILBERT S, LYNCH N. Brewer's conjecture and the feasibility of consistent, available, partition-tolerant web services [J]. SIGACT News, 2002, 33(2): 51–59.

[45] GOHIL J A, DOLIA P M. Study and comparative analysis of basic pessimistic and optimistic concurrency control methods for database management system [J]. International Journal of Advanced Research in Computer and Communication Engineering, 2016, 5(1).

[46] GRAEFE G. A generalized join algorithm [C]. Datenbanksysteme in Büro Technik Und Wissenschaft (BTW), 2011.

[47] GRAEFE G. Efficient columnar storage in b-trees [J]. ACM SIGMOD Record, 2007, 36(1): 3–6.

[48] GRAEFE G. The cascades framework for query optimization [J]. IEEE Data Eng. Bull, 1995, 18(3): 19–29.

[49] LORIE R A, GRAY J, PUTZOLU G R, et al. Granularity of locks and degrees of consistency in a shared data base [J]. Readings in Database Systems (3rd ed.), 1998, 7(1): 175–193.

[50] GULUTZAN P, PELZER T. SQL Performance Tuning [M]. Reading: Addison-Wesley Professional, 2003.

[51] HAN J, et al. Survey on NoSQL database [C]// 2011 6th international conference on pervasive computing and applications. New York IEEE, 2011: 363–366.

[52] HELLAND P. Life beyond distributed transactions: an apostate's opinion [J]. Queue, 2016, 14(5): 69–98.

[53] HERLIHY M P, WING J M. Linearizability: A correctness condition for concurrent objects [J]. ACM Transactions on Programming Languages and Systems (TOPLAS), 1990, 12(3): 463–492.

[54] HUNT P, et al. ZooKeeper: wait-free coordination for internet-scale systems [C]. 2010 USENIX Annual Technical Conference (USENIX ATC 10), 2010.

[55] JAIN H K. A comprehensive model for the storage structure design of CODASYL databases [J]. Information Systems, 1984, 9(3–4): 217–230.

[56] JALOTE P. Fault tolerance in distributed systems [M]. Upper Saddle River: Prentice-Hall, Inc. , 1994.

[57] JEPsen. [2023–06–03]. https: //jepsen. io/consistency.

[58] JUNQUEIRA F P, REED B C, SERAFINI M. Zab: high-performance broadcast for primary-backup systems [C]// 2011 IEEE/IFIP 41st International Conference on Dependable Systems & Networks (DSN). New York: IEEE, 2011: 245–256.

[59] KALLMAN R, et al. H-store: a high-performance, distributed main memory transaction processing system [C]// Proceedings of the VLDB Endowment, 2008, 1(2): 1496–1499.

[60] KARVOUNARAKIS G, et al. RQL: a declarative query language for RDF [C]// Proceedings of the 11th International Conference on World Wide Web, 2002: 592–603.

[61] KLEPPMANN M. Designing Data-Intensive Application [M]. Sevastopol: O'Reilly Media, 2017.

[62] KOSSMANN D. The state of the art in distributed query processing [J]. ACM Computing Surveys (CSUR), 2000, 32(4): 422–469.

[63] KOUTRIS P. Bloom filters in distributed query execution [M]. Seattle: University of Washington, 2011.

［64］ KUNG H T, ROBINSON J T. On optimistic methods for concurrency control [J]. ACM Transactions on Database Systems (TODS), 1981, 6(2): 213–226.

［65］ LAMPORT L. Proving the correctness of multiprocess programs [J]. IEEE Transactions on Software Engineering, 1977, 3(2): 125–143. DOI: 10. 1109/TSE. 1977. 229904.

［66］ LAMPORT L. How to make a multiprocessor computer that correctly executes multiprocess programs [J]. IEEE Transactions on Computers, 1979, 28(9): 690–691.

［67］ LAMPORT L. Paxos made simple [J]. ACM SIGACT News, 2001, 32(4): 51–58.

［68］ LAMPORT L. The part-time parliament [J]. ACM Transactions on Computer Systems, 1998, 16(2): 133–169.

［69］ LAMPORT L. Time, clocks, and the ordering of events in a distributed system [J]. Communication of the ACM, 1978, 21(7): 558–565.

［70］ LAMPORT L, SHOSTAK R, PEASE M. The Byzantine generals problem [M]. Concurrency: the works of leslie lamport. New York: ACM Books, 2019: 203–226.

［71］ LAMPSON B W, STURGIS H E. Crash recovery in a distributed data storage system [J]. Xerox Palo Alto Research Center Technical Report, 1979.

［72］ LARSON P, HANSON E N, Price S L. Columnar Storage in SQL Server 2012 [J]. IEEE Data Eng. Bull, 2012, 35(1): 15–20.

［73］ LEE T, KIM K, KIM H J. Join processing using bloom filter in mapreduce [J]. Proceedings of the 2012 ACM Research in Applied Computation Symposium, 2012: 100–105.

［74］ LI R N, et al. Blockchain for large-scale internet of things data storage and protection [J]. IEEE Transactions on Services Computing, 2018, 12(5): 762–771.

［75］ LI X F, et al. Study of query of distributed database based on relation semi join [C]// 2010 International Conference On Computer Design and Applications. New York: IEEE, 2010 (1): 134.

［76］ LI Y B, et al. Intelligent cryptography approach for secure distributed big data storage in cloud computing [J]. Information Sciences, 2017, 38(7): 103–115.

［77］ LIN Y T, et al. Llama: leveraging columnar storage for scalable join processing in the mapreduce framework [D]// Proceedings of the 2011 ACM SIGMOD International Conference on Management of data. New York: ACM, 2011: 961–972.

［78］ LISKOV B, COWLING J. Viewstamped replication revisited [D]. Boston: MIT, 2012.

［79］ LIU B, RUNDENSTEINER E A. Revisiting pipelined parallelism in multi-join query processing [C]// Proceedings of the 31st International Conference on Very Large Data Bases, 2005: 829–840.

［80］ LLOYD W, et al. Don't settle for eventual: scalable causal consistency for wide-area storage with COPS [C]// Proceedings of the Twenty-Third ACM Symposium on Operating Systems Principles. New York: ACM 2011: 401–416.

［81］ LONG R, et al. IMS primer [J]. IBM International Technical Support Organisation, 2000.

［82］ MELTON J. Database language SQL [M]// Handbook on Architectures of Information Systems. Berlin: Springer, 1998: 105–132.

［83］ MELTON J, SIMON A R. SQL: 1999: understanding relational language components [M]. Amsterdam: Elsevier, 2001.

［84］ MILLER J J. Graph database applications and concepts with Neo4j [C]// Proceedings of the Southern Association for Information Systems Conference. Atlanta: The Southern Association for Information Systems Press, 2013(36): 23–24.

［85］ MISHRA P, Eich M H. Join processing in relational databases [J]. ACM Computing Surveys (CSUR), 1992, 24(1): 63–113.

［86］ MOHAN C, LINDSAY B, OBERMARCK R. Transaction management in the R* distributed database manage-ment system [J]. ACM Transactions on Database Systems (TODS), 1986, 11(4): 378–396.

［87］ MOLINARO A. SQL Cookbook: Query Solutions and Techniques for Database Developers [M]. Sevastopol: O'Reilly Media, Inc., 2005.

［88］ MongoDB Documentation. https: //www. mongodb. com/docs/.

［89］ MULLIN J K. Optimal semijoins for distributed database systems [J]. IEEE Transactions on Software Engineering, 1990, 16(5): 558–560.

［90］ NAKAMOTO S. Bitcoin: a peer-to-peer electronic cash system [J]. Decentralized Business Review, 2008: 21260.

［91］ NEGRI M, PELAGATTI G. Distributive join: a new algorithm for joining relations [J]. ACM Transactions on Database Systems (TODS), 1991, 16(4): 655–669.

［92］ Neo4j Documentation. https: //neo4j. com/docs/.

［93］ OKI B M, LISKOV B H. Viewstamped replication: A new primary copy method to support highly-available distributed systems [C]// Proceedings of the seventh annual ACM Symposium on Principles of distributed computing. New York: ACM, 1988: 8–17.

［94］ ONGARO D, OUSTERHOUT J. In search of an understandable consensus algorithm [C]// 2014 USENIX Annual Technical Conference (Usenix ATC 14). New York: ACM, 2014: 305–319.

［95］ Overview of the X/Open DTP model. https: //infocenter. sybase. com/help/index. jsp?topic=/com. sybase. dc36123_1251/html/xainterf/X60196. htm.

［96］ OZSU M T, VALDURIEZ P. Principles of distributed database systems [M]. Berlin: Springer, 1999.

［97］ PAWAR S, ROUAYHEB S E, RAMCHANDRAN K. On secure distributed data storage under repair dynamics [C]// 2010 IEEE International Symposium on Information Theory. New York: IEEE, 2010: 2543–2547.

［98］ PENG D, DABEK F. Large-scale incremental processing using distributed transactions and notifica-tions [C]// 9th USENIX Symposium on Operating Systems Design and Implementation (OSDI 10), 2010.

［99］ PÉREZ J, ARENAS M, GUTIERREZ C. Semantics and complexity of SPARQL [J]. ACM Transactions on Database Systems (TODS), 2009, 34(3): 1–45.

［100］ PORTS D R, GRITTNER K. Serializable snapshot isolation in PostgreSQL [J]. Proceedings of the VLDB Endowment, 2012, 5(1): 1850–1861.

［101］ PRAM. https: //www. cs. princeton. edu/techreports/1988/180. pdf.

［102］ PRITCHETT D. BASE: an acid alternative: in partitioned databases, trading some consistency for availability can lead to dramatic improvements in scalability [J]. Queue, 2008, 6(3): 48–55.

［103］ raft. http: //thesecretlivesofdata. com/raft/.

［104］ Redis. https: //redis. io/.

［105］ Redis Documentation. https: //redis. io/docs/.

［106］ REED D P. Naming and synchronization in a decentralized computer system [D]. Cambridge: Massachusetts Institute of Technology, 1978.

［107］ REINSEL D, GANTZ J, RYDNING J. Data age 2025: the evolution of data to life-critical [EB/OL]. [2017–12–29]. https: www.seagate.com/www-content/ourstory/trends/files/Seagte–WP–DataAge2025–March–2017.pdf.

［108］ Riak. https://riak.com/.

［109］ Semi-Synchronous Replication at Facebook. http://yoshinorimatsunobu.blogspot.com/2014/04/semi-synchronous-replication-at-facebook.html.

［110］ SHAFAGH H, et al. Towards blockchain-based auditable storage and sharing of IoT data [C]// Proceedings of the 2017 Conf on Cloud Computing Security Workshop. New York: ACM, 2017: 45–50.

［111］ SHAHABI C, KHAN L, MCLEOD D. A probe-based technique to optimize join queries in distributed internet databases [J]. Knowledge and Information Systems, 2000, 2(3): 373–385.

［112］ SHAPIRO M, et al. Conflict-free replicated data types [C]// Proceedings of Symposium on Self-Stabilizing Systems. Berlin: Springer, 2011: 386–400.

［113］ SKEEN D. Nonblocking commit protocols [C]// Proceedings of the 1981 ACM SIGMOD International Conference on Management of Data. New York: ACM, 1981: 133–142.

［114］ STOCKER K, et al. Integrating semi-join-reducers into state-of-the-art query processors [C]// Proceedings 17th International Conference on Data Engineering. New York: IEEE, 2001: 575–584.

［115］ STONEBRAKER M. SQL databases v. NoSQL databases [J]. Communications of the ACM, 2010, 53(4): 10–11.

［116］ STONEBRAKER M, et al. Mariposa: a new architecture for distributed data [C]// Proceedings of 1994 IEEE 10th International Conference on Data Engineering. New York: IEEE, 1994: 54–65.

［117］ TAYLOR R W, FRANK R L. CODASYL data-base management systems [J]. ACM Computing Surveys (CSUR), 1976, 8(1): 67–103.

［118］ TCC-TRANSACTION. https://github.com/changmingxie/tcc-transaction.

［119］ TERRY D B, et al. Session guarantees for weakly consistent replicated data [C]// Proceedings of 3rd International Conference on Parallel and Distributed Information Systems. New York: IEEE, 1994: 140–149.

［120］ The Open Group. https://www.opengroup.org/.

［121］ TIWARI S. Professional NoSQL [M]. New York: John Wiley & Sons, 2011.

［122］ VAISH G. Getting started with NoSQL [M]. Birmingham Packt Publishing, 2013.

［123］ VAN STEEN M, TANENBAUM A. Distributed systems principles and paradigms [J]. Network 2, 2002: 28.

［124］ VIOTTI P, VUKOLI M. Consistency in non-transactional distributed storage systems [J]. ACM Computing Surveys (CSUR), 2016, 49(1): 1–34.

［125］ WILSCHUT A N, FLOKSTRA J, APERS P M. Parallel evaluation of multi-join queries [C]// Proceedings of the 1995 ACM SIGMOD International Conference on Management of Data. New York: ACM 1995: 115–126.

［126］ WOLFSON O, JAJODIA S, HUANG Y X. An adaptive data replication algorithm [J]. ACM Transactions on Database Systems (TODS), 1997, 22(2): 255–314.

［127］ YU C TAK, CHANG C C. Distributed query processing [J]. ACM computing surveys (CSUR), 1984, 16(4): 399–433.

［128］ YU C TAK, CHANG C C. On the design of a query processing strategy in a distributed database environment [J]. ACM SIGMOD Record, 1983, 13(4): 30–39.

［129］ ZHOU L, et al. The semi-join query optimization in distributed database system [C]//2012 National Conference on Information Technology and Computer Science. Paris: Atlantis Press, 2012: 913–916.

［130］ 张鹏，等. 面向大数据的分布式流处理技术综述 [J]. 计算机研究与发展，2014，3（2）：1–9.

［131］方意，朱永强，宫学庆，等. 微服务架构下的分布式事务处理［J］. 计算机应用与软件，2019，36（1）：152–158.

［132］朱涛，等. 分布式数据库中一致性与可用性的关系［J］. 软件学报，2018，29（1）：131–149.

［133］李绍俊，等. 基于 NoSQL 数据库的空间大数据分布式存储策略［J］. 武汉大学学报（信息科学版），2017，42（2）：163–169.

［134］王艳，秦玉平，刘卫江. 分布式数据库中数据查询优化算法研究进展［J］. 渤海大学学报（自然科学版），2007，28（1）：73–76.

［135］王雷. 面向分布式数据库的连接查询优化［D］. 上海：华东师范大学，2017.

［136］赵高峰，胡运发. 基于心跳技术的 3 阶段提交协议［J］. 计算机工程与应用，2004，40（11）：177–179.

［137］边耐政，刘玄. 基于非阻塞的分布式事务提交协议的实现［J］. 计算机应用与软件，2014，31(7)：89–92.

［138］邵佩英. 分布式数据库系统及其应用［J］. Vol.6. 科学出版社，2000.

［139］邹江，盛戈皦，李达. 面向长事务的事务性工作流系统的研究与实现［J］. 计算机应用，2003，23（2）：59–61.

［140］齐勇，等. 分布式事务处理技术及其模型［J］. 计算机工程与应用，2001，37（9）：60–62.

推荐阅读

大数据可视化

作者：朱敏 主编 ISBN: 978-7-111-72656-2

数据挖掘：原理与应用

作者：丁兆云 周鋆 杜振国 著 ISBN: 978-7-111-69630-8

Python数据分析与应用

作者：王恺 路明晓 于刚 张月久 编著 ISBN: 978-7-111-68160-1

数据架构：数据科学家的第一本书（原书第2版）

作者：[美] W. H. 因蒙 丹尼尔·林斯泰特 玛丽·莱文斯
译者：黄智濒 陶袁 ISBN: 978-7-111-67960-8

推荐阅读

大数据管理系统原理与技术

作者：王宏志 何震瀛 王鹏 李春静 ISBN：978-7-111-63677-9

本书重点介绍面向大数据的数据库管理系统的基本原理、使用方法和案例，涵盖关系数据库、数据仓库、多种NoSQL数据库管理系统等。写作上，本书兼顾深度和广度。针对各类数据库管理系统，在介绍其基本原理的基础上，选取典型和常用的系统作为案例。例如，对于关系数据库，除介绍其基本原理，还选取了典型的关系数据库系统MySQL进行介绍；对于数据仓库，选取了基于Hadoop的数据仓库系统Hive进行介绍。此外，还选取了典型的键值数据库、列族数据库、文档数据库和图数据库进行介绍。

大数据分析原理与实践

作者：王宏志 ISBN：978-7-111-56943-5

大数据分析的有效实施需要不同领域的知识。从分析的角度，需要统计学、数据分析、机器学习等知识；从数据处理的角度，需要数据库、数据挖掘等方面的知识；从计算平台的角度，需要并行系统和并行计算的知识。

本书尝试融合大数据分析、大数据处理、计算平台三个维度及相关知识，给读者一个相对广阔的"大数据分析"图景，在编写上从模型、技术、实现平台和应用四个方面安排内容，并结合以阿里云为代表的产业实践，使读者既能掌握大数据分析的经典理论知识，又能熟练使用主流的大数据分析平台进行大数据分析的实际工作。

推荐阅读

人工智能：原理与实践

作者：（美）查鲁·C. 阿加沃尔　译者：杜博 刘友发　ISBN：978-7-111-71067-7

本书特色

本书介绍了经典人工智能（逻辑或演绎推理）和现代人工智能（归纳学习和神经网络），分别阐述了三类方法：

基于演绎推理的方法，从预先定义的假设开始，用其进行推理，以得出合乎逻辑的结论。底层方法包括搜索和基于逻辑的方法。

基于归纳学习的方法，从示例开始，并使用统计方法得出假设。主要内容包括回归建模、支持向量机、神经网络、强化学习、无监督学习和概率图模型。

基于演绎推理与归纳学习的方法，包括知识图谱和神经符号人工智能的使用。

神经网络与深度学习

作者：邱锡鹏　ISBN：978-7-111-64968-7

本书是深度学习领域的入门教材，系统地整理了深度学习的知识体系，并由浅入深地阐述了深度学习的原理、模型以及方法，使得读者能全面地掌握深度学习的相关知识，并提高以深度学习技术来解决实际问题的能力。本书可作为高等院校人工智能、计算机、自动化、电子和通信等相关专业的研究生或本科生教材，也可供相关领域的研究人员和工程技术人员参考。